高等学校数字媒体专业系列教材

交互与服务设计
创新实践二十课（第2版）

李四达　编著

清华大学出版社
北京

内 容 简 介

本书是 2016 年出版的《交互与服务设计：创新实践二十课》的第 2 版。五年多来，随着人工智能、5G 网络和"互联网+"的蓬勃兴起，交互与服务设计已经成为新的设计潮流。本书立足于后疫情时代在线服务的快速增长与生活方式的改变，从全新的视角系统深入地论述了交互与服务设计的理论、方法、历史和实践，重点关注用户体验、情感设计、需求分析、创意心理学、服务触点、服务经济学、原型设计、社会创新以及 UI 设计等内容，其中更新的文字与图片约占全书的 1/2。本书共 7 篇 20 课，内容丰富，条理清晰，图文并茂，资料新颖，每课课后均有思考与实践题，可作为高等院校"服务设计""交互设计""用户研究""界面设计"等课程的教材。本书还提供了超过 16GB 的教学资源，包括课程的电子教案、视频资料、设计组件和素材包等，不仅适合艺术、设计、动画、媒体和广告等专业的本科生、研究生学习，也可作为设计爱好者的自学用书。

图书在版编目（CIP）数据

交互与服务设计：创新实践二十课 / 李四达编著 . —2 版 . —北京：清华大学出版社，2022.9
高等学校数字媒体专业系列教材
ISBN 978-7-302-60297-2

Ⅰ . ①交⋯　　Ⅱ . ①李⋯　　Ⅲ . ①软件设计 – 高等学校 – 教材　　Ⅳ . ① TP311.1

中国版本图书馆 CIP 数据核字（2022）第 039384 号

责任编辑：袁勤勇　薛　阳
封面设计：李四达
责任校对：李建庄
责任印制：沈　露

出版发行：清华大学出版社
　　　　网　　　址：http://www.tup.com.cn, http://www.wqbook.com
　　　　地　　　址：北京清华大学学研大厦 A 座　　　邮　　编：100084
　　　　社 总 机：010-83470000　　　　　　　　　邮　　购：010-62786544
　　　　投稿与读者服务：010-62776969, c-service@tup.tsinghua.edu.cn
　　　　质量反馈：010-62772015, zhiliang@tup.tsinghua.edu.cn
印 装 者：小森印刷（北京）有限公司
经　　销：全国新华书店
开　　本：210mm×260mm　　　印　张：22.25　　　字　数：571 千字
版　　次：2017 年 2 月第 1 版　　2022 年 9 月第 2 版　　印　次：2022 年 9 月第 1 次印刷
定　　价：89.00 元

产品编号：095496-01

前　　言

习总书记指出："当今世界正经历百年未有之大变局。"今天，全球政治、经济与社会生活正在发生重大转变，人类正面临着逆全球化、极端气候、生存危机与西方民粹主义的影响。另一方面，新一轮科技革命也带来了前所未有的激烈竞争。这一切不仅会重构全球创新版图，重塑全球经济结构，而且将深刻改变人类社会的生产、生活方式。当前，可持续发展已成为全人类面临的挑战。创新产品与服务正是低碳环保，实现循环经济与绿色发展的国家战略，也是实现"人类命运共同体"的必由之路。清华大学柳冠中教授指出：服务设计诠释了设计最根本的宗旨，即"创造人类社会健康、合理、共享、公平的生存方式"，分享型服务设计开启了人类可持续发展的希望之门。

需要强调的是，今天的服务设计是建筑在数字经济基础上的，借助大数据、人工智能、智慧物联网与数字服务平台实现的新型设计形式。可用性、好用性、互动性、丰富性、体验性、代入感、认同感以及打动心灵的情感交流正是交互与服务设计所追求的目标。数字体验时代，家庭作坊和千人一面的服务模式日渐式微，而以用户为中心的设计日益普及。"产品即服务""软件即服务"等理念也逐渐深入人心。伴随着我国经济社会发展与国民财富的增长，新型数字服务业会迈向新的台阶。而从设计理念、方法与实践上看，交互设计与服务设计是一母所生的孪生兄弟：服务离不开交互，而交互的目标是服务，二者的共同价值都是提升用户（顾客）的情感与需求体验。因此，无论是线上还是线下，无论是虚拟世界还是现实世界，交互与服务设计都代表了技术（产品）服务于人类幸福的崇高目标。随着科技的发展，交互与服务设计的理论、观念与方法会不断与时俱进，呈现出生命般的复杂性与多变性。

为了给读者呈现交互设计与服务设计的知识体系，作者采用了从宏观到微观、从理论到案例、循序渐进、由浅入深的课程体系与结构。本书前 11 课聚焦于交互设计，而后 9 课聚焦于服务设计，全书 20 课可以划分为 7 部分，每部分的主题与重点内容如下表所示。

部　　分	内　　容	主要知识点
交互设计 第 1~3 课	交互与体验、交互设计师、设计路线图	交互设计的概念、定义、理论体系、设计目标、设计要素、基本模型、行业标准及设计路线图
用户需求研究 第 4~6 课	用户需求调研、用户需求分析、市场研究分析	访谈法、现场走查法、问卷调查法、在线访谈法和眼动实验法；移情地图法、头脑风暴会议、信息构架法、卡片分类法、数据分析法、用户画像；信息检索、商业模式画布、SWOT 分析、KANO 分析模型
创意与设计 第 7~9 课	创意心理学、产品原型设计、交互设计工具	右脑思维、五步创意法、心流创造力、产品原型设计、UI 软件工具、线框图、流程图、思维导图
界面设计 第 10~11 课	界面设计基础、心理学与 UI 设计	信息导航、UI 风格史、UI 设计趋势、界面类型及色彩设计、H5 设计；设计心理学定律、原则与方法
服务设计概览 第 12~14 课	服务与服务设计、服务经济学、服务设计理论	服务与社会、交互与服务、服务设计、服务设计原则、服务设计简史；服务贸易、体验经济、共享经济、公共服务设计；服务设计思维、定位、价值和模式

部　分	内　容	主要知识点
设计方法和流程 第 15~17 课	服务设计方法、服务设计流程、服务设计师	服务触点、服务蓝图、用户体验地图、服务设计因素；设计思维、创意环境、快速迭代设计、3I 原则、设计流程可视化；服务设计师 4 大核心能力及培养
服务与创新体验 第 18~20 课	服务创新设计、技术创新体验、服务设计与未来	服务创新实践、社会创新设计、自助校餐设计、生活体验设计、校园体验设计；技术创新体验 5 大领域；交互与服务设计发展趋势、创造力模型、技术、服务与未来

随着大数据与智能设计的快速发展，当代交互设计与服务设计有了新的内涵与外延。线上与线下的深度融合正在改变着我国服务行业的面貌，由此也对服务设计构成了新的挑战。传统设计教育强调传道、授业与解惑；而现代设计教育更鼓励探索、发现、分析和解决问题并激发创造力，这也是本书所强调的理念与方法。为了帮助读者更深入地拓展基础知识与提升实践能力，本书还提供了超过 17GB 的数字教学资源，其中包括 800 多页的电子课件、相关的教学视频及案例、UI 设计模板及 PPT 模板等内容。本书写作的宗旨就是追踪前沿，推陈出新，简洁清晰，与时俱进。

最后，本书的完成还要感谢吉林动画学院董事长、校长郑立国先生和副校长罗江林先生，正是他们的支持和鼓励，使这部教材得以按时脱稿。

作　者

2022 年 5 月于北京

目　　录

第1课　交互与体验

1.1　交互与数字体验

　　"交互"或"互动"的历史可以上溯到早期人类在狩猎、捕鱼、种植活动中的人与人、人与工具之间的关系。在《说文解字》中如此解释："互，可以收绳也，从竹象形，人手所推握也。"其意思是："互"是象形字，像绞绳子的工具，中间像人手握着正在操作的样子。范仲淹的《岳阳楼记》中有"渔歌互答"之句；在沈括《梦溪笔谈·活版》当中还有"更互用之"。"交互"除了指人与人之间的相互交往以外，也特指人与物（特别是人造物体）之间的关系，如人们对乐器、饰品、钱币、玩具和收藏品的鉴赏、把玩或体验过程。

　　中国古代的许多伟大发明都蕴含"交流与互动"的含义。例如，我国 1978 年在湖北随州出土的曾侯乙编钟就代表了两千多年前古人精湛的工艺制造水平（见图 1-1）。钟是一种用于祭祀或宴饮的打击乐器。最初的钟是由商代的铜铙演变而来的，频率不同的钟依大小次序成组悬挂在钟架上，形成合律合韵的音阶，称为编钟。曾侯乙编钟是我国迄今发现数量最多、保存最好、音律最全、气势最宏伟的一套编钟。这套编钟深埋地下两千多年，至今仍能演奏乐曲，音律准确，音色优美，是研究先秦音乐的重要资料。除了编钟外，中国的许多古代流传下来的玩具、游戏和日用品，如铜镜、风筝、空竹、鞭炮、套圈、七巧板、九连环、华容道、麻将、围棋、象棋、纸牌等，均蕴含"互动"与"用户控制和体验"的思想。

图 1-1　1978 年在湖北随州出土的曾侯乙编钟

　　"交互"或"互动"一词在英文中出现较早，其英文为 Interact，意为互相作用、互相影响、相制和交互感应。形容词为 Interactive，即"相互作用或相互影响的"含义。"互动"在中文中原属社会学术语，指人与人之间的相互作用，分为感官互动、情绪互动、理智互动等，指共同参与、相互影响、相互作用。随着数字媒体的发展，"互动"在这一领域里特指人机之间的相互影响和作用。计算机交互技术的出现，使人与人之间情感的互动开始转移为人与计算机之间情感的交互。简言之，"互动"可理解为人与人或人与物的相互作用之后，给人感官或心理上产生某种感受或体验的过程。交互设计（Interaction Design，IxD）就是指人与智能媒介之间交互方式的设计。例如，由日本 Teamlab 新媒体艺术家团体打造的全球首家"数字艺术博物馆"（见图 1-2）就将仿真自然互动的娱乐体验发挥到了极致。

图 1-2　位于日本东京的全球首家"数字艺术博物馆"（2018 年）

在今天的信息社会中，我们每时每刻都在享受着交互设计所带来的"数字化生活"。智能手机让人们能够欣赏和分享照片、购物、浏览新闻或玩游戏。这些新事物不仅来自于当代科学与工程技术的发展，同样也来自于艺术与科技的融合。正是交互设计使这些数字产品和服务成为贴心的伙伴、省力的助手、娱乐的源泉和最亲密的朋友。今天，数字体验与在线服务已经渗透到各个领域，推动了社会服务模式、商业模式和社交环境的创新。面对新技术的复杂性和社会环境的不确定性，设计师必须迎接新时代的挑战，而交互设计无疑是其中最重要的环节之一。

1.2 比尔·莫格里奇

20 世纪 80 年代中期，在为苹果公司研发世界上第一台笔记本电脑的过程中（见图 1-3，右下），硅谷 IDEO 公司的工业设计师比尔·莫格里奇（见图 1-3，右上）首次提出了"交互设计"（Interaction Design）一词。他认为："数字技术改变我们和其他东西之间的交流（交互）方式，从游戏到工具。数字产品的设计师不再认为他们只是设计一个物体（漂亮的或商业化的），而是设计与之相关的交互。"莫格里奇曾担任伦敦皇家艺术学院客座教授以及美国斯坦福大学教授，他在 2003 年出版了该领域第一本学术专著——《设计交互》（见图 1-3，左），本书系统地介绍了交互设计的理论，发展的历史、方法以及如何设计交互体验原型。

图 1-3　比尔·莫格里奇（右上）与设计师工作（右下）和《设计交互》（左）

莫格里奇指出，当设计师关注如何通过了解人们的潜在需求、行为和期望来提供设计的新方向（包括产品、服务、空间、媒体和基于软件的交互）时，那他从事的工作就属于交互设计。1981 年，作为工业设计师的莫格里奇受邀参与设计一种面向旅行商务人士的轻型的便携式计算机。他提出了可折叠的计算机概念，使屏幕和键盘像蛤壳一样彼此面对。世界上第一款便携式计算机（见图 1-4）由此诞生。莫格里奇不仅是世界上第一台笔记本电脑的设计者，而且也是便携式计算领域众多创新概念的先驱，其中，"翻盖"概念的提出为笔记本节省空间和保护屏幕和键盘提供了实用的解决方案，后来被广泛用于笔记本电脑和手机的设计中。

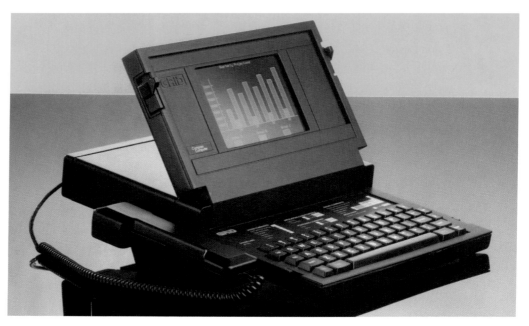

图 1-4　世界上第一台笔记本电脑（GRiD Compass）

　　正是在该笔记本的设计过程中，莫格里奇发现了交互设计的重要性。他参与了硬件和软件的设计并由此敏锐地感到这个工作的挑战性，特别是其中涉及的"人的因素"。因此，他指出："我必须学会设计交互技术而不仅仅是面向物理对象。"莫格里奇指出：只有通过交互设计创建的产品才能更易于为人类使用，而避免仅仅是由工程师为执行某项任务而构建的机器所导致的一系列问题。由此，莫格里奇把工业设计、人体工程学的思想推进到软件与硬件设计的领域，也成为交互设计的基础。

　　从 20 世纪 80 年代中期开始，交互设计就从一个小范围的特殊学科成长为今日世界上百万人从事的庞大行业。交互设计也不仅面向计算机，而是面向当今社会所有的智能化环境，包括智能家居、车载互联网、运动健身设备以及公共场所的娱乐设施。美国的许多大学，如斯坦福大学、卡耐基 - 梅隆大学、芝加哥大学、麻省理工学院（MIT）等都开设了交互设计专业的学位课程，在软件公司、设计公司或咨询公司随处可见交互设计师的身影；银行、医院甚至博物馆这样的公共服务都需要有专业的交互设计师为展品设计提供解决方案，如大英博物馆就通过可交互的展台设计，让游客在浏览古代埃及木乃伊棺椁藏品时，能够观察其内部构造（见图 1-5）。随着 5G 高速网络时代的来临，如今的智能交互系统越来越复杂，除了常见的手机、iPad 外，智能化的机器人、智能扫地机、智能音箱、智能手环以及智能家居等也在高速发展。因此，设计师需要考虑各种环境因素和人的因素,考虑到人机生态环境。因此，交互设计是一项包含交互、产品、服务、活动与环境等诸多因素的综合性设计活动。交互设计的理论、思想、方法，特别是创造力的培养和实践，是当代 IT 企业、科技公司与传媒公司最为关注的领域。移动媒体时代人人离不开智能手机，正是交互设计师帮助我们把复杂的人机交互处理得简单、有趣而且有意义。

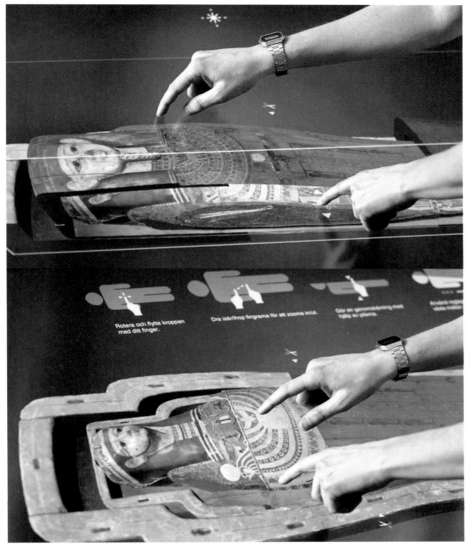

图 1-5　大英博物馆的平面触控交互装置（展示古埃及文物的细节）

1.3　交互设计的体系

人类是社会化群居的动物，语言和文字是人们基本的交流方式，而交互设计则与交互媒体（软件、网页和 App 等）的出现有关。交互设计专家琼·库珂（Jon Kolko）在《交互设计沉思录》中指出："所谓交互设计，就是指在人与产品、服务或系统之间创建一系列的对话。""交互设计是一种行为的设计，是人与人工智能之间的沟通桥梁。"因此，交互设计就是通过产品的人性化，增强、改善和丰富人们的体验。尽管智能手机方便了人们的日常生活，但不可否认的是，交互设计仍存在巨大的缺口，无法满足人民群众日益增长的物质与文化需求。例如，作为特殊群体的老年人和儿童往往会面临着与当下技术环境脱节的困惑

（见图 1-6）。设计师能否通过产品设计的人性化和通用性来帮助他们克服技术障碍？

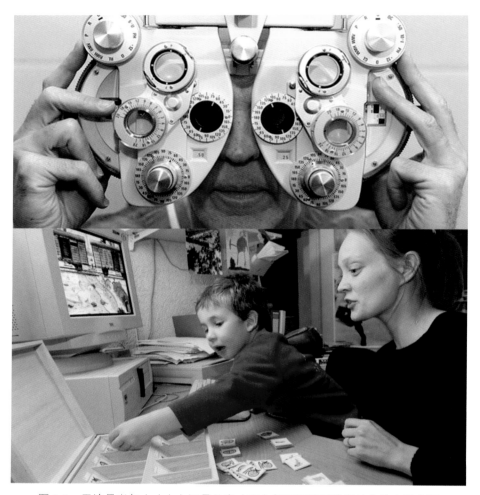

图 1-6　无论是老年人（上）还是儿童（下）都需要面对信息社会的人机交互

斯坦福大学教授、《软件设计的艺术》的作者特里·维诺格拉德（Terry Winograd）把交互设计描述为"人类交流和交互空间的设计"。交互设计离不开用户体验（User Experience，UX），而"用户体验是用户在使用一个产品、系统或服务之后的观点和做出的反应。"（国际标准化组织 ISO 的定义。）该定义说明了用户体验包括用户所有的情感、信仰、偏好、认知、心理和生理反应、行为以及用户使用产品或服务前、中、后的心理结果。该定义也指出了影响用户体验的 4 个因素：用户、技术、任务和使用环境。用户体验和数字产品使用有关，涵盖了一个人对系统实用性、易用性和效率等方面的感知，是用户与产品或服务的交互过程中产生的观点或感悟。著名交互设计专家、斯坦福大学教授丹·塞弗（Dan Saffer）指出："交互设计是围绕人的：人是如何通过他们使用的产品、服务连接其他人。"他还专门绘制了一张学科关系图（见图 1-7）来说明交互设计与用户体验设计的知识框架，其中，交互设计不仅位于核心，而且与多个领域存在交叉。因此，交互设计所涵盖的领域是一个具有多学科特征的、高度交叉与融合的理论与实践领域，也是动态的、不断发展的前沿设计领域。

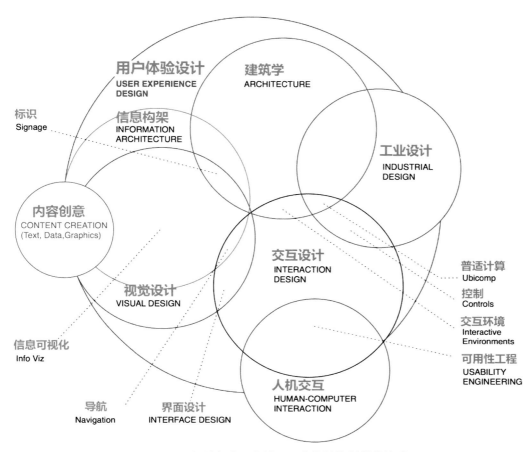

图 1-7　UX 设计与交互设计、工业设计等学科的关系

　　著名的 UX 管理专家和设计咨询师朱莉·比莉茨（Julie Blitzer）认为交互设计的研究方法源于视觉设计、心理学、计算机科学、工业设计、图书馆学、人类学、行为经济学、市场学、工业设计和建筑学这 10 个领域，而且这些学科所占的比重是不一样的，其中，工业设计与视觉设计所占的比重最大。这不仅说明了交互设计与工业设计的历史渊源，也指出了以视觉体验为核心的界面设计（UI）在交互设计中的重要性（见图 1-8）。该图中其他 7 个较小的学科领域代表了计算机科学、用户体验研究、市场与环境研究在交互设计中的价值。和丹·塞弗更偏重设计学科的交互设计结构图不同，比莉茨的交互设计模型强调了交互设计与用户体验研究方法论（人类学、心理学、市场学、行为经济学、图书馆学和建筑学）之间的密切联系。该信息图为我们理解交互设计的方法论以及学科基础提供了参考。

　　交互设计作为一个正式的学科范畴仅有不到二十年的历史。20 世纪 90 年代以来，通过专家们对人机交互研究成果进行总结，交互设计逐渐形成了自己的理论体系和实践范畴的架构。理论体系方面，交互设计从工业设计与人机工程学中独立出来，更加强调认知心理学、行为学和社会学的理论指导；实践方面，交互设计从传统的软件工程、人机界面拓延开来，强调艺术与科技、人文学科与数字科技的融合。近年来，随着"互联网 +"概念的深入人心，企业、银行、媒体与公共服务机构纷纷成立了用户体验（UX）与交互设计部门，相关设计师的队伍日益壮大，涉及的研究课题也越来越多。例如，截至 2020 年，我国发起的

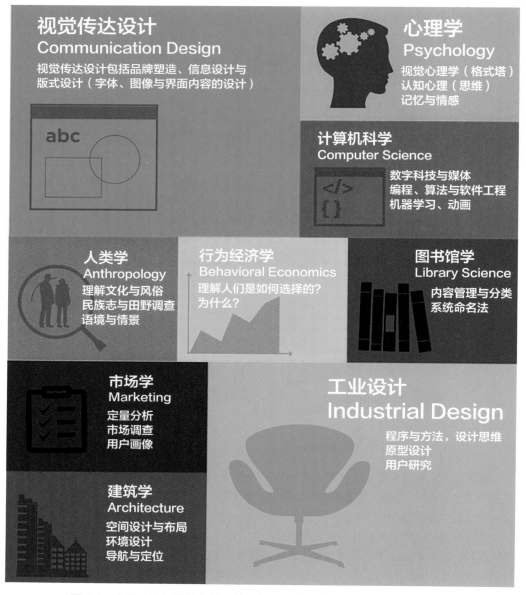

图 1-8　交互设计与视觉设计、计算机、工业设计、人类学等学科的关系

国际用户体验设计大会（IxDC）已经成功举办了 10 届，涉及的领域之广、议题之深、话题之新，不但给从业者搭建了互相学习的平台，也促进了交互设计理念的融合和发展，并给社会带来很大的影响（见图 1-9）。2020 年，该大会的主题为"数字思维与体验文化"，旨在引领企业和从业者从人文与科技融合、全方位、多元化的生态角度出发，深刻思考数字思维与体验文化带给社会的重要影响。同时也鼓励设计师探索新的服务方式和体验价值准则，推动设计师掌握不断外延的新兴设计领域的技术、方法与策略，成为新时代的复合型设计师。

2010 年，苹果前总裁史蒂夫·乔布斯曾经指出："我们所做的要讲求商业效益，但这从

图 1-9　2020 年国际用户体验设计大会（IxDC）的主题网页

来不是我们的出发点。一切都从产品和用户体验开始。"从交互设计、用户体验，再到体验设计以及近年来备受关注的服务设计，虽然侧重点各有不同，但基本上都是把用户行为或任务等非物质内容作为设计对象，通过对行为路径和实现手段的规划，使用户获得理想的结果和体验。如果说交互设计更多地关注着行为过程的规划，用户体验则强调了对用户行为的过程感受。服务设计同样也是活动和行为的设计，其路径依然是参与者、目标、行为路径、场景和手段，但更加关注实体服务与数字环境的无缝对接。随着科技革命的不断深入，虚拟现实设计、人工智能设计、可穿戴设计、智能家居设计等新概念不断涌现，艺术与科技的距离从未如此之近，设计师和工程师的界限正在逐渐模糊，设计师开始成为新型商业模式的缔造者，推动社会创新走向未来！

1.4　UX要素与设计

　　如何理解交互设计的工作方法与流程？ 2007 年，美国著名 AJAX 之父、Web 交互设计专家詹姆斯·加瑞特（Jesse James Garrett）著名的《用户体验的要素：以用户为中心的产品设计》一书的中文版出版，随后成为风靡国内设计界的经典 UX 体验设计及交互设计教材。加瑞特从设计实践出发，通过可视化草图的方式对用户体验的构成要素进行了分析和说明。该模型已经被广泛应用到更多的领域，包括产品设计、信息设计、交互设计、服务设计、软件开发以及设计管理等。该书的第 2 版（2013 年）不再局限于 Web 网站，而是将该模型延伸到更广泛的产品及服务领域，包括游戏、手机 App 和各种智能设备软件。加瑞特模型简称"5S 模型"，就是将交互与信息产品分为表现层、框架层、结构层、范围层和战略层五个层面（见图 1-10 ）。底层为战略层，侧重于用户需求和产品目标；顶层为表现层，是一系列由版式、色彩、图片、文字和动效组成的视觉设计；中间的 3 层从下往上依次为范围层、结构层和框架层，范围层由产品规格说明书组成，是产品各种特性和功能的初稿；结构层用来设计产品的信息构架和交互方式，设计师由此确定产品各种特性和功能的最佳组合方式并完成产品雏形；框架层强调界面设计、信息设计和导航设计，并由按钮、控件、照片和文本区域等页面元素组成。从时间角度，该模型自下而上代表了信息交互产品的开发流程：从抽象到具象，从概念到产

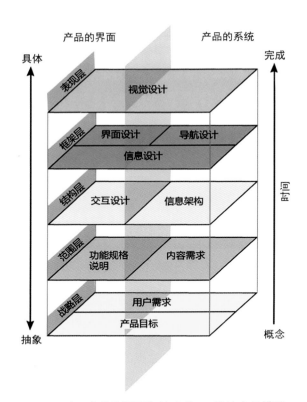

图 1-10 《用户体验要素》给出的 5S 设计产品模型

品的过程。从空间角度，该模型代表了 UX 体验设计所包含的技术、商业及用户之间错综复杂的关系。

加瑞特模型对于交互设计来说有着重要的指导意义，从设计进程时间上看：首先是战略层，主要聚焦产品目标和用户需求，这个层是所有产品设计的基础，往往由公司最高层负责。其次是范围层，具体设计与交互产品相关的功能和内容，该层往往由公司的产品部负责监督实施。第 3 层是结构层，交互设计和信息构架是其主要的工作，通常互联网公司的体验设计就是负责这个层的业务。第 4 层为框架层，主要完成交互产品的可视化工作，包括界面设计、导航设计和信息设计等工作。最顶层为表现层，主要涉及视觉设计、动画转场、多媒体、文字和版式等具体呈现的形态。加瑞特通过该模型中间 3 层的分割将功能性产品（关注任务）以及信息型产品（关注信息）进行了区分，左侧的工作注重功能规格、界面设计与交互设计，右侧则与内容需求、信息构架和导航设计有关，用户研究、市场分析、信息设计和视觉设计则跨越了这个界限（见图 1-11）。该模型提供了交互产品设计的基本流程与框架，从时间角度，该模型可以分解为一系列阶段性的任务目标与成果（见图 1-12）。对于交互设计师来说，这个模型提供了用户分析、产品开发与界面设计的"导航图"。对于企业管理者来说，可以借由这个流程来实现产品创新与企业发展战略。

虽然从产品开发角度，加瑞特 5S 模型是一个清晰而实用的数字产品开发的战略思考，但该模型对于用户体验设计的特殊性关注不够。由于"体验"本身是主观的、因人而异的，而且带有流动性、暂时性和无定型性的特征，这和基于客观对象的设计如家具、建筑或者视觉传达设计有着很大的区别。例如，陶艺师或雕塑家都必须以陶土或胶泥为材料，并借助整

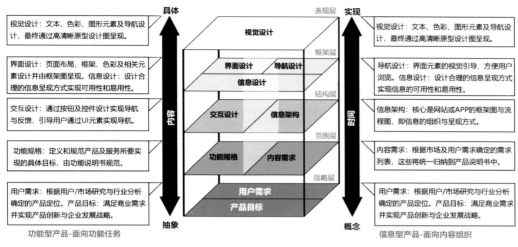

图 1-11 加瑞特模型区分了功能型产品（左）和信息型产品（右）

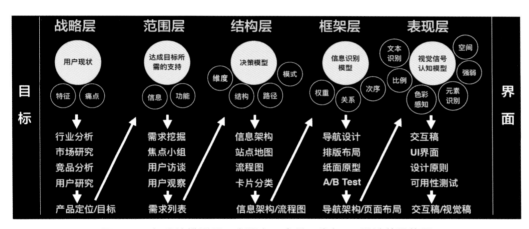

图 1-12 加瑞特模型是用户研究、产品开发与 UI 设计的导航图

套的手工和机械工具才能完成。因此，传统设计是以材料或媒介为对象，而体验设计则是独立于媒介或跨媒介的。无论是设计网站、手机 App、医院的自助挂号机还是服务系统，都是基于数字或软件的设计。随着当代设计朝着跨媒体、交互、对话与体验的方向发展，"用户"和"参与"活动本身成为设计师关注的焦点。

2016 年，在葡萄牙里斯本举行的 UXLx 国际论坛上，加瑞特做了题为"为用户参与而设计"（Design for Engagement）的演讲。他深入分析了体验的要素并从"用户参与"入手，提出了一种基于人类体验的心智模型，即感知（P）、认知（C）、情感（E）与行动（A）。该模型基于信息、物质与能量的思考，将人类的情感、思想与身体的体验融为一体，并由此构成了一个以综合体验为对象的设计宇宙（见图 1-13）。加瑞特指出："UX 设计是指一种跨媒介的或独立于媒介的设计活动，它不仅将人的体验作为设计产出物，而且明确地强调用户参与互动是设计目标"。正是由于体验本身的包容性，加瑞特认为 UX 设计并非是一种独立的设计活动，而是融会贯通于信息、导航、交互、服务、界面与视觉传达设计之中。

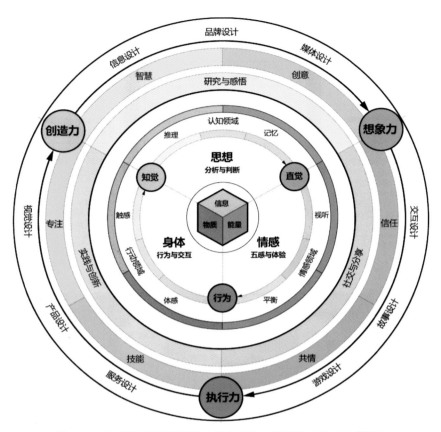

图 1-13　加瑞特提出的基于人类体验的心智模型（PACE 模型）

1.5　交互设计的目标

　　人类生活是建立在交流基础上的，语言和文字信息是人们基本的交流方式，信息交流的根本是对话。对话的原则是简洁、清楚，对话的过程也是检验交流信息能力和对信息的理解度。交互设计的对象首先就是人，但关注点则是产品、技术与服务。人从出生就开始利用感官、想象、情感和知识与周围的产品和环境进行某种形式的对话。商店、购物中心、邮件、博物馆、学校、电视、娱乐、网站等都是人与事物交互的场合，对这些设施或服务进行设计都属于交互设计。UX 设计就是创建新的用户体验，增强人们在工作、通信及生活中的交流方式、生活体验及服务体验。因此，交互设计的对象就是人们日常生活的各种服务的虚拟化形式，也就是基于手机或智能环境下的，应用于教育、娱乐、医疗或者旅游等领域的软件设计。

　　近年来，随着电子商务的火爆，电商们纷纷都开始和线下的服务相结合，将购物、旅游、餐饮、外卖、演出、电影等消费活动捆绑在一起。数字化生活已经成为当下年轻人忙碌一天的工作及生活方式（见图 1-14）。如美团和携程将餐饮与旅游服务不断完善，从星级酒店到客栈、民宿，从团购到手机选房，都成为服务特色。医院就诊和看病流程就充分体现了线上体验设计的重要性。该流程包括网上预约、挂号取号、在线缴费、扫码取药等一系列线上行为，通过更加智能化和规范的服务，医院的看病流程更加简捷化，病人由此可以得到更方便、更快捷和更有效的服务。我们每天经历的方方面面，大到城市轨道交通系统的设计，小到餐饮店的柜台都充满着体验设计的影子，线上＋线下的用户体验就是交互设计的舞台。

图 1-14　线上＋线下服务的当代年轻人的数字化生活

交互设计的本质就是沟通的设计。从狭义上看，是指虚拟产品（软件）的界面视觉和交互方式的设计，包括界面视觉（色彩、图像、版式、图标和文字）、控件（按键、窗口、手势、触控）、信息构架（导航）以及动画、视频和多媒体设计的工作。从广义来说，UX 设计、交互设计、界面设计都属于用户体验设计的范畴。例如，互联网企业最热衷的 O2O 业务如滴滴出行、淘宝、美团和天猫等就是从线上到线下的一整套产品和服务体系（见图 1-15）。线上是交互设计，而线下则更多涉及物流、餐饮、休闲方式的服务设计，这两者都离不开交互设计的流程与方法。如果不了解服务对象、用户体验、商业模式和技术规格，自然也很难设计出贴心的 App 应用。例如，"携程旅行"的主要用户群是外出探亲访友、旅游或者商务出行的人群，民宿／客栈、飞机＋酒店、购票订票、商务旅游、购物／免税等功能设计就是其主要的服务内容。而"美团"则关注城市白领的餐饮习惯和休闲行为，特别是抓住了"省钱"和"分享"的体验。用户对象不同，产品形态也就有了差别。交互设计师不仅需要洞悉用户消费心理，而且应该为客户设计出更贴心的体验，如针对亲子、老人、低收入人群和残障人士等，成为消费者和产品、服务与企业沟通的纽带和桥梁。

随着体验经济的发展，基于用户体验以及"生态型"的设计，如交互设计、服务设计、绿色设计、参与式设计、社会创新设计、以用户为中心的设计（UCD）等都已经成为当前设计的潮流。这些新型设计突出特征都是注重以人为本和可持续发展的理念。用户体验源自需求研究和用户心理学的研究。早在 20 世纪 50 年代，美国行为心理学家马斯洛（Maslow，1908—1970）就认为人类需求的层次有高低的不同，低层次的需要是生理需要，向上依次是安全、爱与归属、尊重和自我实现的需要。同样道理，大多数技术产品和服务的设计也都要经历 5 个金字塔等级，从最底部到最顶部，从"嘿，这玩意儿还真管用"到"它让我的生活充满意义"。这个金字塔模型自下而上，是一个基本的产品进化模式图（见图 1-16），这也是交互设计的依据和目标。

图 1-15　手机应用的 O2O 模式服务流程（平台＋线上＋线下）

图 1-16　心理学家马斯洛提出的人类需求金字塔模型

　　交互设计关注人与产品、人与服务之间的关系，搭建起人与物之间的桥梁，起到穿针引线的作用。交互设计的目标可以从"可用性"和"情感体验"两方面进行分析，"可用性"为金字塔模型的暖色部分，涵盖实用、可靠和易用三个层面。可用性是交互设计的基础目标，它主要体现在产品的"有用"和"好用"两方面。"有用"属于底层设计，具体表现为功能实用、易于操作和安全有效三方面。"好用"则包含易用性和可靠性，具体表现为易学、性价比高和性能可靠三方面。可用性是交互设计的基础，但产品仅仅可用并不足以获得更多的用户。心理学家唐纳德·诺曼在《情感化设计》一书中认为："实用性和可用性是很重要的，不过如果没有乐趣和快乐、兴奋和喜悦、焦虑和生气、害怕和愤怒，那么我们的生活将是不完整的。"可用性仅仅满足了用户的基本需求，对于成功的交互设计产品来说，还需要考虑情感体验，满足用户更高层次的需求，这也就是"乐用"，即金字塔模型的绿色和蓝色部分。

正如我们在迪士尼乐园乘坐过山车时所经历的胆怯、兴奋、狂喜和巨大的满足感，产品除了可用性和易用性外，还包括享受、美学和娱乐的体验。也就是说，在产品或系统的人机交互过程中，除了要达到可用性目标中的效率、有效、易学、安全和通用性之外，还应该具备令人满意、有趣、富有启发、美感和成就感等。设计师在手机界面设计（UI）中，通过加入清晰的文字、绚丽的色彩、简洁的界面、幽默的元素以及版式的个性化都可以实现用户体验的情感目标（见图 1-17）。同样，创造流畅的操控如购物网站的浏览、选单、下单和付款流程，更简捷的交互方式如刷脸购物等，也可以让用户体验更加愉悦。在 2020 年，内容为王的时代，手机界面设计从过去想尽办法吸引用户的点击和关注，到如今会更多思考如何通过简约而快捷的信息设计来凸显内容，润物无形，让用户觉得理所当然的沉浸感才是 UI 设计最好的归宿。

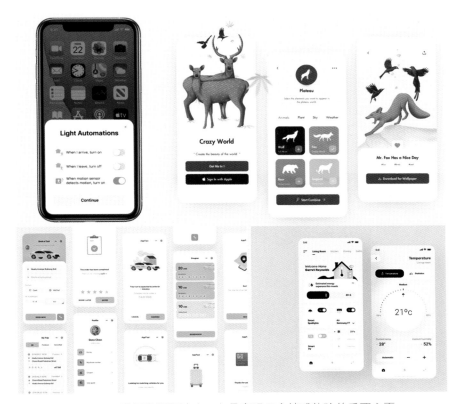

图 1-17　手机界面设计（UI）是实现用户情感体验的重要方面

从底层设计、中层设计到顶层设计，都体现出了交互设计的本质：以人为本，关注细节，将顾客的满意和期待发挥到极致。此外，这个模型的挑战在于，如果你真的想创造一个革命性的产品，你就自上向下地思考问题，从你想要人们拥有的体验开始发掘出新点子并改变一些停滞不前的产品。如果你已拥有稳定可用的产品，将其发展到下一个级别意味着你要专注于更感性的东西，如情感、表达和美学体验。

思考与实践1

一、思考题

1. 什么是交互或互动？什么是交互设计（IxD）？

2. 交互设计涵盖哪些学科或领域？请说明其原因。

3. 比尔·莫格里奇对交互设计的重要贡献是什么？

4. 什么是界面设计（UI）和用户体验设计（UXD）？

5. 交互设计和界面设计、工业设计和视觉传达设计有何不同？

6. 交互设计的要素有哪些？交互设计需要经历哪些过程？

7. 交互设计师的主要职责是什么？与服务设计有何关系？

8. 什么是 O2O（线上到线下）服务模式？

9. 交互设计师未来的职业发展空间在哪个方向？

二、实践题

1. 目前智能可穿戴技术已成为交互设计领域发展的新趋势，如图 1-18 所示的婴儿 24h 体温、心跳速率监控等产品已成为交互产品的新兴市场。请调研该领域（母婴市场）的智能产品并从用户需求、用户体验和功能定位三个角度分析该类产品的优缺点和市场商机。

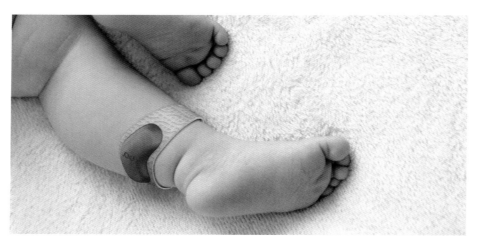

图 1-18　针对婴幼儿的智能体感智能可穿戴传感器（与手机终端相连）

2. 请调研 50~70 岁的中老年人群的社交习惯并尝试为他们设计一款专用的社交工具（客源考虑以下关键词：子女圈、同事圈、朋友圈、社工、集体舞、医疗保健、金融理财、家庭医生、紧急救助、健身和旅游）。请根据上述调研和产品定位的设想提出设计原型和方案。

第2课 交互设计师

2.1 全栈式设计师

2019 年，工业和信息化部正式向中国电信、中国移动、中国联通和中国广电发放了 5G 商用牌照，中国正式进入 5G 商用元年。5G 是一场影响深远的全方位变革，将推动万物互联时代的到来。5G 具有高速度、低时延、高可靠等特点，是新一代信息技术的发展方向和数字经济的重要基础。从 5G 的发展历程可以看出：从 1G 时代的"大哥大"手机到 5G 时代的"万物互联"，人类信息与通信技术的快速进步推动了经济形态的转型并促进了新的经济形态的产生（见图 2-1）。比如在 3G 带宽时代，人们绝对无法想象会有"快手"或"抖音"这种短视频 App 的出现。如今出门可以不带钱包钥匙，但是却没法不带手机。无论是购物、外卖、追剧、打车，都离不开手机，桌面端的多人 RPG 以及单机游戏走向衰落，而手游成为主流……从 3G 到 4G，看似是网速的提速，实质上是整个互联网行业形态的改变。伴随着 5G 和人工智能的迅速发展，从自动驾驶汽车、无人机快递到智慧农业，万物互联会全面赋能各行业并极大提升用户体验。一个新的用户体验设计时代即将到来，这也为交互设计师、网络设计师、动画师和影视特效师等职业的发展带来新的发展机遇。

图 2-1　5G 的发展历程与相关经济形态的变化

根据腾讯公司在 2019 年的预测：到 2024 年，智能手机视频流量可以达到移动数据总量的 74% 或者更高，由此会推动短视频、网络品牌营销、视频游戏、手机动漫、影视综艺和 VR 沉浸体验等新媒体及相关产业的发展。产业的变革不仅会影响设计师的岗位，同时也使得设计师面临专业重构与知识体系的挑战，用户体验设计成为未来最重要的新兴设计行业之一。从中国互联网 20 年的发展历史上看，用户体验大致经历过 3 个时期：PC 时代、移动互联网时代和目前的物联网时代。每个时期都有不同的互联网商业产品，同时也构建了相应的用户体验。PC 时代是解决信息不对称的问题，所以就有很多信息门户产品，如搜狐、百度、新浪、腾讯等。到了移动互联网时代，由于手机可随身移动的便利特性，解决了线上线下的对接问题，这使得与我们生活息息相关的各种 App 出现，如美团、滴滴、支付宝和微信等，扫码支付成为当下中国人的日常，这在全世界也是首屈一指的现象（见图 2-2）。特别是在 2020 年新冠疫情流行的日子里，如果人们不带手机出门可以说是寸步难行，大数据已经成为保护人们出行安全的重要因素。5G 万物互联和自由共享的时代是一个智慧大爆发的时代，目前我们所期待的一些商业产品和服务将成为主流，比如无人驾驶、智慧门店，还有天猫精灵（语音交互体验下的生活助手）和 VR 购物等。10 年以后，每秒超过 1GB 的下载量使得线上用户体验更加无缝平滑，任何人（Any Person）在任何时间（Any Time）或任何地点（Any Where）都可以享受到线上线下无缝平滑的智慧服务（3A）。

图 2-2　扫码支付已经成为中国人生活的日常环节

2017 年，在杭州举办的“2017 国际体验设计大会（IXDC）”上，阿里巴巴 B2B 事业群用户体验设计部（UED）负责人汪方进先生做了《面对新商业体验，设计师转型三部曲》的主题分享。他指出：随着互联网技术与生态的快速更新，设计师将会面临一个全链路商业环境（见图 2-3）。之前的设计师为终端消费者提供体验设计方案，未来则要延伸到整个商业全链路，从原材料流通，到品牌生产、加工、分销、销售，以及终端零售，这些都是设计师需要发力的地方。因此，设计师将会面临全链路、多场景的设计体验诉求，这使得未来 3A 场景设计与无边界的智慧服务变得越来越重要，如智慧门店、智慧家居、智慧车载等。从 PC 时代的鼠标、键盘和屏幕之间的交互设计，到今天移动媒体时代指尖交互的流行，UX 设计思想、工具与方法在不断进化。全感官互动会成为新的用户体验，如语音交互、体感输入甚至意念交互等，这也意味着交互设计师的地位会越来越重要。

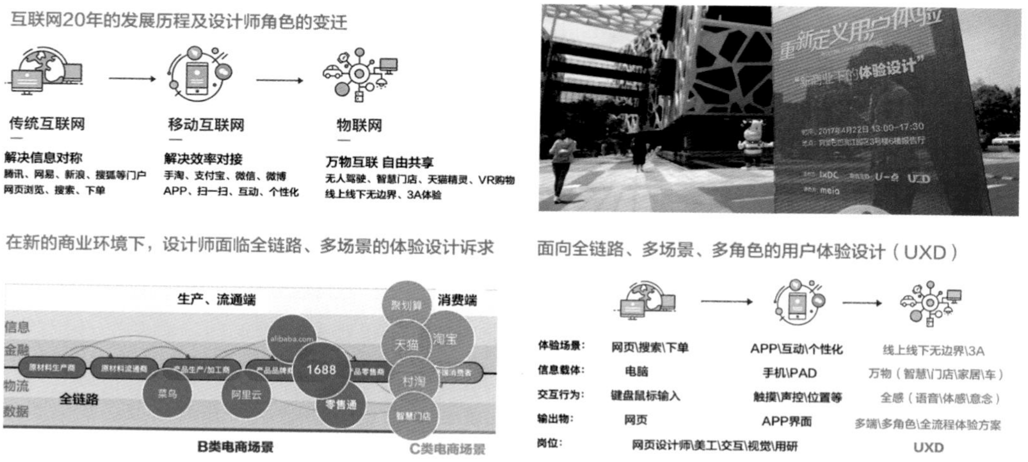

图 2-3　面向全链路、多场景和多角色的 UX 设计

在这种时代的演变下，设计师将会面临很多新课题，比如多场域、跨媒介、整合设计与服务设计等，对设计师的要求会变得更高，交互、视觉、用研可能只是一个基本能力而并非是一个岗位。交互设计师需要具备多样化的专业能力，其工作流程覆盖度广，综合素质高，岗位价值大，发展瓶颈小。按照阿里巴巴的职级和薪酬设计标准，交互设计师的岗位是从 P7 级开始的，也就是刚入职的员工需要从交互、视觉和用研的基础工作开始（从 P4 到 P6 级），随后才能进入 UXD 的岗位（见图 2-4）。P9 级的 UXD 设计师则需要具备 P6+ 或 P7 的视觉能力与 P7 级的用研能力，具备团队管理及坚实的交互设计能力。他们以理性为主导，兼备共情的能力以及视觉表达的能力。合格的体验设计师必须具备用研和视觉能力，才能逐步成长为综合型的 UX 设计人才。

图 2-4　阿里集团的职级和薪酬（P4~P9）及能力金字塔

2.2　互联网新兴设计

从 1994 年中国互联网萌芽开始，中国互联网经济经历了从 PC、移动到智能科技下的多元融合。互联网的产生催生了新的信息组织形态、新的消费形态和新的产业生态。当前互联网正在与各行各业加快融合，并逐步改变着传统行业的面貌。随着产业结构的不断调整，设计行业也迎来了新的变化和挑战。由原来的界面设计时代，到 PC 设计时代，再到移动设计时代，每个产业浪潮的变化都会引起设计内容、设计需求，甚至设计理念的变化。不仅如此，设计师在企业内的角色也在变化，从以往单纯的业务协同，到今天能够通过设计来提升产品和品牌的价值。行业趋势的不断变化，导致企业对设计人才的要求也不断提高。在此背景下，知识的跨界使 UX 设计人才成为业界发展创新的重要资源。

2019 年 12 月，腾讯用户体验设计部（CDC）携手 BOSS 直聘研究院联合推出了《互联网新兴设计人才白皮书》（简称《白皮书》）并对互联网产业进程下新兴设计人才市场供需两端进行分析。研究数据主要来自招聘大数据分析，其中，需求数据主要来自 2019 年 9 月各大招聘网站、中国 500 强企业和世界 500 强在华企业发布的公开招聘数据，共计 28 万多条；数据主要来自 BOSS 直聘研究院求职者大数据的抽样调查。其中，参与本次问卷调查的主要

19

有 3445 位从事设计行业工作的人员，他们来自腾讯、阿里巴巴、百度、华为、富士康、爱奇艺、亚马逊中国、微软、携程、小米、小红书、唯品会、网易等一千多家大中小型企业，研究重点为互联网设计，关注用户体验、交互过程，服务于数字化产品及服务的研发、运营、推广的综合性设计。白皮书中主要抽取各大招聘网站中与互联网新兴设计相关的职位数据进行分析，如界面设计、UI 设计、视觉设计、交互设计、用户体验、体验设计、服务设计和信息设计等。《白皮书》资料翔实，所提供的数据可以反映出当前我国用户体验设计行业的概貌。该《白皮书》也成为我们了解该行业的窗口。

互联网新兴设计主要指以应用互联网技术为特征，基于人本主义思想，关注用户体验、交互过程，服务于数字化产品及服务的研发、运营、推广的综合性设计，如界面设计、UI 设计、视觉设计、交互设计、用户体验等。有别于传统工业设计，互联网新兴设计的内容和媒介从有形直观的实物产品，转变到无形抽象的交互过程、体验感受和服务内容；设计的职能从单纯的产品研发逐步延伸至产品的前期规划、后期运营等整个环节。该白皮书的数据显示，在 2019 年互联网企业招聘的设计岗位中，互联网新兴设计成主流（占 85.4%），其中包括品牌及运营设计、视觉设计、交互设计、游戏设计、用户研究等与 UX 相关的职业岗位。这些岗位市场需求量大，招聘量占比近九成，远超其他设计岗位的招聘比例（见图 2-5）。数据显示，品牌及运营设计的工作内容与平面或美术设计较为相关，主要涉及公司 / 品牌 / 网店的宣传推广、后期视效、视觉美化等设计工作，如平面设计师、UI 设计师、多媒体设计师、动画设计师和插画师等。目前品牌及运营设计市场招聘的需求量最大，占互联网新兴设计的需求的比例最高（43.3%）。从薪资对比上，交互、用户研究和游戏设计等岗位对设计师能力要求较高，设计师的薪资也较高。交互设计师的平均薪资在 1.28 万元 / 月，用户研究类的平均薪资在 1.19 万元 / 月。这些数据表明，用户体验行业的整体薪资超过 1 万元 / 月。在一线和

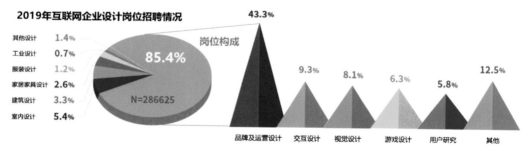

图 2-5　根据《白皮书》数据显示的设计行业生态

二线城市，拥有本科以上学历和 3 年以上工作经验设计师的平均薪资高于总体。其中，硕士、博士学历的平均薪资分别为总体的 1.8 倍和 2.3 倍，具有 5~10 年工作经验的平均薪资分别为总体的 1.7 倍和 2.3 倍。

　　根据职友集网的线上调查统计，2018 年，交互设计师全国平均年薪在 13 500 元 / 月。其中，上海交互设计师平均薪酬水平在 16 690 元 / 月，北京交互设计师平均薪酬水平在 18 880 元 / 月（见图 2-6）。虽然在 2019 年特别是 2020 年全球受到新冠疫情的影响，多数企业利润有所下滑，用户体验设计行业也受到了很大影响，但职友集网的统计表明，交互设计师，特别是有了 3~5 年经验的交互设计师，月薪仍然会超过 1.5 万元。这些数据表明，该职位在互联网行业中仍然处于一个相对稳定的高收入群体。2018 年，交互设计行业最大的趋势之一就是高级设计师职位的激增，需求量比初级设计师这样的职位大出许多。许多公司一直在寻找能够使他们的产品直接增值的设计师，他们期望设计师能够迅速独当一面而不需要时间去逐渐提升，如移动、网络、物联网等，这对交互设计师的职业素质提出了更高的要求。

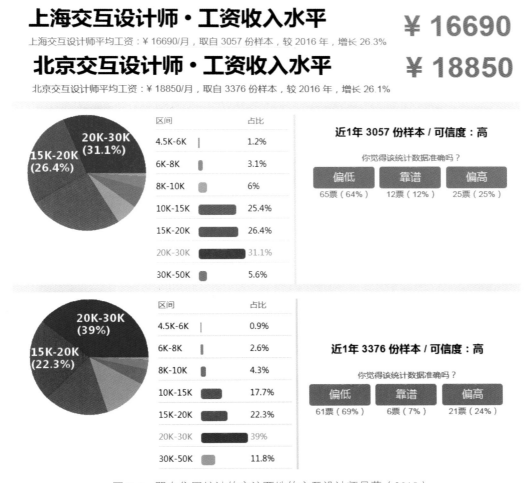

图 2-6　职友集网统计的京沪两地的交互设计师月薪（2018）

在 2019 年第九届中国互联网产业年会上，中国工程院院士、中国互联网协会理事长邹贺铨表示，互联网走过了 50 年，全球的互联网普及率超过了 55%，中国全面接入互联网 25 年，互联网普及率超过了全球平均水平。截至 2019 年，中国互联网普及率超过全球平均水平。中国网民规模截至 2019 年 6 月达到 8.54 亿，覆盖度超过 60%。随着互联网的快速崛起，为互联网新兴设计提供了大量的岗位，其中，游戏、用户体验、交互、视觉设计职位竞争最为激烈，大型企业纷纷提高价码争抢人才。因此，快速提升自己的能力，从单一走向综合，从"动手"转向"动脑、动口与动手"（创造性、沟通性与视觉表现力）是交互设计师提升自己的不二之选。

从长远来看，未来用户体验设计会从重视技法转向重视产品与行业的理解。对心理学、社会学、管理学、市场营销和交互技术的专业知识有着更多的需求。现在的设计师往往更擅长于艺术设计，而未来还要看他对相关市场的洞察力，如做租车行业的设计师就需要深入了解该产业的盈利模式和用户痛点。在世界更加成熟的互联网企业如美国硅谷，单一的 UI 视觉设计师已经不存在了。产品型设计师（UI+ 交互 + 产品）、代码型设计师（UI+ 程序员）和动效型设计师（UI+ 动效 /3D）初成规模。UX 设计正在朝全面、综合、市场化和专业化的方向发展（见图 2-7）。例如，拥有 8 年经验的交互设计师基本上属于某个特定设计领域的专家，其月薪为 3~5 万元人民币。规模较大的科技公司有可能会聘请多名首席设计师；而中小型公司则可能只会聘请一名首席设计师或没有这个岗位。由于用户体验设计仍然是一个相对较新的领域，所以很难找到拥有 10 年以上商业设计经验的人。因此，如果设计师拥有设计开发与管理商业 App 的丰富经验，在一些公司中就会被赋予首席设计师的岗位。

图 2-7　UX 设计正在朝全面、综合、市场化和专业化的方向发展

2.3 设计师大数据

交互设计师作为互联网新兴设计岗位，虽然历史不长，但却引起了众多企业的重视。那么，交互设计师需要具备哪些素质或能力？主要的工作范围与职责有哪些？企业是如何招聘交互设计师的？这些问题也需要通过数据来回答。心理学家唐纳德·诺曼领衔的尼尔森·诺曼集团曾对美国、英国、加拿大和澳大利亚的近千名交互设计师进行了调查。该公司的调研报告显示：大多数设计师都在从事用户研究、交互设计和信息架构领域的工作，包括绘制线框、视觉界面、收集用户需求或开展可用性、易用性研究等。除了必需的视觉表达和绘画技巧外，包括设计、文档写作、编程、心理学和用户研究都是其工作范畴。2017 年，国际体验设计协会（IXDC）联合腾讯 CDC 共同开展了"2017 用户体验行业调研"，给出了从业者画像、职业规划、素质分析等几方面的数据，特别是给出了 UX 从业者的核心竞争力。结合腾讯 CDC 与 BOSS 直聘研究院在 2019 年推出的《白皮书》，我们可以更充分地了解和掌握这个行业就业人群的基本特征。

《2017 用户体验行业调研报告》显示：用户体验行业从业者青年占比较高，22~30 岁占比达到 81.1%。年轻、高学历、设计与计算机专业是 UX 行业内大多数人的属性。行业从业者画像具有 6 大特征，具体分布依照 6 类不同的岗位有所区别（见图 2-8）。从业者在公司的业务主要包括用户研究、市场研究和体验设计。

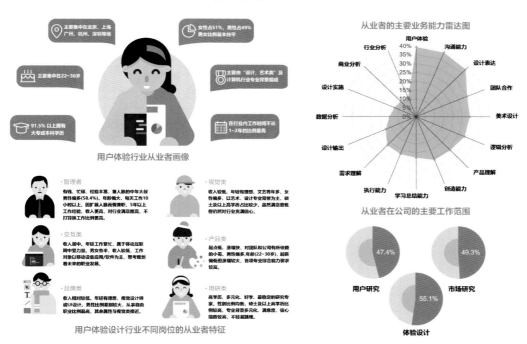

图 2-8　调查报告给出了 UX 设计行业的"从业者画像"（2017）

该报告指出：UX 从业者为了保证核心竞争力，需要具备和强化的基本技能包括用户体验、沟通能力、设计表达、美术设计与团队合作等，这些能力在雷达图中呈现出一个类似鹦鹉螺的图形。此外，《白皮书》则通过大数据研究与问卷调查发现，企业希望交互设计师不仅具备交互专业知识，还需要具备商业、运营、服务、用研和技术等方面的一些基础知识。在核心能力上，企业较看重设计人才的合作精神、思考能力和责任心，包括"积极主动""刻苦耐劳""沟通能力""项目管理""创新能力"等方面都有很高的权重。

通过访谈和问卷调查，该报告指出了交互设计职业的几个特征。首先是工作内容具有综合性与多样性的特征，往往会依照需求而改变。交互设计师往往从进入公司开始就会忙到深夜，加班加点是常态（见图 2-9）。设计师还需要让用户参与设计的过程，并通过原型迭代与试错来不断改进产品模型。由于工作的性质，设计师随时需要总结自己的工作，归纳和总结数据，绘制各种草图和准备项目成果汇报。用户体验领域最显著的一个特点是其综合性。虽然设计学、心理学、社会学和计算机科学是与该专业最接近的领域，但多数设计师还是必须通过实践来不断完善自己。

图 2-9　交互设计师一天工作流程的模拟图（示意职业特征）

类似于建筑师，交互设计师是为产品设计架构和交互细节的人。其中，用户研究的岗位主要是围绕用户而进行的策划、市场 / 销售及数据分析工作。让产品具备有用性、可用性和吸引力是企业追求的目标。因此，用户研究是交互设计师项目策划的第一步（见图 2-10，上）。用户需求的研究包括定性研究如用户访谈和定量研究如采集数据，分析用户的行为、痛点和态度等。这些工作就决定了产品的功能、构架与导航、交互方式和设计外观等。设计师不仅需要关注"看得见"的内容，如颜色、外观、布局、图像、文字、版式等，也需要关注隐藏的或深层次的设计。好的设计不仅更容易上手，更快捷方便，同时还可以带给用户以美的享受和丰富的体验。因此，交互设计师是一群具备左右脑相互配合的设计与研究、创意与共情能力的人（见图 2-10，下）。他们也是具备人际交往能力、数据挖掘能力、信息检索能力与设计表达能力的特殊人群。未来的用户交互设计，是假定在团队中有一个机器人（人工智能）与设计师协同合作，熟悉用户需求与高科技将成为重要的人才标准。

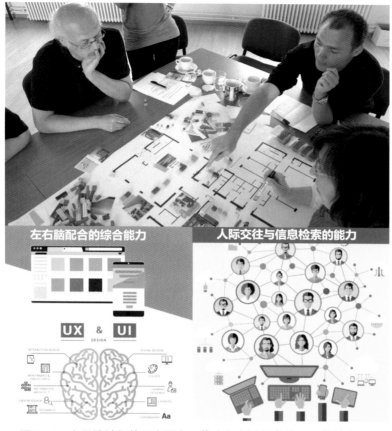

图 2-10　交互设计师的用户研究工作（上）以及产品 +UI 设计（下）

2.4　交互设计师能力

1. 双脑协同，综合实践

美国著名心理学家麦克利兰（Mclelland）于 1973 年提出了"冰山模型"，对人的专业学习能力、通用能力和核心能力进行了划分（见图 2-11）。麦克利兰将人的心理因素与学习实践能力划分为显性的"冰山以上部分"和深藏的"冰山以下部分"。海面上的包括基本知识、基本技能，是外在表现，是容易了解与测量的部分，相对而言也比较容易通过培训来改变和发展。而"冰山以下部分"包括社会角色、自我形象、特质和动机，是人内在的、潜意识的、难以测量的部分。它们不太容易通过外界的影响而得到改变，但却对人的行为与表现起着关键性的作用。所谓"江山易改本性难移"就是指这部分。"冰山以下部分"人的核心能力往往与每个人的先天因素、家庭因素与成长因素有关，因此也就更为企业所重视，如"沟通能力""项目管理能力""团队合作""创新能力"都属于这个层面。例如，许多 IT 企业在招聘人才时，除了对技能和知识的考察，往往还需要考察应聘者的求职动机、个人品质、价值观、自我认知和角色定位等。因此，交互设计师不仅需要提升相关专业知识与技能（如软件与编程），而且需要进一步提升设计师的通用能力与核心能力。

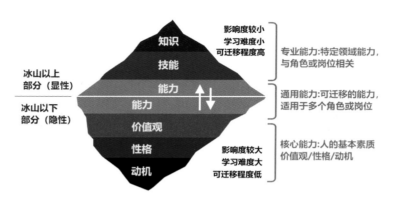

图 2-11　麦克利兰提出的创意能力"冰山模型"

UX 是一个学科交叉性质非常明显的应用领域，设计师的工作包含用户研究与界面设计（UX+UI）两部分工作内容。用户研究的具体任务清单有 11 项内容（见图 2-12），涉及市场研究、信息设计、图形设计的任务有 21 项。因此，几乎所有的工作都会涉及"视觉思维"或者设计表达能力。根据国内对知名互联网企业的调查，对交互设计师的要求侧重于"沟通能力，需求理解，产品理解和设计表达"的能力。工具技能上，设计师要求懂一定的编程并掌握统计、设计和办公类软件。用户研究岗位要求设计师会使用 SQL、Python 和 SPSS 等编程语言和统计类软件处理数据，具有数据可视化的能力。视觉设计（UI）的工作则偏向于"团队合作，

用户研究的任务	外观或界面设计的任务
现场调研（走查）	图形设计（标识，图像）
竞争产品分析	界面设计（框架，流程，控件）
与客户面谈（焦点小组）	视觉设计（文字，图形，色彩，版式）
数据收集与数据分析	框架图设计，高清 PS 界面设计
用户体验地图（行为分析）	交互原型（手绘、板绘、软件）
服务流程分析	图表设计，信息可视化设计
用户建模（用户角色）	图形化方案，产品推广，广告设计
设计原型（框架图）	手绘稿，PPT 设计
风格设计（用户情绪板研究）	包装设计
产品关联方专家咨询	动画设计（转场特效，动效）
深度访谈（一对一面谈）	插画设计（H5 广告，Banner，推广海报）
共同需要完成的任务	
交互设计（根据用户研究的结果，提供交互设计方案）	
高保真效果图（展示给终端客户的效果图和交互产品原型）	
低保真效果图（提供或分享给工程师团队的工作文件）	
撰写项目专案（产品项目汇报）	
情景故事板设计（产品应用场景分析）	
可用性测试（A/B 测试）	
项目头脑风暴（小组，提供产品设计的初步构想）	
信息构架设计，信息可视化设计	
演讲和示范（语言、展示与设计表达）	
与编程师的对接（产品测试与开发、用户反馈，寻找与技术的对话方式）	

图 2-12　用户研究的任务清单（左）与界面设计任务（右）的比较

设计表达和创造力"。由于在实际环境中，交互设计师往往会同时涉及上述两种不同性质的工作，这也逼迫设计师要有"多面手"的综合能力。

2. 见微知著，关注细节

交互与体验专家、斯坦福大学教授丹·塞弗在 2013 年出版了《微交互：细节设计成就卓越产品》一书并由心理学家唐纳德·诺曼亲自写序。诺曼指出："微交互"中的"微"表明关注那些至关重要的细节，它决定了用户体验是友好的还是令人皱眉的。正如丹·塞弗指出的，虽然设计师倾向于把握大的方向，然而，如果细节处理不当，那结果还是会失败。无论是手机购物、GPS 导航或是学习网课，正是细节决定了每时每刻的体验！网络卡顿、流程烦琐、界面灰暗、信息冗余……这些"细枝末节"的设计都会导致整个产品不流畅。因此，设计师必须要有极强的观察能力，看看别人如何互动，再看看自己的交互习惯，找到突破口，从逻辑上分清先后，再决定怎么做最恰当。观察什么？比如错误提示，比如对话框，它们都会呈现出一些信息，而这些信息通常会暗示下一步可以做什么。那么，为什么不在呈现信息这一步就包含"下一步"按钮呢？要想设计出优秀的微交互，就要了解产品的最终用户，知道他们想达成什么目的，需要经历哪些步骤。还要求理解不同情形下交互的操作环境。所以，对用户的移情或者同理心，观察用户的能力以及把设计融入交互细节的能力都至关重要。

阿里巴巴集团对体验设计的重要性有着深刻的洞察。他们提出了交互设计师的职位要从当前技术单一的交互设计师、视觉设计师转型为全面的产品体验设计师，其目标在于通过设计驱动产品发展，为产品增值，更全面地体现设计师的价值。因此，作为设计师需要具有更全面的能力，从产品设计之初就加入项目团队，和产品经理、研发人员一起从最初探索产品形态，从用户角度出发分析产品策略再进行交互设计，并完成最终的视觉设计。因此可以说，体验设计师需要具备综合能力和多样化的专业能力，从商业、技术和设计的维度全面综合地思考问题。图 2-13 是国内一些知名互联网企业交互设计师的职业素养细则。

职 业 素 养	具 体 描 述
1. 相互尊重	从同事群体中时刻吸收各种观点和灵感
2. 动笔思考	经常绘制草图会让思路和灵感更容易
3. 不断学习	通过设计圈和分享平台来不断完善和提高自己
4. 有取有舍	优先级的判断力，能够轻重缓急地合理安排工作
5. 重视自己	倾听内心的声音，自己满意才能说服别人
6. 乐观进取	和团队保持更融洽的工作气氛
7. 技术语言	理解网络基础语言知识（HTML5、Java、JavaScript）
8. 软件工具	能够利用软件绘制线框图、流程图、设计原型和 UI
9. 专业技能	能够用工程师的语言交流（数据和精度）
10. 同理心	能够感受到用户的挫败感并且理解他们的观点
11. 价值观	简单做人，用心做事，真诚分享
12. 说服力	语言表达和借助故事、隐喻等来说服别人
13. 专注力	勤于思考，喜欢创新，工匠精神
14. 好奇心	学习新东西的愿望和动力，改造世界的愿景
15. 洞察力	观察的技巧，非常善于与人沟通
16. 执行力	先行动，后研究，在执行进程中不断完善创意

图 2-13　交互设计师的职业素养细则

3. 软件编程，数据挖掘

目前，针对用户体验设计有许多设计工具，但这些工具或语言是根据不同的任务开发的，主要用于绘制线框图、流程图、设计原型、演示和 UI 设计。部分工具和编程也被用于开发软件、建立网站、编写 App 应用以及进行交互设计，例如，Arduino 编程开放源代码和硬件套装，HTML/CSS/JavaScript 程序语言，Processing，MAX/MSP 动态编程，jQuery Mobile 等。部分工具如苹果 Sketch、Adobe XD、Interface Builder 和 Unity 3D 5 等也都是非常专业的开发软件。通用型软件，如微软的 PowerPoint、Visio，还有 Adobe Photoshop 等都是公司里常用的演示和创意的工具。下面就给出了目前国内常用的原型设计、数字编程和界面设计工具（见图 2-14）。

设计工具或编程	主 要 用 途
Snagit 12、HyperSnap 7	抓屏，录屏
Microsoft PowerPoint 2017	展示，原型设计
Keynote	流程动画，展示，原型设计（苹果电脑）
Mockflow、墨刀	在线原型设计软件
Adobe Photoshop CC	图像创作，照片编辑，高保真建模
HTML/CSS/JavaScript 程序语言	网页编辑，原型设计
Axure RP 7/8	线框图绘制，原型设计
Processing、MAX/MSP 动态编程	交互装置，智能硬件
Arduino 编程和硬件套装	交互原型工具，开放源代码硬件 / 软件环境
蓝湖、CoDesign	设计创作及协同平台
Unity 3D 5、VVVV cinema 4D Maya	三维动画、游戏、交互编程、智能硬件
JustinMind Prototyper 7	线框图绘制，手机原型设计
Microsoft Visio 2017	流程图绘制，图表绘制
Adobe Illustrator CC	矢量图形创建，线框图
Balsamiq Mockups 3	线框图，快速原型设计
Xcode 和 Interface Builder	苹果 iOS 应用程序（App）开发工具
PIXATE，InVision，Form	交互原型软件
Eagle, AntDesign	设计素材管理平台
Adobe XD CC，Figma	原型设计（专业级），客户端演示
Adobe InDesign CC	网页设计，排版
Sketch+Principle	苹果电脑交互设计原型 + 客户端展示 + 动效
jQuery Mobile	移动端 App 开发工具，HTML5 应用设计工具
iH5、Epub360、Adobe Edge	HTML5 在线设计工具，专业级
Adobe Dreamweaver CC	网页设计，布局
Touch Designer	可视化编程，交互装置，动画特效
Adobe Animate CC、Adobe AE CC	动画，手机动效，应用原型设计
Mindjet Mindmanager 15	流程图绘制，图表绘制，思维导图绘制
Xmind Zen	流程图绘制，图表绘制，思维导图绘制
Google Coggle	在线工具，艺术化思维导图绘制
Flurry, Google Analytics, Mixpanel	网络后台数据分析工具（网站和 App）
友盟、TalkingData、腾讯移动统计	网络后台 App 数据分析工具

图 2-14　交互设计师应掌握的工具与程序

2.5 校园招聘与实习

　　高校作为一个巨大的人才储备库，可谓"人才济济，藏龙卧虎"。学生们经过几年的专业学习，具备了系统的专业理论功底，尽管还缺乏丰富的工作经验，但仍然具有很多就业优势。例如，富有热情，学习能力强，善于接受新事物，对未来抱有憧憬，而且都是年轻人，没有家庭拖累，可以全身心地投入到工作中。更为重要的是，他们是"白纸"一样的"职场新鲜人"，可塑性极强，更容易接受公司的管理理念和文化。正是毕业生身上的这些优秀特质，吸引了众多企业的眼球，校园招聘也成为企业重要的招聘渠道之一。每到大学毕业季，各大IT企业的招聘活动就已经开始，这成为莘莘学子走向职场生涯的第一站。

　　通常来说，各大 IT 企业的校园招聘时间和流程都比较相似，时间段也比较集中。一般企业 9 月中旬就开始启动下个年度的招聘计划。招聘时间主要集中在每年的 9—11 月和次年的 3—4 月。因此，每逢毕业季，学生们便开始奔波于各大公司宣讲会之间，行色匆匆，有些甚至不远千里跨省参加招聘会。简历更是通过网络从全国四面八方涌入企业的招聘邮箱。而寒假、春节前后是校园招聘的淡季，节后 3—4 月份招聘的对象主要是寒假毕业的研究生。从招聘流程上看，腾讯的产品设计师的面试共有 7 轮，包括简历筛选、电话面试、笔试、群体面试、专业初步面试、HR 面试和总监面试等过程，其他各企业的招聘方式也大同小异。校园招聘的基本环节包括以下流程（见图 2-15）。

图 2-15　各大 IT 企业校园招聘的基本环节和流程图

　　（1）公司宣讲会和网络公示招聘计划。学生在网上填写申请表，投递简历（网申）。

　　（2）公司业务部门对简历进行初步筛选。企业通知学生参加笔试。

　　（3）参加多轮面试，包括电话面试、群体面试（交叉面试，即分组的团队测试）、业务部门面试、人事部门（HR）面试、总监面试（最终面试）等。

　　（4）企业最终确定录用（入职）。

　　通常互联网企业考察新人的重点是分析与思维能力、观察和叙述能力、原型设计能力、团队合作能力。图 2-16 是 2012—2015 年百度在北京、上海和深圳校园招聘的部分笔试题目。由此可以看出，无论是交互设计师（UE）、视觉设计师（UI）、用户体验师（UX）还是产品经理（PM），都不是纯粹的技术岗位，而是熟悉"用户研究、原型设计、绘图能力、概念阐述和流程设计"的专业设计师。

笔 试 题 目	考 察 重 点
在百度搜索"欧洲杯"这个关键词，在世界杯开赛前、开赛期间和结束后，用户的主要需求是什么？请设计搜索结果的展示页面	用户研究，原型设计，绘图能力，概念阐述，界面设计
说出一款 O2O 产品简述核心功能，分析优缺点	竞品分析，分析和表达
如果发现校园里效率很低的事，有没有想过提高效率？针对校园痛点分析需求，分析用户群及特征，估计用户数量及使用频率，画出流程图，说明如何提高效率	用户研究，原型设计，绘图能力，概念阐述，流程设计
将百度地图和百度大数据结合，在不考虑数据成本的情况下设计一款产品。给出产品设计思路、功能框架图以及产品的价值。产品可以是 App，也可以是附属在百度地图中的应用	原型设计，绘图能力，概念阐述，分析和表达，界面设计
选择一种互联网产品说明其特点，选其他两种产品，比较三者的特性（用户人群，用户体验，产品设计，发展趋势等）	竞品研究，分析和表达
选择一种产品，如百度电影、百度美食、百度地产，为其设计一个页面，说出 1~2 个特点。为什么选这个产品并画出界面	用户研究，原型设计，造型能力，概念阐述，界面设计
任选一款自己熟悉的百度产品，谈谈自己认为它在用户体验方面最大的问题是什么，并针对此问题给出解决思路	用户研究，分析和表达
针对百度知道的提问界面，分析它的问题，给出你的改进意见并阐明理由	用户研究，原型设计，界面设计
对于百度网页搜索，试分析任意两个关键词的用户需求是什么以及满足需求的完整路径，并给出搜素结果的效果图	用户研究，原型设计，触点分析，概念阐述，界面设计
列举一项自己日常生活中见到的，令自己印象深刻的优秀设计（或者恶劣设计）并说明理由	综合判断，概念阐述，竞品分析

图 2-16 2012—2015 年度百度校招的部分笔试题目

　　例如，上面的第 1 题就需要分析用户需求，也就是分析用户在百度搜索"欧洲杯"这个关键词时的意图是什么，如开始时间、地点、32 强名单和首发阵容等，还有一些商业需求，如预订机票、门票等。其他的内容还包括赛事进程、结果、赛事直播、相关新闻、访谈和综述等。原型设计则主要考察应聘者信息设计的能力，包括信息结构（导航）、色彩、风格、版式和交互等（见图 2-17），同时要求考生画出软件交互界面和低保真原型图，这些都是考生应该熟悉和掌握的技术。这道题目考察的就是应聘者对软件的熟悉和表达能力，这些也是交互设计师需要关注的重点内容。

　　笔试完成后的面试同样是考察上述能力，同时也是考察应聘者团队合作能力的环节。例如，群体面试（交叉面试，即分组的团队测试）俗称"群面"，也叫作"无领导小组讨论"（Group Interview）。面试的方式是若干应聘者组成一个小组，共同面对一个需要解决的问题，如游戏的策划、产品设计或者一个新产品的营销推广方案等，也有比较发散的题目：如何用互联网思维做校园产品？从功能、运营、监管、战略角度讨论打车软件的利弊？请找出生活中不方便的现象并设计一款 App 来解决这个需求等。小组成员进行讨论，汇集各种观点，共同找出一个最合适的答案。小组面试的步骤一般是：①接受问题；②小组成员轮流发言，阐述自己的观点；③成员交叉讨论并得出最佳方案；④解决方案总结并由组长汇报讨论结果。整个群体面试包括自我介绍、讨论和总结陈述。面试官全程参与并通过行为观察决定谁将进入下一个环节。这个环节考察的重点在于：参与度、活跃度、领导力、感召力、语言表达能力与逻辑思维能力等。对于外地应聘的大学生，还可以采取远程视频会议来完成（见图 2-18）。

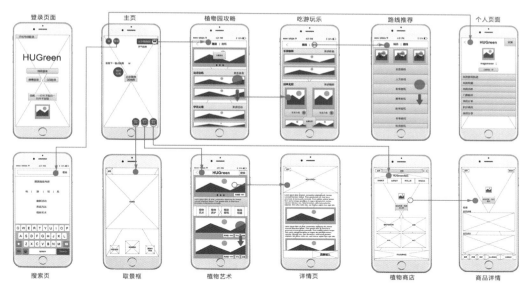

图 2-17　原型设计考试为线框图与流程图的设计能力

图 2-18　群体面试考察考生的参与度、领导力、说服力与实践能力

　　群体面试后的环节都是以"一对一"的形式由面试官和应聘者进行单独交谈。其中，常见的问题包括：说出你印象最深刻的项目？你觉得交互设计师需要具备什么样的素质和能力？你觉得怎样的产品才是一个成功的产品？你觉得产品设计和产品运营有什么区别和联系？在你实习过程中(或者项目经历)最有成就感的一件事是什么？遭遇的最大挫折是什么？如何看待这次挫折？怎么解决的？你在实习中学到最有价值的东西是什么？如果在产品设计过程中遇到和上级或者同事出现分歧你会怎么解决？平时都会使用哪些应用或网站？觉得有哪些应用设计得比较好？最近一年最想做的产品是什么？为什么想做？打算怎么做？你每周最常浏览的网站有哪些？最近一个月你关注的 IT 行业动态有哪些？等等。其中，专业面试的问题会比较具体而专业，而人事部门的面试多为涉及简历、实习等较为宽泛的话题。总监面试则会是一些行业方向性的问题。应聘者通过面试后，新人在公司往往还需要有半年的公

司试用期，转正后才是真正的职业生涯的开始。

思考与实践2

一、思考题

1. 交互设计师的职业特征是什么？未来职业前景如何？

2. 什么叫全栈式设计师？阿里巴巴集团如何理解交互设计师岗位？

3. 说明交互设计师、产品经理和界面设计师的工作区别。

4. 什么是互联网新兴设计？主要包含哪些岗位？

5. 从设计师的大数据中我们可以得到哪些启示？

6. 交互设计师的能力主要包含哪几方面？工作性质如何？

7. 交互设计师的薪酬大致在哪些范围？大公司和本地公司有何差异？

8. 校园招聘的一般步骤和流程有哪些？如何准备应聘？

9. 什么叫群体面试？主要考察应聘者的哪些能力？

二、实践题

1. 访谈是设计师了解用户、产品和市场的重要方法（见图 2-19）。访谈的内容可以涉及竞品研究、用户体验、个人感受和趋势分析等话题。为了保持一致性，访谈员需要一个剧本式的提纲作为指导。在去一个手游设计公司调研之前，请设计一个采访大纲来了解该公司的产品定位和市场前景。

图 2-19　深度访谈

2. 调研招聘类、猎头类的网站和手机 App。归纳和分析 IT 人才供需市场的信息，然后设计一款名为“校聘网”的专门针对大专院校毕业生校招的手机 App。需要给出产品定位、人群特征、盈利分析、市场前景、竞品分析和风险评估。

第3课　设计路线图

3.1　问题导向设计

根据詹姆斯·加瑞特5S设计模型，产品设计是从战略层开始，经过范围层、结构层、框架层和表现层的逐步具象化、清晰化的设计流程。交互设计开发过程中，设计师需要有明确的意图和清晰的设计流程，才能确保设计产品的成功率。虽然5S模型思路清晰，但仍然是一个线性设计流程，没有考虑到设计的复杂性与用户参与性的问题。因此，2004年，英国设计委员会提出了双菱形或双钻石设计流程（见图3-1）。该设计过程分为4个步骤：发现、定义、开发、交付。其中，发现阶段为设计师尝试收集有关问题的见解；定义阶段则需要设计师制定清晰的设计方案，为设计挑战制定框架；开发过程的核心就是模型创建、原型设计、测试概念和迭代解决方案；交付阶段意味着项目总体目标完成，项目进入最终发布、营销与推广环节。该模型可以归纳为：发散思维，创造情景；聚集问题，甄选方案；创意思考，视觉设计；迭代模型，产品发布。前面是确认问题的发散和收敛阶段，后面则是制定与执行方案的发散和收敛阶段。因此，该流程是一个两次发散思维与聚焦创意相结合的过程。

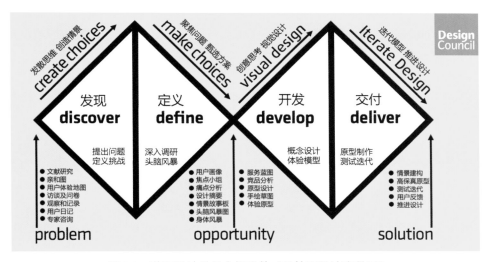

图 3-1　英国设计委员会提出的"双钻石设计流程图"

该模型的另一种表示方法就是问题导向的设计模型（Problem-Oriented Design，POD）。该模型与双菱形设计类似，因形似笑脸故又被称为"微笑模型"（见图3-2）。POD模型的核心有两个：①寻找发现"值得"的问题；②为这个问题的解决选择"适合"的方法。"微笑模型"强调"移情"与"定义"是发现问题的出发点，而"好的问题"是产品或服务能够真正满足用户刚需、打动人心的关键。例如，随着电商的火爆，天猫双11、双12购物节、618购物节、周年庆等促销活动令人眼花缭乱。如何能够抓住用户的"痛点"和"痒点"就是考验设计师与商家眼光的时候。一则关于荔枝的手机促销页开门见山，以健康为卖点，强调桂味荔枝的纯天然、无污染的特征，并以原产地商家郑重承诺来打消买家的疑虑（见图3-3），这个创意就是发现了"好问题"的范例。随后，设计师围绕着健康这个主题，精心拍摄了包括荔枝特写和采摘场景等大量的照片，并根据荔枝色调进行版式设计。整体页面风格清新自然、美观大方、生动感人，以照片为核心的设计风格让消费者"眼见为实"。

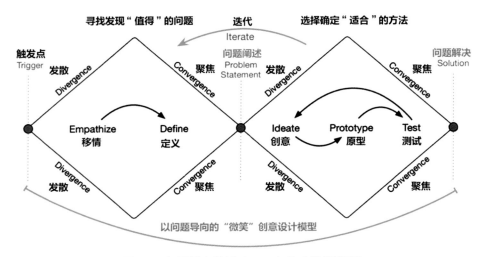

图 3-2　问题导向设计（POD）的"微笑模型"

图 3-3　关于荔枝销售的 HTML5 促销页 UI 界面设计

"微笑模型"除了问题思考外还有方法思考。解决问题的方法很多，但往往会涉及材料、成本、预算、工期、环境、维护以及技术复杂性等一系列问题。例如，据报道，深圳图书馆自20 世纪 90 年代建成以来，读者长期受到暴晒的阳光的困扰，他们只得撑起一把把遮阳伞（见图 3-4，上）。在头脑风暴会上，同学们针对这个问题开展了讨论。研究内容包括：①夏日华南地区阳光照射的角度有多大？会持续多长时间？②考虑几种切实可行的"遮阳"设计方案。③暴晒的阳光虽然影响了阅读，但是却提供了充足的太阳能，如何能够加以利用？④哪些人类活动是可以在强光照环境里进行的？根据以上问题的调研和思考提出图书馆的改造方案。该课题非常实际，具有很强的挑战性。有的设计小组提出了在玻璃幕墙外加装绿色植物防晒网的设计方案（见图3-4，下），既遮挡了阳光暴晒，又有效地利用了太阳能并美化环境。当然这个创意也可能会带来一系列新的问题，如植被养护、防虫、安全性、技术复杂性等，需要在设计原型的基础上经过反复测试、修改和完善等才能真正解决。

图 3-4　深圳图书馆暴晒的阳光给读者造成了困扰

　　交互设计是一项包含产品、服务、活动与环境等多因素的综合性工作流程，具体实践中包括几个步骤：挖掘需求机会点、明确需求方向、探索设计机会点、聚焦设计机会点、思考可能的方案、定型可行的设计、跟进项目、开发上线及验证产品等。对于设计师来说，工作往往是从一份 PPT 简报和需求文档开始，其工作包括用户分析和调研摸底（用户画像和体验地图）、产品及市场分析（SWOT 分析）以及项目风险评估等。要了解用户和研究用户，就要走出办公室和用户交谈，看看他们是怎么生活和工作的。换位思考，感同身受，然后才能知道用户的问题在哪里，这就是设计思维强调的移情和同理心。"微笑模型"的核心在于问题思考，就是围绕产品存在的意义、开发的目的、受众的定位及需求、经营者的利益等核心问题展开的头脑风暴。设计师需要明确用户的真实需求，有时人们买的不是产品，而是对舒适生活的体验。例如，"夏季乘凉"的需求就产生了折扇、团扇、电扇、小吊扇、凉席、遮阳伞等一系列产品，而迷你风扇所具有的智能化、小型化、便携性和多功能性也使得它们成为热销的夏季产品（见图 3-5）。设计师需要挖掘为什么开发这个产品？要针对哪些用户（环境）？这个产品所对应的用户"刚需"和"痛点"在哪里？

图 3-5　市场上各种热销的迷你风扇

著名心理学家唐纳德·诺曼指出：用户对产品的完整体验远超过产品本身，这与我们的期望有关，它包含顾客与产品互动的所有层面：从刚开始接触和体验产品或服务，到公司如何与顾客维持关系。因此，问题导向设计从剖析用户心理及行为分析入手，正是抓住了交互设计的核心。这种设计方法能够聚焦核心问题、规范企业行为，缩短设计时间并避免设计的盲目性。该方法不仅被 IDEO、苹果、谷歌、微软等著名 IT 公司所推崇，而且也成为国内众多企业如百度、小米、腾讯、阿里巴巴等所实践的产品创新方法。

3.2　交互设计模型

交互设计既是一门年轻的学科，也是一门基于实践经验总结并不断发展的学科。交互设计涉及许多根据经验总结出的工作方法和解决途径。但这些方法也并不是绝对的，而且会随时代的发展而变化。著名交互设计专家丹·塞弗曾经提出：交互设计有 4 种主要的设计方法，每种方法都基于不同的基本理念：①以用户为中心的设计（UCD，见图 3-6）；②以活动为中心的设计（ACD）；③系统设计；④高瞻远瞩的天才设计。在以用户为中心的设计中，用户是设计者的向导；设计师的角色是将用户的需求和目标转换为设计解决方案。以活动为中心的设计侧重于围绕特定任务的行为进行设计。用户角色依然重要，但设计师更关注用户行为或事件的解决方案。系统设计是一种结构化、严谨和整体的设计方法，更关注环境与语境，特别适用于复杂问题。在系统设计中，系统（即人、计算机、物体、设备等）是设计师关注的中心，而用户的角色则是系统的预设目标。最后，天才设计与其他 3 种方法不同，因为它在很大程度上依赖于设计师的经验和创造力。一些经验丰富的交互设计师喜欢用"快速专家设计"这个词。在这种方法中，用户角色是用来验证设计师产生的想法，而用户本身不参与设计过程。丹·塞弗指出，这种情况的发生不一定是设计团队自愿的，可能是因为用户参与的资源有限或没有资源。在实际交互设计中，不同的设计问题可以采用不同的方法，不同的设计师会倾向于使用最适合他们的方法。在不同的情形下，设计师可以相互借鉴这 4 种方法以便形成更好的解决方案。

图 3-6　以用户为中心的设计（UCD）模型

在上述 4 种方法中，以用户为中心的设计（User-Centered Design，UCD）占有最重要的地位。其方法的理念是：用户最清楚他们需要什么样的产品或服务，消费者也最了解他们的需要和使用偏好，而设计师则主要根据用户的需求进行设计。用户和他们的目标是产品开发背后的驱动力。因此，一个设计良好的产品系统将充分利用人类的技能和判断力来达成目标，并将支持而不是约束用户。UCD 模式与其说是一种技术，不如说是一种哲学，它强调用户角色在产品设计中的重要性。事实上，一些设计机构将用户视为产品的共同创造者。该模型为线性与小循环相结合的设计流程，包括 4 个时间节点和 3 个主要任务，该过程可以分解为如下几个阶段。

（1）项目开始和发现需求阶段。该活动涵盖"微笑模型"的左侧，重点是发现世界上的新事物并定义将要开发的内容。在交互设计的情况下，这包括了解目标用户和交互产品可以提供的功能支持。这种理解是通过数据收集、用户研究、定量定性分析获得的，它构成了产品设计的基础并支持后续的设计和开发。用户研究是第一个小循环，说明该过程需要反复研讨，才能形成设计方案。

（2）概念设计到深入设计阶段。这是交互设计的核心活动，涵盖"微笑模型"的右侧。该活动可以被视为两部分：概念设计和具体设计。概念设计涉及为产品生成概念模型或者产品原型，即通过功能、结构与交互框架图来解释产品目标。具体设计则考虑更多的产品细节，如颜色、声音和图像、菜单设计和图标设计。原型设计是第二个小循环，该过程不仅工作量大，而且需要反复推敲，才能完成设计。

（3）产品开发与评估阶段。交互设计包括产品的界面（UI）设计和操作体验。用户评估最有效的方法是进行产品现场测试，而这可以通过原型设计来实现。用户评估过程也是"微笑模型"的一部分。它是根据各种可用性和用户体验标准来确定产品的可用性和可接受性程度。用户评估可以确保产品符合其预期目的。现场调试是 UCD 第三个小循环，该过程涉及用户评价、产品修改、增强与完善的多次迭代。

UCD 模型与设计思维有着密切的历史渊源。1991 年，IDEO 公司设计师比尔·莫格里奇等在担任斯坦福大学设计学院教授时，总结提出了设计思维的基本流程与方法（见图 3-7）。随后经过交互设计专家艾伦·库珀（Alan Cooper）等的总结，就形成基于用户目标与体验的设计流程与方法，并在 20 世纪 90 年代普及全世界。

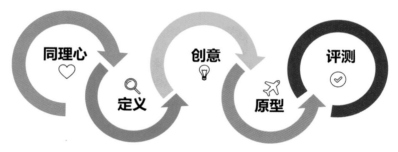

图 3-7　设计思维基本流程（IDEO）

3.3　瀑布法与敏捷法

产品设计从来都不是一成不变的流程，往往需要根据实际情况进行变通或者修改。如果过于依赖流程步骤,可能会拉长设计工期影响项目进度,也会限制设计师创造力的发挥。例如，设计团队选择不同的软件开发流程（敏捷与瀑布）往往会影响设计开发人员处理项目的方式、团队管理以及与合作伙伴进行沟通的方式。那么，敏捷和瀑布设计流程有什么区别？两种方法各自的优缺点在哪里？瀑布模式（Waterfall Model）是由软件工程师温斯顿·罗伊斯（Winston W.Royce）在 1970 年提出的软件开发模型，瀑布式开发是一种传统的计算机软件开发方法，严格遵循预先计划的需求分析、设计、编码、集成、测试、维护的步骤（见图 3-8，上）。步骤成果作为衡量进度的方法，例如需求规格、设计文档、测试计划和代码审阅等。瀑布流的开发思想源自建筑业，建造房屋的过程通常是从打地基开始，立柱架梁，搬砖筑墙。整个建筑从基础到完成几乎是一气呵成，即使出现小问题需要修修补补，工人们也无须回去对基础进行返工。瀑布模式遵循相同的原理，它将开发过程分为 6 个不同的阶段：①发现阶段，团队收集整个项目的完整需求列表；②设计阶段，软件架构师决定如何构建应用程序以及它如何运行，这就需要进行大量的前期策划并需要大量文档；③编程阶段，开发人员根据要求实施设计；④测试阶段，质量检查工程师检查整个代码库是否存在错误或不一致；⑤开发阶段，开发人员集成了最终产品的各个部分，并为客户提供原型演示；⑥维护阶段，团队提供支持并修复用户发现的错误。敏捷开发（Agile Development）是一种从 1990 年开始的新型软件开发方法，是一种以人为核心，不断迭代、循序渐进的开发方法，其过程是在一系列的"冲刺"（Sprint）中完成的（见图 3-8，下）。

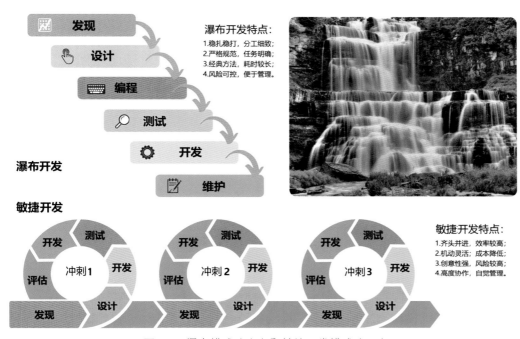

图 3-8　瀑布模式（上）和敏捷开发模式（下）

　　敏捷软件开发是基于《敏捷软件开发宣言》定义的价值观和《敏捷软件的十二条原则》等一系列方法和实践的总称。换句话说，敏捷开发是应对快速变化需求的一种软件开发能力。与瀑布流式开发相比，敏捷开发的特点就在于它的最终产品能更快地对接市场。另一方面，因为它的灵活可变，常常使利益相关者感到紧张，也常常被误解。敏捷开发最大的好处在于它是一种高度协作化的工作方式。在传统的瀑布流式开发中，设计师一般把方案交给开发者后就不再负责后续工作。但在敏捷开发的迭代工作流程中，设计师会和程序员肩并肩坐在一起工作，完成每一次产品迭代。这种开发模式有 3 个特征：①团队合作，蜂拥而上，集体智慧。这类似于美式橄榄球的中团队拼抢（Scrum）的画面，最大限度地发挥设计师的主观能动性。因此，难点在于如何进行管理，特别是产品经理与设计师、程序员的协同配合。②小团队、混合小组（有客户代表和利益相关者）和开放式工作空间。体验设计师、用户研究员、产品经理与开发人员面对面沟通，缩短与用户沟通反馈的周期，加快提交给用户产品原型的周期（见图 3-9）。③目标明确，小步迭代，滚雪球式开发。这个过程鼓励每个合作者思考设计。敏捷设计紧抓用户的"刚需"与"痛点"，要求设计师可以从简洁的设计语言开始，不要在视觉设计和实现上花费过多的精力，及早和持续不断地交付有价值的产品让客户满意。

　　瀑布模式属于逐级递进的模式。由于没有回头路，因此每个阶段都必须 100% 完成，然后项目团队才能进入下一个阶段。因此，每个阶段都必须有可交付成果和符合审查标准的清晰列表。一般客户只有在开发的最后阶段才能看到成果，无法预测开发过程中会出现的所有

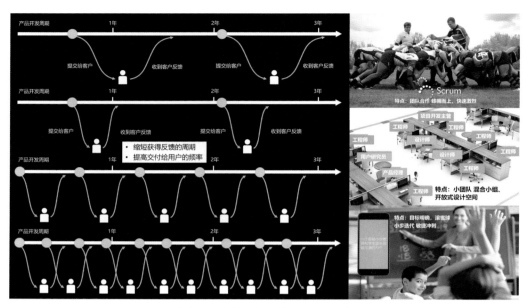

图 3-9　敏捷开发能够缩短工期（左）加快产品设计

技术难题以及该项目随着时间的变化，因此不适用于冗长的项目。瀑布模式的主要缺点在于不灵活，不善于处理不断变化的要求。而且周期长，闲置资源多，产品上市时间慢，由此导致项目失败的风险更高。尽管并不完美，但瀑布模型在某些情况下非常有用。例如，该模式易于理解和管理，即使对于初学者也是如此。瀑布模型每个阶段都有一组明确的交付成果，因此简化了项目管理，非常适合具有明确要求和固定预算的项目。瀑布模型对团队组成的变化也不像敏捷软件方法那么敏感。敏捷开发模式的主要优点和缺点在于：①更快的上市时间和投资回报率；②产品设计早期的用户反馈有助于改进产品；③敏捷开发是循环/冲刺式的迭代模型，持续不断的反馈和调整降低了项目风险；④由于客户的深度参与而提高了透明度，"人人都是设计师"的理念能够更好地发挥项目组成员的主观能动性，使团队在解决技术问题上更具创造力；⑤该模型可以对需求的任何变化做出快速反应，并以较低的成本进行调整，敏捷开发模式的缺点在于团队管理难度比较大，而且高度依赖客户的参与；⑥由于需要频繁的修改迭代，项目的总成本难以预测。

　　敏捷开发的 6 条基本原则是：①快速迭代。相对那种半年一次的大版本发布来说，小版本的需求、开发和测试更加简单快速。②让测试人员和开发者参与需求讨论。需求讨论以研讨开发小组的形式展开最有效率。该小组包括设计师、客户、测试人员和开发者，设计师可以在其中担任多个职务，如组织者、协调员、培训师、决策者等（见图 3-10），充分发挥团队成员间的互补特性,活跃度高、参与感强。③编写需求文档。设计师可以用"用户故事"（User Story）的方法来编写需求文档，特别关注现场与环境的影响因素。这种方法可以让我们更多关注用户需求而不是技术实施方案。④多利用口语沟通，尽量减少内部交流的文档。任何开发项目中，团队沟通都是一个常见的问题。团队要确保日常的交流，多进行面对面沟通。通过高效的协作，获取快速的反馈，从而尽早做出调整，减少时间的浪费。⑤做好产品原型。设计师使用草图和模型来阐明设计意图会更加简洁清晰。⑥及早考虑测试。传统的软件开发很晚才开始测试导致不能够及时发现问题，使得改进成本过高。

图 3-10　敏捷开发模式下交互设计师的多角色职责与任务

3.4　心智模型与交互设计

　　自从有了交互设计以来，设计师们就在考虑如何帮助用户更好地理解与操控外部的技术环境。无论是 UI 设计、界面导航设计、汽车仪表盘设计或是 ATM 机的存款 / 取款流程，都是一整套行之有效的业务流程，可以帮助用户完成特定的任务。那么，对于用户来说，什么样的业务流程才是一个好的设计？实际上，这和一种极为重要的思维方法有关，它决定了我们观察事物的视角，指导了我们思考和行为的方式，这种思维方法就是"心智模型"。美国心理学家苏珊·凯里（Susan E. Carey）指出："心智模型或心理模型（Mental Model）是指一个人对某事物运作方式的思维过程。心智模型的基础是不完整的现实、过去的经验甚至直觉感知，它有助于形成人的动作和行为，影响人在复杂情况下的关注点并确定人们如何着手解决问题。"认知心理学家唐纳德·诺曼将心智模型定义为"存在于用户头脑中的关于一个产品应该具有的概念和行为的知识。这种知识可能来源于用户以前使用类似产品的经验，或者是用户根据使用该产品要达到的目标而对产品的概念和行为的一种期望。"因此，该模型就是用户在自己有限的知识和信息处理能力上，主观地认为产品应该如何使用的模式。例如，一个人从未驾驶过飞机，那么他对如何"开飞机"的理解就是源于他驾驶汽车的经验。心智模型是产品设计中绕不开的话题，做用户调研就是设计师在与用户的交流中，逐步理解用户的心智模型并赋能产品设计的过程，其中第一手资料的获取包括在线调研、多人在线调研、深入面谈以及情景调研等一系列方法（见图 3-11）。

　　心智模型的形成主要来自三方面：一部分是通过教育和学习获取到对于世界的基本认知。一部分是根据已拥有的心智模型，通过类比的方式来建构新的模型，也就是人们常说的"举一反三"。日常生活中经常用到类比思维，拿一件事来理解另一件事，用熟悉的事物解释不熟悉的事物。还有一部分就是通过对外部世界的日常观察，形成自己对于外部事物的解释。我们通过观察接收到外部信息刺激，整理后形成自己的理解和认知，然后通过推理和行动进行验证，如果验证得出是好的反馈，就保留下来形成新的心智模型，反之就会放弃。心智模型也会不断地接收新的信息刺激，强化或更新原有的心智模型。

图 3-11　设计师获取第一手资料的 4 种方法

　　哈佛商学院心理学家克里斯·阿吉里斯（Chris Argyris）提出"阶梯理论"来描述心智模型形成过程（见图 3-12，左）。他认为该阶梯有 7 个阶段：观察信息、选择信息、赋予意义、归纳假设、得出结论、采纳信念、采取行动。以在线点餐为例，第一步就是观察与选择信息：首先通过美团 App 的"外卖"栏目货比三家，从价格、远近、品牌等挑选商家。随后通过大脑对商家套餐的口碑、口味和时间等要素进行选择判断和预设，如"喜家德"是知名水饺品牌，服务质量与时间能够保证，价格适中可以接受等。由此得出结论：今天午餐就选"喜家

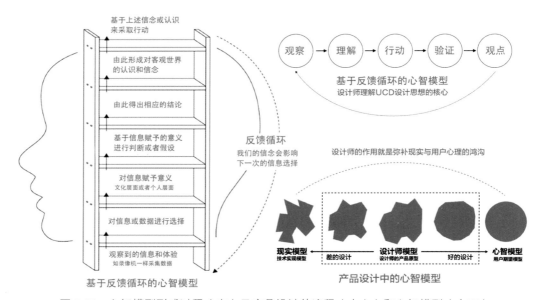

图 3-12　心智模型形成过程（左）及产品设计的流程（右上）和心智模型（右下）

德虾仁水饺"。推论完成后发送订单。以上的购物行为实际上是快速完成的,往往一气呵成。然后用户通过行动进行验证,如果就餐满意就反馈形成新的心智模型,最终就导致了顾客对"喜家德"水饺品牌的忠诚度。心智模型是"以用户为中心的设计"(UCD)思想的核心(见图 3-12,右上)与理论基础。唐纳德·诺曼和艾伦·库珀(Alan Cooper)等人还据此提出了基于产品设计的心智模型理论(见图 3-12,右下)。

　　心理学家唐纳德·诺曼指出:用户心智模型通常关注用途、信心、情绪等行为指标;而现实模型则更多地关注数据结构、算法、库等技术的问题。而设计师模型则结合了上面两种模型,通过界面、导航、交互方式以及可视化的表现来弥补用户与现实技术模型的鸿沟。例如,电影观众在观看一部引人入胜的电影时,很容易沉浸于情感体验(心智模型)而忘记电影放映机的工作原理(技术模型)。但用户在手机上观看视频时,却需要自己来选择和操控节目、时间、节奏、画幅或声音等,如果没有好的用户界面的导航与反馈(设计师模型)几乎是无法完成的。交互设计之父艾伦·库珀在他的《软件观念革命——交互设计精髓》一书中将用户划分为新手用户、中间用户和专家用户,新手用户往往对尝试新事物带有恐惧感,这就需要设计师通过研究这类用户的心智模型,由简入繁,引导用户逐步熟悉和掌握新事物。

　　例如,数字产品如手机实际上是个"黑箱",普通用户根本不可能也没有必要来掌握黑箱内部涉及的算法、编程、数据库等技术原理。用户更愿意通过更自然的方式来实现人机交互。UX 设计的目的就是为了弥合用户心智模型和技术模型的鸿沟,帮助用户理解和使用产品。这种匹配的程度越高,用户体验就越好,产品就越容易被用户接受,从而转化为商业价值。唐纳德·诺曼曾经指出:用户的心智模型如沉入海洋下的冰山,通常是较难于被直接观察到的,而且也往往最容易被忽略。心智模型是和每个人的经验、经历和认知水平相关的,而人们通常也很难描述自己的心理模型。特别是由于用户构成的复杂性(如老年人、儿童、孕妇或特殊职业人群),这也造成了针对特定人群的产品设计的盲目性与复杂性。例如,老年手机设计就需要考虑多种因素及环境影响(见图 3-13)。除了家庭和经济因素外,老年人随年龄而衰减的智力与体力因素也必须考虑到。因此,老年手机的设计应该在功能性、易操作性、美观性、整体性与安全性(如防遗忘警铃)上进行更深入的思考,让设计师模型更接近老

图 3-13　老年手机设计需要考虑多种因素及环境影响

年用户心智模型，由此来降低用户使用该产品的学习成本，增强市场竞争力并被老年用户所青睐。

3.5　交互设计任务书

对于公司来说，软件开发周期一般比较长，设计团队比较完整，交付的文档较多，涉及的部门和人员也比较多。但高校的体验设计课程时间比较短（4~5周，32~40课时），学生普遍缺乏实践经验。因此，高校普遍采用模拟项目实践的方式来让同学们掌握相关的知识与方法。该流程包括项目立项、调查研究、情境建模、定义需求、概念设计、细化设计以及修改设计等环节，最后以设计任务书、小组简报（PPT）汇报、文件夹提交和课程作业展的形式呈现。项目团队可以选择校内服务，如宿舍环境、校内交通、食堂餐饮、社交及文化、外卖快递、洗浴设施、健身运动设施等，或者是面向社会的研究如共享单车、旅游文化、购物商场、儿童阅读、健身服务、宠物服务、医疗环境，老人及特殊人群关爱等。对于4~5个人的项目小组（见图3-14），可以分别模拟扮演项目经理（负责人）、调研员、设计师、厂商和顾客等不同的角色。为了更清晰地分解任务，并参考企业设计团队的项目管理方式，我们设计了一个"课程实践进程量化评估检查表"（见图3-15）将交互设计流程进行分解，并以项目小组的形式对产品和服务进行设计和量化评估，并由此完成课程实践练习。该量化评估进程表将交互设计的流程与任务清晰化和表格化，为课程设计的实践提供了基本的流程与方法，也为交互与服务设计（第5篇和第6篇）各阶段提供了目标。该图表简洁、清晰，可以通过进程管理与模拟实践的方法，让学生熟悉体验设计的基本流程和产品研发的环节。该流程的各环节均需要提供交付物，如产品概念图、业务流程图、功能结构图、信息架构图、界面 UI 与交互设计等，这与企业团队的提交文档一致。

图 3-14　交互设计课程以学生项目团队为核心进行实践

第 3 课

各研究小组根据进程表来检查项目完成情况并在各选项中确认。小组组长（项目经理）、研究课题小组成员。

课程选题（20%）*	用户调研（20%）*	原型设计（25%）**	深入设计（25%）**	报告与展示（10%）***
□ 研究的意义与价值	□ 访谈法+观察法（图片、视频等）	□ 设计原型草图	□ 简单实物模型（塑料、硬纸板）	□ 规范设计报告书
□ 目标产品或服务对象	□ 问卷调查+五维雷达图分析	□ 创新服务流程图	□ 高清界面设计（PS）	□ 简报PPT设计与制作
□ 文献法（网络-论文-检索）	□ 服务蓝图，利益相关者地图	□ 信息结构图（线上模型）	□ 该产品的创新性体验分析	□ 小组项目成果汇报会
□ 商业模式画布	□ KANO分析法（图片、视频等）	□ 交互产品界面设计	□ 服务商业模式分析	□ 展板设计与制作
□ 项目计划（时间-任务-分工）	□ SWOT竞品分析画布	□ 产品模型及说明（2D+3D）	□ 产品可持续竞争力分析	□ 课程作业汇报展览
□ 设计研究可行性分析	□ 顾客旅程地图+服务触点（TP）	□ 头脑风暴图（物料图）	□ 科技趋势与SWOT竞品分析	□ 创新团队形象策划书
□ 前期项目PPT说明	□ 用户画像和故事卡	□ 产品商业模式画布	□ 产品体验情景故事板	□ 产品商业前景和风险分析
核心问题，同理心与观察	**核心问题，用户研究与故事卡**	**核心问题，头脑风暴与设计**	**核心问题，设计与创新性**	**核心问题，规范化设计**
• 该产品或服务或模式对象是谁？	• 你看到了什么？（观察）	• 该原型设计的优势在哪里？	• 什么是该产品的可用性？	• 报告书是否规范、美观？
• 产品或商业模式可分析？	• 你了解了什么？（资料收集）	• 该原型设计费效比如何？	• 该产品的体验优势在哪里？	• 简报设计是否言简意赅？
• 设计调研的可行性？	• 你问到了什么？（访谈）	• 该原型设计环保吗？	• 功能-易用性-价格一周期？	• 如何进行演讲和阐述？
• 相关用户调研的可行性？	• 你总结到了什么？（图表分析）	• 同宿舍同学喜欢你的设计吗？	• 该产品的潜在问题有哪些？	• 如何设计汇报展板？
• 这个选题有何意义和创新？	• 你对该服务或产品亲自尝试过吗？	• 该设计有何不确定的风险？	• 竞争性产品或服务有何缺陷？	• 团队分工与合作总结？
• 该选题预期取得什么成果？	• 能归纳列表分析同类产品吗？	• 产品可持续竞争力在哪里？知	• 该产品的界面设计有何缺陷？	• 创新与创业的可行性？
• 小组如何分工？	• 能发现痛点并提出解决方案吗？	技术-服务-价格有产品矛盾？	• 该产品的民族性与认同感？	• 团队项目进一步的策划？
观察与思考（立项阶段）	整理与分析（调研阶段）	研讨与设计（创意阶段）	完善与规范（深入阶段）	演示与推广（展示阶段）
备注栏： 第1周8课时，小组立项，分组5人。文献法、初步汇报。（拟做调研的PPT项目说明）提供集体设计的大致方向与范围。人员分工与责任。	备注栏： 第2周8课时，项目调研+课堂研讨。服务研究分析会（中期PPT项目说明）目前同类服务的普遍问题？市场空白点与产品群分析？新技术与商机？	备注栏： 第3周16课时，创意说明汇报会。原创模型，原型设计头脑风暴。（问题？前景？优势？风险？创新点？该部分有产品的矛盾？）	备注栏： 第3周8课时，深入设计展示会。手绘、模型、实物、三维建模、果作说明图、详细设计效果图、规范报告书的整理与撰写。	备注栏： 第4周8课时，课程设计成果汇报。PPT报告提交和现场演示会、设计原型分析、教师讲评。展板设计与课程作业展。

* 该部分选项可以任选4项，** 该部分选项可以任选5项，*** 该部分选项可以任选2项。

图3-15 "交互与服务设计"课程实践进程量化评估表（产品设计任务书）

45

3.6 流程管理图

交互设计以流程化方式呈现，虽然并非线性流程，但对于企业来说，流程管理代表了交互设计能够顺利完成的时间节点和任务分配。以手机 App 应用程序设计来说，产品开发过程包括战略规划、需求分析、交互设计、原型设计、视觉设计和前端制作（见图 3-16）。产品开发流程中每个阶段都有明确的交付文档。战略规划期的核心是产品战略、定位和"用户画像"。产品战略和定位确定之后，用户研究员就可以参与到目标用户群的确定和用户研究之中，包括用户需求的痛点分析，用户特征分析，用户使用产品的动机是什么？等等。通过定性、定量的一系列方法和步骤，用户研究员协同产品经理就可以确定目标用户群并画出"用户画像"（阶段交付文档）。

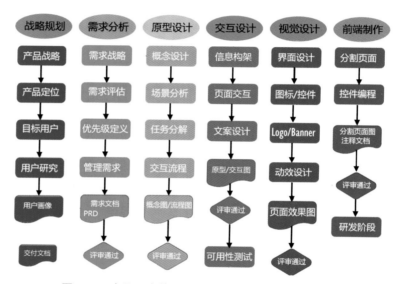

图 3-16　产品开发的流程和支付文档（阶段性成果）

产品需求文档（Product-Requirement-Document，PRD）是软件开发中不可或缺的技术文档，主要由产品设计开发人员负责。在产品团队内部，会对产品需求文档进行严格评审，如果需求文档质量不合格，则需要修改和完善需求文档直到评审通过。UX 团队的所有人员要尽可能熟悉产品需求文档，包括产品开发背景、价值、总体功能、业务场景、用户界面、功能描述、后台功能、非功能描述和数据监控等内容。按产品复杂度，该 PRD 文档从二三十页到上百页不等，其内容包括：①第一部分，文档前页。内容包括封面、撰写人、撰写时间、修订记录页和目录等。②第二部分，项目概述和产品描述。内容包括产品目标、名词说明、受众分析、项目周期、时间节点等。③第三部分，用户需求。其内容包括目标用户、场景描述、功能优先级和产品风险等。④第四部分，功能描述和非功能需求。内容包括线框图、流程图、交互设计图、界面设计（导航）、BETA 测试需求、用例编写、验收标准等，非功能需求包括安全、统计、性能、可用性、易用性、兼容性和管理需求等。⑤第五部分，业务流程。包括总体流程图、功能总览表、运营计划、推广和开发、项目经费、人员预估、后期维护、项目进度及管理等（见图 3-17）。不同的体验设计项目需求文档的内容也有差别。

封面	项目概述	产品描述	用户需求	功能描述	非功能需求	业务流程
封面信息 撰写人 撰写时间 修订记录页 目录页 版权页	项目概述 名词解释 产品目标 受众分析 项目周期 时间节点	产品概述及目标 产品整体流程 产品版本规划 产品框架图表 产品功能列表	用者需求 目标用户 场景描述 功能优先级 产品风险	验收标准 线上线下 信息设计 框架图 流程图 交互设计图 导航页面 色彩与风格	安全需求 统计需求 性能需求 易用性需求 可用性需求 兼容性需求 管理需求	总体流程图 项目进度及管理 运营计划 推广和开发 项目经费 人员预估 后期维护

图 3-17 产品开发流程的各个阶段和需要交付的文档（产品策划书）

需求分析的核心是需求评估、需求优先级定义和管理需求的环节。要求还原从用户场景得到的真实需求，过滤非目标用户、非普遍和非产品定位上的需求。通常需求筛选包括记录反馈→合并和分类→价值评估→风险机遇分析→优先级确定等几个步骤。价值评估包括用户价值和商业价值，前者包括用户痛点、影响多少人和多高的频率，后者就是给公司收入带来的影响。ROI 分析是指投入产出比，也就是人力成本、运营推广、产品维护等综合因素的考量。优先级的确定次序是：用户价值 > 商业价值 > 投入产出比（ROI）。产品设计需要考虑的因素很多。例如，飞利浦公司推出的儿童智能牙刷就有定时提醒、科普宣传和亲子互动等功能，将便捷性、趣味性、时间管理与口腔健康护理的功能融为一体，让儿童刷牙行为的体验更丰富（见图 3-18）。

图 3-18 由飞利浦公司开发的儿童智能交互牙刷

思考与实践3

一、思考题

1. 什么是问题导向设计？如何得到"好的问题"？

2. 双菱形设计模型与"微笑模型"有哪些联系与区别？各自的侧重点是什么？

3. 什么是"以用户为中心的设计"（UCD）？大致分为几个阶段？

4. 软件设计的瀑布法和敏捷开发法各自的优缺点是什么？

5. 敏捷开发的 6 条基本原则是什么？设计师在其中的角色是什么？

6. 什么是心智模型？人的心智模型是如何建立的？

7. 设计师可以通过哪些方法来掌握用户的心智模型？

8. 什么是产品需求文档（PRD）？其主要内容有哪些？

9. 交互设计"课程实践进程量化评估检查表"的作用是什么？

二、实践题

1. "自助式"服务不仅可以降低商业成本，而且提升了顾客的服务体验。如何借助智能手机、自助服务、O2O 平台和客服系统实现汽车自助型无人加油站（见图 3-19）？请调研该领域的智能产品，并从用户需求角度设计"自助加油"的 App。

图 3-19　手机 App 的自助式加油服务

2. 请参观上海迪士尼乐园并从普通家庭（3 口之家，月均收入 1.5 万元）的角度体验该乐园在服务、管理、价格、娱乐性、可用性方面存在的问题和改进的可能方法。①如何通过设计可穿戴、智能化的园内服务 App 来提升用户体验？②如何解决乐园服务设计中的商业回报、技术成本、用户需求这三者的矛盾？

第4课　用户需求调研

4.1　用户研究方法

　　研究用户行为从观察开始。观察可以帮助我们了解用户的感受，古人说"听其言观其行"方可了解一个人。观察使我们知道用户潜在的需求，人们想要做的事情以及我们如何做才能使他们做得更好。著名瑞典化学家、工程师、发明家、军工装备制造商和"黄色炸药"的发明者，阿尔弗雷德·诺贝尔（Alfred Nobel）曾经说过："可以毫不夸张地说，观察和寻求异同是所有人类知识的基础。"观察与思考是用户体验研究的出发点。实践出真知,现场有创意。用户体验离不开深入实地的调查研究。观察与询问往往是交织在一起的场景。我们可以通过采访用户或进行问卷调查采集信息，也可以借助网站或 App 后台所提供的大数据来整理用户行为数据，从而挖掘出最有价值的信息。用户行为分析方法主要就是观察法、访谈法、问卷法和数据分析法（见图 4-1）。其中，观察法和访谈法属于定性分析，问卷法和统计法（数据分析法）属于定量分析。结合这四种方法,设计师就可以深入理解用户的行为特征和情感诉求。与此同时，设计师还可以通过观察与思考了解相关行业、文化、技术等更广泛的领域，如体验式医疗服务、体验式养老服务以及体验式旅游服务等。

图 4-1　观察法、访谈法、问卷法和数据分析法

　　用户研究方法一般从两个维度来区分：一个是定性（直接）到定量（间接），比如用户访谈就属于定性研究，而问卷调查就属于定量研究。前者重视探究用户行为背后的原因并发现潜在需求和可能性，后者通过足量数据证明用户的倾向或是验证先前的假设是否成立。另一个维度是态度到行为，比如用户访谈就属于态度，而现场观察就属于行为。从字面上理解，用户访谈就是问用户觉得怎么样，现场观察是看用户实际怎么操作。"定性"和"态度"偏主观感性，需要调研者保持中立客观的态度,适合了解调研对象对于产品最直接的反馈。而"定量"和"行为"则更偏客观理性，需要数据抓取和行为记录，后期分析过程中调研者若能在严谨的数据分析中迸发感性的灵感就能提炼出更多有价值的猜想（见图 4-2）。在很多情况下，

定性和定量两个维度的研究是相辅相成的。因此选择合理的方法，执行调研计划，对可能出现的意外情况灵活应变，才能更好地获取有价值的调研数据（见图 4-3）。

定性研究（Qualitative research）
是指通过发掘问题、理解事件现象、分析人类的行为与观点以及回答提问来获取敏锐的洞察力。具体目的是深入研究消费者的看法，进一步探讨消费者之所以这样或那样的原因。

定量研究（Study on measurement，Quantitative research）
是指确定事物某方面量的规定性的科学研究，就是将问题与现象用数量来表示进而去分析、考验、解释从而获得意义的研究方法和过程。

图 4-2　用户研究的 4 种方法

图 4-3　定量和定性方法以及从态度到行为的研究

用户研究常用研究方法包含访谈法、可用性测试、焦点小组、问卷调查、A/B 测试、焦点小组、卡片分类、日志分析、满意度评估和观察法等。在产品的不同周期和设计阶段里需要选用合适的用户研究方法。例如，在做产品市场分析评估时（评估阶段），需要用户研究来衡量产品在市场和用户心目中的表现，与产品历史版本或者竞品做一些比较，这时候就应该以定量研究为主，推荐使用的方法有 A/B 测试、问卷调查、可用性测试等；在产品开发的策划需求期（探索阶段），可以采用定性研究和定量研究相结合的方法，如问卷调查、焦点小组等来探索产品的发展方向、用户需求和机会点等；在产品设计及产品测试阶段，重点是检测产品设计可用性，发现并优化实际问题更推荐使用用户访谈、问卷调查、数据分析等用户研究方法。

4.2　用户访谈法

1. 用户访谈的环境

密切观察用户行为，特别是了解他们的软件使用习惯是腾讯用户研究的核心。例如，为了更客观公正地了解用户需求，研发团队通过旁观记录和用户日志的方法，让用户和访谈员在一间屋子里，而腾讯员工则在另一间屋子里，透过单面透射玻璃以及利用录像设备观察用户使用产品的过程（见图4-4）。这是一个非常客观和实用的实验方法，可以获得宝贵的第一手用户资料。IDEO公司的前总裁汤姆·凯利（Tom Kelly）曾说："创新始于观察。"而对用户行为的近距离观察是产品纠错和创意的依据。观察、记录（视频）、A/B测试和用户日志的方法也广泛应用在心理学、行为学等研究领域，这些用户研究经验对于交互设计师来说无疑是最重要的财富。

图4-4　腾讯采用室内观察评测法来研究用户行为

2. 用户访谈的类型与特点

在腾讯的用户研究中，访谈占有非常重要的角色。与网络问卷不同，在访谈中访问者可以与用户有更长时间、更深入的面对面交流。通过电话、QQ等方式也可以与用户直接进行远程交流。访谈法操作方便，可以深入地探索被访者的内心与看法，容易达到理想的效果。腾讯将访谈分成会议型访谈（焦点小组）和单独一对一面谈（深度访谈）。焦点小组是可以同时邀请6~8名客户，在一名访问者的引导下，对某一主题或观念进行深入讨论，从而获取相关问题的一些创造性见解。依据访谈的目的，可以分为结构性访谈、半结构性访谈以及完全开放式访谈（见图4-5）。前者重点为验证性研究，而后者则是做探索性研究。探索性研究一般结构不固定，形式较为开放，而验证性研究一般是为了检验已知观点或结论的普遍性而去做的研究，目的更为直接。在明确访谈目标的同时，还需要明确研究主题，调研的目标用户一般都是对该主题或者产品有一定体验或理解的被访者，调研人员应当熟知研究主题和背景知识，在实际访谈过程中能够更好地保障其进程和品质。另外一个准备工作就是熟悉产品本身，特别是与调研需求相关的功能和特性。如果访谈目标用户是产品活跃用户或深度用户，那么用户对产品的熟悉程度和理解水平可能会远高于研究人员；如果目标用户是低活跃用户或新用户，由于对产品缺乏了解，用户在访谈过程中极有可能会问到很多产品相关的问题，需要用研人员给予明确的解答。因此，访谈前对产品做足了功课，不仅是对访谈对象最起码的尊重，也直接关系到访谈的深度和效果。

结构性访谈：对访谈过程高度控制；对问题有初步的看法，只是需要客户确认。
半结构性访谈：相对开放的探索交流方式；没有固定的答案项；有大致的研究框架。
完全开放式访谈：事前难以确定分析的框架；和受访者共同探索和发现问题。

图 4-5　结构性访谈、半结构性访谈以及完全开放式访谈

　　焦点小组特别适用于探索性研究，通过了解用户的态度、行为、习惯、需求等，为产品收集创意，启发思路。焦点小组讨论的参加者是产品的典型用户。在进行活动时，可以按事先定好的步骤讨论，也可以撇开步骤进行自由讨论，但前提是要有一个讨论主题。使用这种方法对主持人的经验及专业技能要求很高，需要把握好小组讨论的节奏，激发思维，处理一些突发情况等。会议型访谈更为经济、高效，但对问题的深入了解则不如深度访谈。二者的区别在于探索和验证。深度访谈更适合于定性而会议型访谈则更像聊天，对于大众需求的把握往往更为直接。

　　相比会议型访谈，百度和腾讯等公司更重视专家、意见领袖、资深用户和敏感人群等"贵人"的意见（见图 4-6）。为了挖掘表象背后的深层原因，深度访谈就成为了解用户需求与行业趋势必不可少的环节。数据只是结果和表象，而我们还需要透过表象看本质。对于用户来说，认知、态度、需求、经验、使用场景、体验、感受、期望、生活方式、教育背景、家庭环境、

图 4-6　深度面谈（一对一）更适于定性和专业性的深入话题

成长经验、价值观、消费观念、收入水平、人际圈子和社会环境等因素都会影响他对问题的看法。什么样的话题需要谈得"很深"？隐私、财务、行业机密、对复杂行为与过程的解读等都属于这类话题。因此，深度访谈对访谈者的专业素质要求很高，通常访谈者会根据研究目的，事先准备设计访谈提纲或者交流的方向。高质量的访谈应该是受访者回答问题的时间超过访谈者的提问时间，这样研究团队才能更有收获。

3. 用户访谈的准备与流程

无论是深度访谈还是座谈会式访谈，组织者都应该准备好大纲。由于访谈涉及竞品研究、用户体验、个人感受和趋势分析等话题，为了保持研究的一致性，访谈员需要有一个基本的"剧本式"的提纲作为指导。访谈大纲应尽可能做到全面详尽。最开始提问一些简单的问题，拉近距离建立信任，通过渐进的过程逐步深入产品，和用户形成正向互动。大纲应该遵循"由浅入深、从易到难、明确重点、把握节奏、逻辑推进、避免跳跃"的原则。访谈前需要提前准备好需要讨论的产品、App 及竞品资料。存储卡、电池、礼品签收表、记录表、日志、照相机、摄像机、录音笔、纸、笔、保密协议和礼品 / 礼金等也是需要准备好的东西。

座谈会节奏把控与时间分配也是需要特别注意的环节。按照受访对象的投入程度看，应该是一个相互熟悉、预热、渐入佳境（主题）、畅所欲言、尽兴而谈和意犹未尽的过程，因此，应包括开场白和暖身题、爬坡题（引入主题的相关内容题、背景题、个人话题等）、第一核心题（本次讨论的主导问题之一）、过渡题（轻松讨论、休息）、再度上坡题（与主题相关性较高的问题）、第二核心题（本次深度访谈的主导问题之一）、下坡题（补充型问题）和结束题。全部访谈时间控制在 1.5~2h（见图 4-7）。访谈员的提问技巧包括：避免提有诱导性或暗示性

图 4-7　用户访谈的节奏把控与时间分布

的问题；适当追问和质疑；关注更深层次的原因；营造良好的访谈氛围；注意访谈时的语气、语调、表情和肢体语言；如果需要验证访谈定性结论的可靠性，还可以设计一份调查问卷并发给产品的其他核心用户，以此获得定量数据的普遍性验证。

完成访谈并不意味着工作的结束。用户研究员还必须整理访谈笔记，回顾访谈影像资料，最终完成用户分析报告。在观察与访谈活动中，视频记录是非常重要的环节。随着手机录音录像等便捷工具的普及，户外或现场视频采访也成为直观了解用户需求的方式之一。在每次访谈结束后，需要及时对访谈内容进行转录并整理，输出给需求方。可以重新过一遍记录文档如语音、视频、文字记录等，再输出完整的原始调研记录和相关文档供后续相关人员参考还原真实情境，最终也需要按照一定分析整理产出最终的用户需求调研总结。

4.3 现场走查法

情境体验与走查的基本思想源于民族志研究。民族志是人类学独一无二的研究方法，是建立在田野工作的基础上，通过直接观察、访谈、居住体验等参与方式获取第一手研究资料的过程。借助于这种方法，西方人才开始理解其他民族是如何看待自己和这个世界的（见图 4-8）。因此，与其要求人们来你这里接受采访，不如去他们那里进行访谈。要接受他们的世界，就必须进入他们的世界。情境体验与现场走查不仅可以培养你与用户的同理心，同时

图 4-8　情境体验与走查的基本思想源于民族志研究，田野调查情景示例

你想了解的产品和用户行为就扎根于这样的环境。在其中获得的第一手经验也能让你获益良多，这是用户研究最有价值的资料。

心理学家研究表明：尽管人们有可能无意识地做出决策，但他们仍然需要合理的理由，以向其他人解释为什么他们要做出这样的决策。在这个过程中，情景化用户体验以及故事板设计就能够起到很重要的作用。模拟产品的使用过程是发现问题的最好方法，也就是设计师亲自体验使用者的感受并真正发现问题和解决问题。现场走查法允许设计师在实际环境中随手记录心得或描绘用户路径。例如，为了研究用户手机的应用场景，百度设计师们就现场采集了大量的第一手资料，对于这些用户在不同环境下应用手机的方式有了更深刻的理解（见图 4-9 ）。

图 4-9　设计师对不同情景下手机的使用方式进行研究

百度认为"设计的不是交互，而是情感"。因此，该部门将情景化用户体验、故事板和角色模型结合在一起，从具体的环境分析入手，对交互产品（如手机）或服务进行深入的分析。他们用故事串起整个设计循环，从而形成了迭代式用户研究的流程（见图 4-10 ）。这个过程可以分割为"热阶段"和"冷阶段"，前一个阶段重点为发散思维，以调研为核心。用户画像—情景化研究—故事板组成了这个循环。后一个阶段为分析、创意与原型开发阶段，重点是借助用户研究的成果进行创意和开发，属于收敛阶段。在这里，环境、角色、任务和情节是构成故事的关键：可信的环境（故事中的"时间"和"地点"）、可信的用户角色（"谁"和"为什么"）、明确的任务（"做什么"）和流畅的情节（"如何做"和"为什么"）是研究的关键。通过这一流程，百度移动用户体验部还特别针对"95 后"的年轻时尚群体（见图 4-11）的手机使用习惯进行了一系列的定量和定性分析。这些结果成为百度后期产品开发的重要依据。

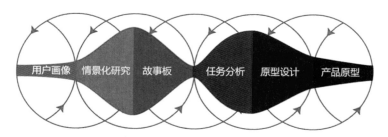

图 4-10　百度的迭代式用户研究流程（热阶段＋冷阶段）

图 4-11　百度重点关注"95 后"年轻时尚群体的手机功能需求

现场走查法也适用于构思用户体验故事。如果想知道喜欢旅游的"美拍一族"对自拍软件的需求（见图 4-12），就要看他们是什么人（特别是普通用户）以及他们身处什么环境（自驾游、全家游、集体组团游），他们使用哪些工具（手机、自拍杆、美颜软件）或设备，他们这样做的目的（分享、炫耀、自我满足），等等。对情景－角色关系的探索不仅可以发现问题，而且可以通过产品设计或改善服务来解决问题。例如，对上述问题的答案有助于确定 App 软件需要添加或删除的功能。比如一款专为旅游者使用的美图软件，虽然"简单易用"和"社交分享"是基础，但考虑到不同的人群，所有可能的特效如美白、祛斑、亮肤、笑脸、卡通、魔幻、搞怪、对话气泡、音效、小视频、GIF 动图等都可能是这款手机软件的亮点，如何决定取舍？关键在于用户需求与产品定位。情景化用户的方法可以更好地帮助你划定产品的功能范围和限制，让你的产品在同类产品中脱颖而出，更具竞争力。

图 4-12　自拍杆已经成为中国旅游群体不可或缺的随身设备之一

　　用户访谈、情境调研、观察与日志以及用户画像都属于定性研究。相比调查问卷、数据分析等定量研究来说，这种体验不仅鲜活生动，而且更有助于探索和发现新的想法。用户不会直接告诉你他们的需求和痛点以及你应该怎么做。所以，要挖掘现象背后的"为什么"就不得不提升访谈技巧。只有当明白用户为什么需要它时，才能意识到他们想要的究竟是什么。情境体验与现场走查最大的价值就是培养设计师的同理心。这不仅是做好用户研究必须掌握的关键技巧，而且也是"以用户为中心的设计"理念的核心。从"为用户而设计"（专家视角）到"由用户来设计"（参与者视角），换位思考与移情已经成为设计师必须了解和掌握的重要设计原则，只有勇敢地审视自己的世界观，才能开放地接纳他人的世界观，也才能学会倾听并和用户建立密切的关系，从而让用户真正参与到设计的决策过程中。

4.4　问卷调查法

　　问卷调查是定量研究方法，可以用于描述性、解释性和探索性的研究，也可用于测量用户的态度与倾向性。相对于访谈和观察这种定性研究，问卷调查具有更精确、更普遍的优点（见图 4-13）。问卷调查首先要明确目标客户，其结果对调查的结论影响最大。此外，调查的时间也很重要，不同的调查需要选择不同的时机。调查有多种规模和结构，而时机的选择最终取决于研究人员想开展哪种调查和希望得到什么结果。因此，用户研究员首先要明确产品定位、产品规划及架构等问题，需要对产品有全面的了解，然后再明确调查的目的，这个调研的目标决定了调研的方向、人群、技术以及期待能够得到或证伪哪些结论等。设计师要根据研究目的，确定调研的内容和目标人群，调研内容越细化越好，目标人群越清晰越好。在投放过程中，问卷活动的奖励机制也会影响用户参与的积极性和回收数据，设计师需要提前做好准备。

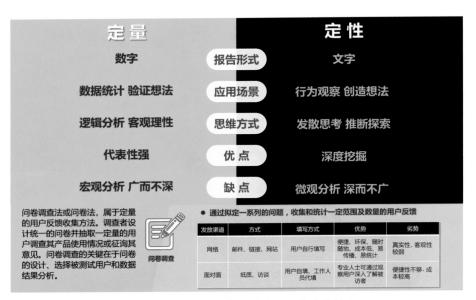

图 4-13　问卷调查具有更精确、更普遍的优点

　　问卷调查特别适用于帮助设计师解决一些不确定性问题和假设猜想，如用户对于产品的态度和观点，用户的行为习惯、使用目标等。项目前期的问卷调查可以用于收集用户资料，了解用户需求，验证设计想法，为产品设计提供参考。项目后期的调研可以了解用户满意度，收集用户建议，为设计改进提供参考。问卷设计的逻辑性和针对性决定了研究结果的走向。问卷设计需要注意的问题包括：①问题要避免多重含义，每个问题都应该多只包含一个要调查的概念；②问题应该具体，避免含糊其辞，提问题的方式应保持一致；③问题应该与被调查者有关，问卷的数据处理要剔除极端值和无效问卷；④问卷的逻辑要清晰，线上问卷不适合复杂的问题；⑤问卷投放前需要确认目标用户群，减少无效问卷。

　　调查问卷的设计方法为：①标准问卷结构包括四部分，即标题和指导语、用户信息、具体问题、结束语。②具体变量问题（问卷核心内容）包括业务方关注点、用户关注点。③具体问题会有五种类别，即甄别性问题、变量问题、建议性问题、综合满意度和开放性问答。调查问卷的设计逻辑是：由浅入深、由一般感兴趣的问题到专业问题；由非核心问题到敏感问题；由封闭问题到开放问题；相同主题放一起，不断增加被调研者回答问题的兴趣。只有处理好这些原则，才能设计出一份逻辑连贯、衔接自然的问卷。收到问卷之后，调研员还必须完成分析数据、可视化图表呈现和推导结论等后续工作。总之，对于数据的解读并非易事。只有充分理解数据是通过哪些问题得到的？如何收集的？如何计算的？再结合对业务的理解，研究人员才能真正解读出数据背后的含义。常规数据统计及分析也是必不可少的，如计算平均值或者差值并进行比较分析，研究人员才能得出综合的数据结果。也可以通过 SPSS、AMOS 等统计软件来处理数据，根据项目情况的不同，可以采用平均数、标准差、方差分析、T 检验、因子分析等指标，也可以通过如 Tableau 等 BI 工具对数据进行可视化呈现。结合问卷调查，设计师还需要分析数据并撰写出完整的调研报告。

　　除了现场调研外，目前国内还有问卷星、爱调查、调查派等在线问卷设计和问卷调研平台。这些在线平台能够在网络上发布问卷并提供统计结果，如问卷星就提供了创建问卷调查、在线考试、360 度评估等应用；问卷星还提供三十多种题型，具有强大的统计分析功能，能够生成饼状、圆环、柱状、条形等多种统计结果图形（见图 4-14）。该应用支持手机填写和微信群发。线上调查有着快捷高效的特征，虽然由于网络的匿名性，统计的结果在准确性和代表性上有一定的欠缺，但对于在校大学生来说，利用线上调查也不失为一种节约时间和提高效率的方法。

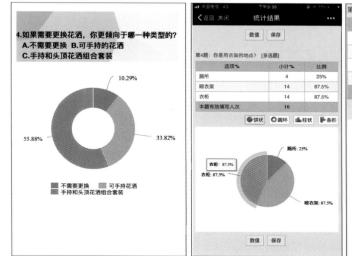

图 4-14　问卷星 App 可以提供在线问卷调查并显示统计图结果

4.5　在线访谈法

用户访谈是沟通的艺术。如果不能双方直接交谈无疑会给沟通带来一定的障碍。但在特殊情况下，在线访谈仍然是一种有效的远程交流的手段。2020 年年初爆发并蔓延全球的新冠病毒使得"社交隔离"成为社会生活不得已的"新常态"。在此期间，部分企业已停止或减少了用户与设计团队线下交流的机会，更多的企业则将用户访谈的方式转移到了线上（见图 4-15）。尽管这种方式对于设计团队或受访用户来说都不是最理想的选择，但在疫情防控的大形势下，大家都必须适应在线工作与交流方式。无论是会议型的用户访谈，还是"一对一"

图 4-15　疫情和社交隔离使得远程线上访谈成为选择之一

的深度访谈，面对桌面计算机或笔记本电脑摄像头进行采访已经成为当下流行的趋势。那么，线上访谈和线下访谈有何区别？需要注意的事项有哪些呢？

线上访谈的特征在于虚拟环境交流并受技术环境的影响很大。网络卡顿、图像失真、声音延迟、网络摄像头视角以及环境因素均会影响访谈质量。因此，设计师的功课更要做足：问题要更短、更简洁、更清晰；如果用户看不清你的表情，只凭声音或影像建立双方信任的难度更高。设计师需要做好采访提纲并提前发给对方。在线访谈缺乏线下的表情和肢体语言辅助，用户往往容易疲劳，精力不容易集中，因此要学会分解问题，把大问题拆为一个个具体的小问题，减轻对方的压力和记忆负担，让双方的交流更自然、更放松。以下是在线访谈的相关注意事项。

（1）提前测试技术环境：这是准备访谈的第一件事。请不要在访谈开始前 5min 离开计算机。技术人员需要事先调试好计算机音频、视频、网络与相关软件，如腾讯会议或者手机微信视频群等，确保摄像机能够清楚地显示声音和画面。此外，还需要注意室内光线和摄像头的视角，需要给对方清新自然、精神饱满的第一印象。

（2）穿戴正装，整齐得体：需要像参加面试一样准备服装并穿戴整齐，不能因为是在线访谈就只注意自己的上半身，而下半身随随便便，如拖鞋、睡裤。也许对方看不到，但是这种装束肯定会影响精神状态。穿一件简单的白衬衫或上衣搭配一条裙子或一条漂亮的长裤，让衣着打扮既简单又专业。

（3）提前准备好进入状态：在访谈之前确保至少有 10min 的准备时间。包括用于访谈的设备如手机或笔记本电脑，必要时可以打开两个计算机，一个用于从客户端监控会议的音视频效果，另一个则用于直接参加会议。

（4）保持目光接触：尽管没有与用户面对面，但在访谈过程中，保持双方的眼神交流仍然很重要，这表示你尊重对方并对访谈内容感兴趣（见图 4-16）。一个认真、专注、自信、幽默且不会心不在焉的设计师会给用户留下深刻的印象。

图 4-16　线上访谈必须提前技术准备以及对访谈过程的准备

（5）消除环境干扰：在整个访谈过程中需要与用户充分互动，因此要消除所有的环境干扰和噪声，确保处于一个相对安静的空间并保持手机静音状态。访谈过程中不要随意走动或离开会议室，如有事离开则需要向主持人说明。

（6）将访谈大纲放在手边：相比线下的访谈，视频访谈过程更容易出现各种"意外"，如网络掉线、画面延迟、声音不清等，这会导致用户的情绪受到干扰并影响采访质量。因此，最好大家手边都有采访大纲和主题，避免走神或访谈偏离主题。

（7）简短发言，注重交流：网络环境交流是一个受限制的环境，访谈双方无法借助丰富的表情或肢体动作来形成"交流气场"。因此，要尽量避免长篇大论，滔滔不绝。会议型在线访谈不要超过 1h，而且中间需要有 10min 的休息时间。

4.6　眼动实验法

有研究表明，人接收外界的信息有 80%~90% 是通过眼睛获取的，可以说，眼睛是人的心灵窗口，通过这个窗口可以探究人的许多心理活动规律。例如，人在愉悦或者惊恐的时候瞳孔会变大，而在烦恼或者厌恶的时候瞳孔会变小。再如，在看到血淋淋的交通事故场面时，通常会先受惊吓，然后产生厌恶情绪，此时瞳孔直径就会先变大，然后迅速变小。另外，由于眼球运动是具有一定规律的，而这些规律揭示了人的认知加工的心理机制。眼动测试就是通过眼动仪来记录用户浏览页面时视线的移动过程。通过眼动测试可以了解用户的浏览行为并评估设计效果。

眼动仪是通过记录眼球角膜对红外线反射路径的变化来计算眼睛的运动过程，并推算眼睛的注视位置。眼动仪不仅可以记录快速变化的眼睛运动数据，同时还可以绘制出眼动轨迹图和热力图等，直观而全面地反映眼动的时空特征。眼动分析的指标包括停留时间、视线轨迹图、热力图、鼠标点击量和区块曝光率等，通过将定量指标与图表相结合，可以有效分析用户眼球运动的规律，尤其适用于评估设计效果。例如，红色表示该区域受关注度最高，黄色区域次之，紫色区域再次之，灰色则表示基本没有被关注。眼动测试主要应用于软件的可用性研究、广告有效性研究、界面评估和游戏测试等众多领域。在软件和页面可用性研究中，眼动测试可以反映视线是否流畅、是否会被某些界面信息干扰等问题；在广告有效性研究上，借助眼动测试，可以直观地显示广告设计是否吸引人，广告在页面的位置是否有效，等等。在界面评估上，眼动仪同样可以显示用户是否浏览到界面上的重要信息，或者哪些区域是最先被用户关注到的等关键信息（见图 4-17）。

眼动仪作为一个高科技产品，可以让用户研究工作变得更有技术含量。眼动仪包括佩戴式和桌面式两种，桌面式的眼动仪带有小型独立的摄像头，可以远程遥控并有效地修正头动（见图 4-18）。因为位置基本固定，这种仪器的输出结果更稳定。但其缺点便是不能移动，不适用于需要移动或改变位置的测试。头戴式眼动仪则相反，虽然可以实现一段距离的移动，测试过程中更自由，但输出的结果不够稳定。同时，眼动仪的重量也导致受测者不适宜长时间佩戴。除了注视热点图外，注视轨迹图还可以记录被试者在整个体验过程中的注视轨迹，从而可知被试者首先注视的区域、注视的先后顺序、注视停留时间的长短以及视觉是否流畅等；该图可以显示不同用户在浏览页面时如何移动视线，每个颜色的圆圈代表一个用户，圆圈越多的区域就有越多的用户进行浏览，圆圈越大表示用户浏览越仔细。注视轨迹图对于判断页面设计内容的权重有着很大的帮助。

图 4-17　通过眼动仪（左）对测试区（右）的视线轨迹进行定量分析

图 4-18　带有小型独立摄像头的桌面眼动仪（非支架式与支架式）

在用户体验与交互研究（网页可用性、移动端可用性、软件可用性、视线交互、游戏可用性研究）中，眼动追踪可提供能够揭示可用性问题的用户行为数据，这是一种非常客观和直接的研究方法。眼动测试一般是在可用性测试实验室实施完成。安静的空间可以让被测试用户能够全神贯注于任务的执行。支架式眼动仪适用于网页及各种移动设备，但被测试人员活动范围及测试环境均有限制。由于便携式录像设备及可穿戴式眼动仪的快速发展，研究团队可以在现场进行用户眼动测试，由此可以得到更客观的用户行为数据。尽管如此，眼动仪仍无法直接发现用户动机或者心理活动。因此，眼动实验法需要与其他验证或互补的研究方法，如可用性测试或观察法、访谈法等结合使用，才能得到更有价值的信息。

思考与实践4

一、思考题

1. 用户研究方法可以分为哪几类？各自的特征是什么？

2. 用户研究的定量与定性方法各自有什么优缺点？其应用场景有何差异？

3. 什么是人类学研究方法？如何应用到用户研究领域？

4. 用户访谈的流程是什么？研究人员需要提前进行哪些准备工作？

5. 百度公司是如何利用现场走查法来进行用户研究的？

6. 调查问卷的设计方法有哪些？设计问卷需要注意哪些问题？

7. 在线访谈与现场访谈有何差异？在线访谈有哪些注意事项？

8. 什么是满意度评估？如何从大数据中得到启示？

9. 眼动测试的原理是什么？其主要的应用领域是什么？

二、实践题

1. 电动平衡车(见图4-19)是针对个人出行和青少年跑酷群体的一个创新产品。它是简单、方便、个性化和充满活力的新潮出行方式，同时也存在续航时间、动力、安全性和可靠性等问题。请通过走访企业以及网络调研该类产品的价格、性能、服务和保障体系，特别是它所针对的用户群和市场需求。

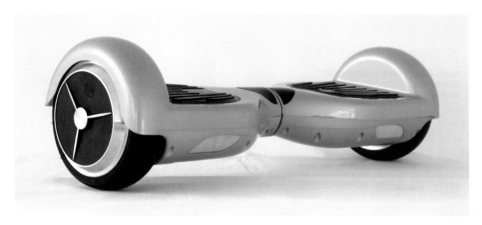

图 4-19　电动平衡车

2. 今天，产品越来越重视体验，而服务越来越重视人际间的交流与分享。下象棋可能是许多老年人的快乐聚会，请重新考察传统象棋，并思考如何进行创新。

① 户外光线弱的地方；

② 肢体不便的老人。

解决的可能性包括声控象棋、荧光象棋等。

第5课 用户需求分析

5.1 移情地图法

体验是基于个人的感受。虽然人类深层的心理活动是难以把握的，但通过观察用户的言谈举止，通过与用户谈话并了解用户的所见所得、所听所闻，就可以基于同理心和共情来掌握用户的所感所思，从而进一步分析出用户的痛点或者爽点。这个可视化的研究方法就叫作"移情地图法"（Empathy Map，见图 5-1）。移情也称为共情、同理心和认同感等，同理心也被视为产品经理或者用户体验设计师的必备技能。人本主义创始人、心理学家罗杰斯认为，移情是指一种能深入他人主观世界并了解其感受的能力，这也就是人们常说的"换位思考"的能力。移情地图由 XPLANE 公司开发，从 6 个角度帮助设计师更加清晰地分析出用户最关注的问题，从而找到更好的解决问题的方案，通俗一点讲，就是心理换位，将心比心。移情图就是一张帮助我们产生共情的工具，可以用来帮助我们了解用户所关注的问题，挖掘用户需求，辅助我们找到更好的解决对策。

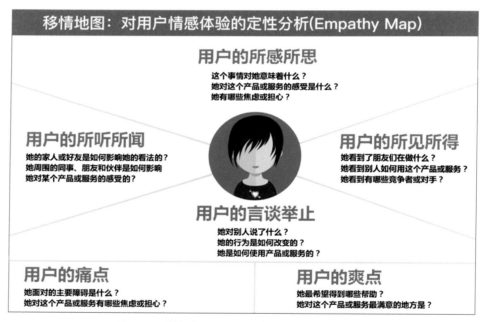

图 5-1　移情地图：对用户情感体验的定性分析

类似于用户体验路线图，移情地图突出了目标用户的环境、行为、关注点和愿望等关键要素。例如，旅游者对当地旅游服务的感受就可以用移情地图表现出来（见图 5-2）。无论是赞美还是吐槽，用户的感受或期待就是产品或服务能够提升或改进的契机，设计师也能够据此了解什么是用户的"刚需"。移情图 6 个维度的主要关注点是：①用户看到了什么？即描述客户在他的环境里看到了什么？环境看起来像什么？谁在他周围并影响他的决定？谁是他的朋友？他每天接触什么类型的产品或服务？他遭遇的问题是什么？②用户听到了什么？环

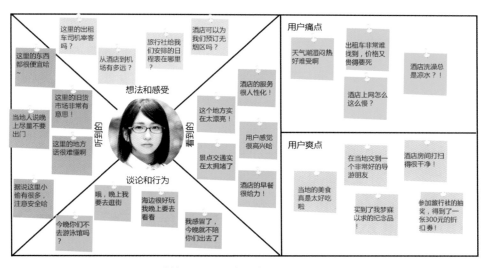

图 5-2　移情地图从 6 个维度分析用户痛点及爽点

境是如何影响用户体验的？他的朋友在说什么？他的配偶和家人说了什么？③用户真正的感觉和想法是什么？这个产品好用吗？设法描述你的客户所想的是什么？对他来说什么是最重要的？什么东西感动了他？他的梦想和愿望是什么？④他说些什么又做些什么？他会给别人讲什么事情？⑤这个客户的痛苦是什么（痛点）？他最大的挫折是什么？他与需要达到的目标之间有什么障碍？他会害怕承担哪些风险？⑥这个客户想得到什么（爽点）？他真正希望想要和达到的是什么？移情地图是对用户情感体验的定性分析方法，也是用户体验研究中的重要手段之一。此外，用户体验的分析研究离不开环境、语境与技术，UX 设计师应该结合特定的语境，来探索改善技术或者服务的空间。例如，对儿童的早期教育的交互设计就离不开"参与""交流""共享""创意"等亲子共同的体验与感受（见图 5-3）。

图 5-3　儿童早期教育中的"交互与共情"的方法

5.2　头脑风暴会议

在体验设计中，一旦完成了初步的需求分析后，设计师随后就进入了"问题方向确定和产品概念设计"阶段。该阶段需要对产品设计目标，针对的人群，相关的资源进行详细的规范，也就是从"战略层"转向"范围层"。用户画像、用户目标与用户体验地图是该阶段设计师必须要思考和提交的文件。随着用户画像与目标的确认，针对性的原型或产品雏形的设计任务将提上日程。设计方案的提出需要集思广益，寻找团队公认的协作方式如"卡片墙""卡片桌"、小组研讨、产品 SWOT 分析或思维导图等工具都可以强化集体创意的优势。群体智慧中最典型的就是"头脑风暴"。这种无限制的自由联想和讨论可以产生新观念或激发创意（见图 5-4）。头脑风暴法又称智力激励法、BS 法、自由思考法，是由美国创造学家 A.F. 奥斯本于 1939 年首次提出，1953 年正式发表的一种激发性思维的方法。这种创意形式由著名产品与服务设计企业 IDEO 设计公司和苹果公司等最早引入产品设计领域。该方法是一种群体创造性活动，事实证明，思想碰撞与语言交流是产生智慧火花的重要途径，集体智慧比单个个体更具有创新优势。进行"头脑风暴"集体讨论时，参加人数可为 3~10 人，时间以 60min 为宜。在头脑风暴中，全程可视化、团队协作、换位思考、发散与收敛以及设计思维的贯穿成为产品原型设计成功的重要因素之一。

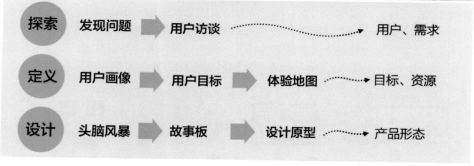

图 5-4　头脑风暴可以让团队产生新观念或激发创意

　　头脑风暴的目标是产品或服务的概念设计，产出物包括产品概念和设计原型（见图 5-5）。头脑风暴的参与者往往是"焦点小组"（Focus Group）的核心成员。但焦点小组的成员范围更大，除了设计师外，还可能包含工程师、项目经理、用户、利益相关者和咨询专家等，而头脑风暴的参与者主要是公司内部的设计师、用户研究员和项目经理等。头脑风暴规则：①首先必须明确主题，讨论者需要提前准备参与讨论主题的相关资料；②在规定的时间里追求尽可能多的点子，也鼓励把想法建立在他人之上，发展别人的想法；③跳跃性思维，当大家思路逐渐停滞时，主持人可以提出"跳跃性"的陈述进行思路转变；④空间记忆，在讨论过程中，随时用白板、即时贴等工具把创意点子记录下来，并展示在大家面前，让大家随时看到讨论的进展，把讨论集中到更关键的问题点上（见图 5-6）；⑤形象具体化，用身边材料制成二维或三维模型或用身体语言演示使用行为或习惯模式，以便大家更好地理解创意。

“创意阶段是发散
与收敛的过程，是
分析性思维和直觉
性思维的碰撞”

产出：产品概念、设计原型

图 5-5 头脑风暴是产品设计构想的最初阶段

图 5-6 即时贴墙报是创意展示、思考和碰撞的工具

　　头脑风暴的关键在于不预作判断的前提下鼓励大胆创意。要让大家把自己的想法说出来，然后快速排除那些不可能成功的概念。头脑风暴会议往往不拘一格，可以配合演示草案、设计模型、角色、场景和模拟用户使用等环节同步进行。服务蓝图、用户体验地图、用户画像等前期的研究模型也会在头脑风暴会议中发挥最大的作用。在会上，大家可以集思广益，围绕核心问题展开讨论，如用户痛点是什么，用户轨迹中的服务触点在哪里，如何通过竞品分析找出现有产品的缺陷等。除了鼓励提问和思考外，还可以让大家评选出最优设计方案和最可能流行的趋势并分析其原因，最后集中大家的智慧为进一步的原型开发打下基础。然后由团队对这些创意投票表决。无论是设计产品还是设计服务，都可以用各种简易材料做出样品或服务的使用环境，让无形的概念具体化，以更好地理解用户需求（见图 5-7）。例如，IDEO 公司的工作室都有手工作坊或 3D 打印机。它们的创新理念是用双手来思考，快速制作样品并不断改进。此外，让用户实际参与使用各种样品（身体风暴）也是头脑风暴的一部分。设计师可以通过观察用户使用样品的实际情况，并根据用户反馈对设计进行改良并完善产品或服务。

图 5-7　纸板等简易材料可以模拟出产品的使用环境

　　头脑风暴主要有两种类型：直接头脑风暴法（通常的头脑风暴法）和质疑头脑风暴法。前者尽可能地激发创造性并产生尽可能多的想法，后者对直接头脑风暴法的设想和方案逐一质疑并分析其可行性。头脑风暴按照组织形式可划分为五种类型：自由发散型、辩论型、击鼓传花型、主持访谈型和抢答型。头脑风暴可用于设计过程中的每个阶段，同时在执行过程中有一个至关重要的原则：不要太早否定任何想法和创意。经过多年的实践，IDEO 设计公司总结归纳了头脑风暴的七项原则并以易拉宝的方式放置在会议室中：暂缓评论，异想天开，借题发挥，不要跑题，一人一次发挥，图文并茂，多多益善。这种事先的约定有效地防止了人云亦云、信马由缰的清谈，同时也照顾了民主和平等的氛围。需要说明的是，头脑风暴并非创意的万能灵药，也不能期待它解决所有的创新问题。但它是一种结合了个人创意和集体智慧的重要机制。麻省理工学院媒体实验室 eMarkets 机构副主任迈克尔·施拉格（Michael Schrage）教授认为，IDEO 的成功并不在于头脑风暴方法论，而是在于它的企业文化。正是 IDEO 员工对于创新的热情推动了他们的头脑风暴方法论。他认为，只是创造新概念不叫创新，只有创造出可实行且能改变行为的方法才能称之为真正的创新。头脑风暴只有建立在团队的融洽气氛中，才能集思广益和深入思考，成为创新产品的撒手锏。

　　当设计团队明确了产品的业务目标和设计目标之后，往往需要召开头脑风暴会议并针对一个特定的设计内容进行研讨。例如，针对"如何改善小学生校内午餐的膳食结构"的问题，IDEO 就进行了一系列的调研。该团队深入到学校餐厅与学生们一起吃饭，深入观察了学生们的午餐情况。通过近一个月的观察、记录、交谈和聆听，IDEO 发现了小学生餐厅普遍存在的营养不均衡、食物浪费、环境脏乱、学生不主动等一系列问题。针对这种情况，设计团队借助头脑风暴等形式集思广益，并由此提出了几种改进学校"装配线式"餐饮设计的思路，如提供更多的学生自助式服务，避免食物浪费；家庭小餐桌式布局；由小学生"桌长"来负责分配午餐的流程（见图 5-8）；学校餐厅灯光和环境设计；改进肉类和蔬菜比例等。这些措施使得学校餐厅的面貌焕然一新，该设计也得到了斯坦福大学专家们的好评。

图 5-8　通过鼓励学生自助式服务来改善小学生午餐

5.3　信息构架方法

　　当头脑风暴完成以后，设计团队有了初步的概念设计模型，接下来就需要梳理产品的信息架构（功能、流程、草图及界面）并进行深入的界面设计。原型在这一阶段扮演着重要的角色，原型设计就是信息架构的建设过程，用户能够和设计师一起看到未来交互的软件蓝图、功能和效果，获得较真实的感受，并在讨论中完善未来的设计思路（见图 5-9）。通过原型设计，不仅可以使每个开发人员和设计人员对产品的目标一目了然，相当于做了一份详细的需求分析，同时客户也可以参与到设计过程中，并从自身的视角审核并验收设计方案，避免设计团队走弯路并减少盲目性。这一阶段的工作包括原型设计、信息架构设计、视觉与交互设计。该过程也是对信息的提取、挖掘和不断深化的过程。根据微软技术工程师戴夫·坎贝尔提出的知识建构模型，知识或智慧的获取必须经历对原始数据的去粗取精、去伪存真的过程，也就是洞察力的不断深化的过程。信息架构包括组织系统、标签系统、导航系统和搜索系统。建筑学专家理查德·沃尔曼（Richard S.Wurman）认为"信息构架是共享信息环境下的结构设计，它通过组织、标记、搜索、网站和内部网之间的导航系统，成为具有可用性和查找功能，能够塑造清晰化信息产品的艺术和科学。"

　　著名技术理论家凯文·凯利在其著作《科技需要什么》（2010）中说过："思想就是对信息的高度提炼。当我们说懂了，意思就是这些信息已经产生了意义。"因此，设计师的原型设计过程也是对信息的梳理和建构，无论是网站还是 App，所有的信息构架都不应该是凭空完成的，而是从用户需求出发来思考。同样，信息构架设计也应该遵循一系列原则和方法。2006 年，交互设计专家丹·布朗（Dan Brown）提出了著名的信息构架的 8 项原则（见图 5-10），

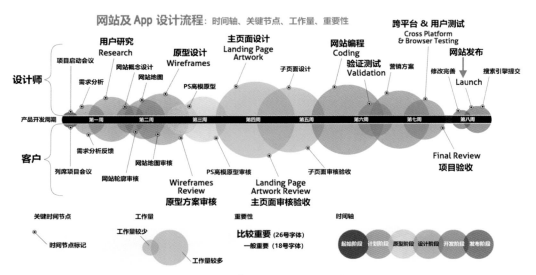

图 5-9　网站及 App 设计开发周期（时间轴、关键节点、工作量和重要性）

即内容新颖，少就是多，提供简介，提供范例，多个入口（网站），多种分类，集中导航和容量原则。这些原则可以作为构建网站和 App 产品的出发点。

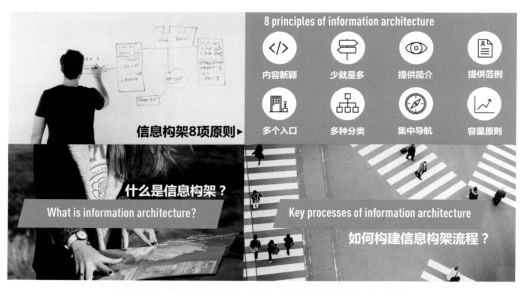

图 5-10　信息架构师丹·布朗提出的信息构架 8 项原则

丹·布朗的信息构架的 8 项原则简述如下。

（1）对象原则：该原则认为内容应被视为有生命的东西。它具有生命周期、行为和属性，因此信息的时效性、新颖性和前沿性至关重要。

（2）选择原则：少就是多。无论从认知心理学还是信息设计实践，少就是多无疑是一条颠扑不破的真理。例如，三层网站结构和扁平化、瀑布流界面设计原则，都是尽量减少信息的层次或深度，让用户一览无余地进行选择的实践总结。

（3）披露原则：无论是书籍、信息图表、网站或者社交媒体，在标题下都应该提供简介、摘要、内容提要或预览。提供简介或摘要不仅有助于用户快速了解更深层次的信息，而且也使得网站或手机的内容导流及产品推广成为可能。

（4）示例原则：复杂而抽象的信息图表令人生厌，也使得读者敬而远之。因此，通过范例来通俗化、情感化图表内容是设计师必备的素质之一。

（5）前门原则：假设至少有 50％ 的用户可能使用与网站首页不同的入口点，因此，网页设计师应该提供导航、搜索、关键词或更灵活的接口。

（6）集中导航：设计师应该保持目录或导航结构简单、清晰，切勿混淆其他事物，让读者在信息的汪洋大海中无所适从。

（7）容量原则：网站的信息内容往往会随着用户的积累和口碑而不断丰富，特别是新闻、电商或是科普教育类网站。因此，设计师必须确保网站具有可扩展性。

（8）多种分类：灵活的分类方法是吸引用户和提升用户体验的重要手段。

5.4　卡片分类法

通过贴纸或卡片分类方法可以对事物的特征进行归类并快速建立现象之间的联系。移情地图严格来说就是一种卡片墙或桌面分类的方法。该方法不仅是构建概念产品结构与功能的便捷原型工具，同时也是可靠且低成本的用户观察与分类的工具，借助它能够归纳用户类型，挖掘出用户所期待的产品功能，高度还原用户心理并帮助团队建立用户画像。卡片分类是一个以用户测试为中心的设计方法，研究者将产品设计目标与计划提供给多个参与者（设计团队、潜在用户或咨询专家），让他们根据功能的优先项对该产品功能进行分类或排序。分类过程就是给每个卡片加上标签，如用户类型、用户行为、使用环境、产品功能等，不同颜色可以帮助归类。研究团队可以在卡片分类图表中发现潜在的亮点或刚需。卡片分类能够展现出真实的用户心理模型和认知方式，为研究者提供真实的用户心理以及使用视角，从而构建出更为合理易用的产品架构。

卡片分类法也被广泛用于构建用户移情地图，能够帮助设计团队将前期的用户访谈、问卷调查和行为观察的要点整理归类成图表，从而快速发现问题和确认用户的需求重点（见图 5-11）。卡片分类结合贴纸墙还可以将头脑风暴、焦点小组的讨论结果进行分类展示与集体研究，从而帮助统一思想，确定产品开发的目标。除了帮助定位用户画像外，卡片分类还可以帮助产品开发者对产品、项目或信息进行逻辑整理归类，是一种快捷定位产品功能与架构的方法。虽然该方法具有一定的局限性，但能够为产品架构设计、导航设计、产品菜单及分类设计提供极大的帮助。

在产品开发过程中，卡片分类法可以用于多个场景。

（1）项目设计初期的信息构建与用户研究。通过构建移情地图，设计团队可以了解用户对产品功能的体验并为架构设计提供依据（见图 5-12）。

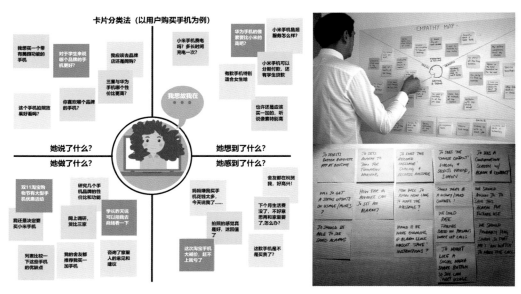

图 5-11　卡片分类法广泛用于构建用户移情地图及帮助总结用户行为特征

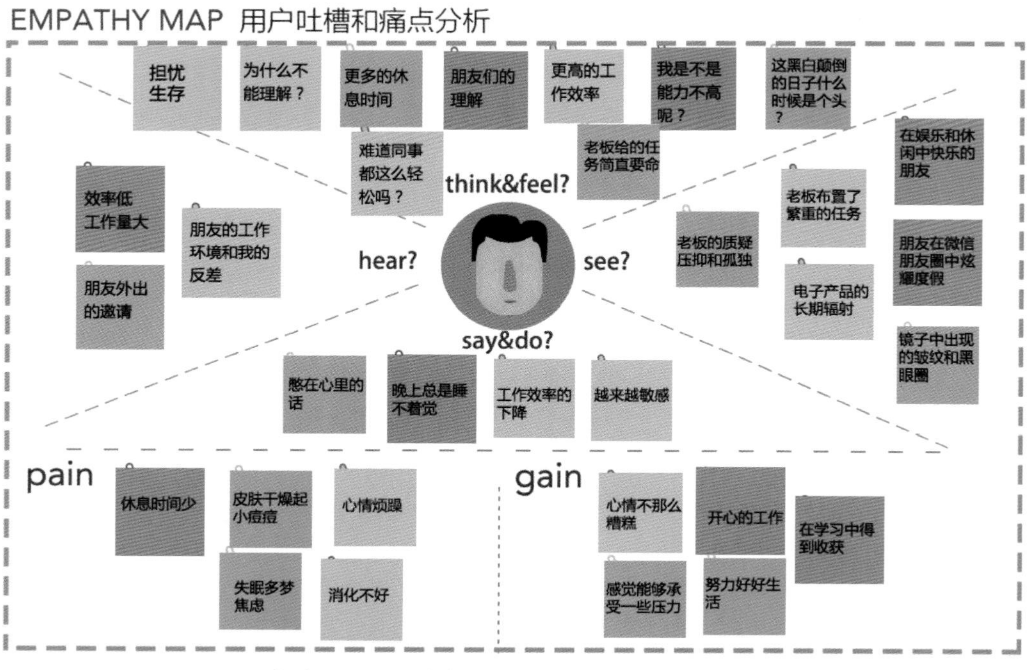

EMPATHY MAP 用户吐槽和痛点分析

图 5-12　卡片分类法与移情地图（不同颜色的卡片可以帮助归类）

（2）发现和改进产品存在的问题。设计团队利用墙报贴纸的形式对产品构架、线框图、界面风格进行优化（见图 5-13）。

（3）产品升级换代以及风格重构。卡片分类可以帮助团队了解目标用户对改版的看法和建议。已上线的产品可以寻找实际用户进行卡片分类测试，若是还未面世的产品，就要寻找具有潜在目标用户特性的用户进行测试。最终的产出物为《卡片分类研究报告》。

图 5-13　墙报贴纸可对产品构架、线框图、界面风格等进行分类优化

5.5　数据分析法

　　用户行为数据分析是指通过产品的数据监测和后台数据工具来收集产品的访问量等用户访问产品相关的行为数据（产品流量、点击率、日志分析等）。对数据进行统计分析，获取目标用户特性、用户产品操作行为以及产品关键指标等，结合实际场景分析发现用户喜好、产品可用性问题，衡量营销效果，并为用户关系管理、产品体验提升以及产品营销策略提供方向和依据（见图 5-14）。数据分析是企业为了掌握用户行为特征和评估用户体验的一种定量分析方法。大公司内部往往会构建自己的一套产品用户数据平台以支持产品设计团队对于产品数据的统计与分析。若没有内部的数据后台，也可以借助第三方产品数据监测统计工具的支持获得产品数据监测能力。

图 5-14　数据分析可以为产品创新与营销提供依据

　　常见的移动 App 统计分析和监测工具有 Google Analytics、百度 ECharts、百度统计、腾讯移动统计、友盟＋、Power BI 等。统计分析的衡量指标为 PULSE 标准，即页面浏览量、响应时间、延迟率、7 天活跃用户数和收益率等。一个产品如果经常出现访问无响应或者延迟率很高说明用户体验较差。同样，一个电子商务网站的下单流程，如果步骤过多就很难赚到钱。数据采集分为两部分，第一部分是基本数据采集，以用户基本特征为主，包括用户数量、用户特征、分层画像等。第二部分是核心数据采集，以用户行为数据为主，通过数据研究目

的和场景来制定数据采集目标。数据分析的产出物是用户行为分析报告、运营数据分析报告或产品数据分析报告。

1. 百度 ECharts 数据分析平台

ECharts 是一个免费的可视化图形库。该软件是百度旗下的一款和 D3 类似的基于 JavaScript 的数据可视化图表库，可以提供直观、生动、可交互和个性化定制的数据可视化图表（见图 5-15）。它是一个全新的基于 ZRender 的用纯 JavaScript 打造的 Canvas 库。ECharts 不仅提供常见的如折线图、柱状图、散点图、饼图、K 线图等图表类型，还提供了用于地理数据可视化的地图、热力图和线图。ECharts 同样支持用于关系数据可视化的关系图、树图，还有用于商业智能（Business Intelligence，BI）的漏斗图、仪表盘，并且支持图与图之间的混搭。ECharts 还支持多个坐标系如直角坐标系、极坐标系和地理坐标系等。此外，该软件的图表可以跨坐标系存在，例如，可以将折线图、柱状图、散点图等放在直角坐标系上，也可以放在极坐标系上，甚至可以放在地理坐标系中。除了可以切换"数值型"和"类别型"的数据外，用户还可以通过"时间轴"和"对数轴"的转换来实现更丰富的数据协同分析效果。

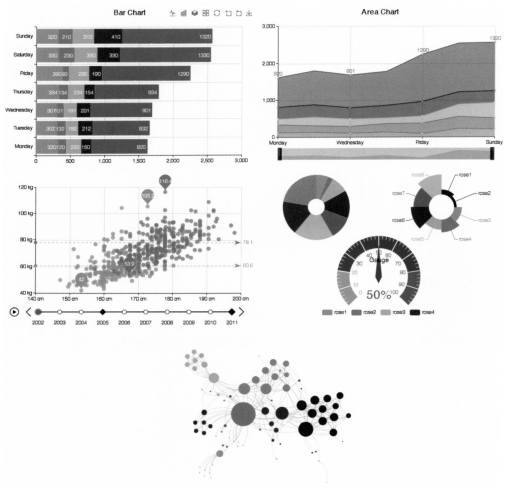

图 5-15　ECharts 数据可视化图表直观、生动、可交互和可定制

　　ECharts 最初就是"Enterprise Charts"（企业图表）的简称，来自百度 EFE 数据可视化团队，是用 JavaScript 实现的开源可视化库。ECharts 的功能非常强大，对移动端进行了细致的优化，适配微信小程序，支持多种渲染方式和千万数据的前端展现，这种设计利于跨组件的数据处理（数据过滤、视觉编码等），并且为多维度的数据使用带来了方便。ECharts 的其他优势包括：支持在移动端进行交互优化。例如，支持在移动端小屏上用手指在坐标系中进行缩放、平移等操作。在 PC 端也可以用鼠标在图中进行缩放（用鼠标滚轮）和平移等操作，它对 PC 端和移动端的兼容性和适应性很好。ECharts 提供了 legend、visual Map、data Zoom、tooltip 等组件，增加了图表附带的漫游、选取等操作，提供了数据筛选、视图缩放、展示细节等功能（见图 5-16），支持大数据量的展现。ECharts 对大数据的处理能力非常好，借助 Canvas 的功能，可在散点图中轻松展现上万甚至十万的数据。

图 5-16　ECharts 数据可视化为用户提供了多种选择方式

　　ECharts 除了具备平行坐标等常见的多维数据可视化工具外，还支持对传统的散点图等传入数据的多维化处理，再配合视觉映射组件 Visual Map 提供的丰富的视觉编码，可将不同维度的数据映射到颜色、大小、透明度、明暗度等不同的视觉通道。支持动态数据，ECharts 以数据为驱动并会寻找到两组数据之间的差异，然后通过合适的动画去表现数据的变化，这种数据动画配合 timeline 组件就能够在更高的时间维度上去表现数据的信息。但和 D3 一样，ECharts 需要 JavaScript 驱动，因此，对于完全没有编程基础的分析师来说，使用会有一定难度，虽然 ECharts 可视化效果更丰富。

2. 用户体验与产品数据分析

数据统计对于产品和用户研究非常重要。例如，对于改版后的 App，哪些指标能够反映出用户体验的变化呢？通过网络后台的日志分析，就可以了解到该产品的运行效率、任务流程程度、学习难度和路径选择的难度等一系列指标的变化，借助于可视化的图形展示，就可以清晰地看到产品在改版前后用户体验的变化（见图 5-17）。目前百度常用的数据分析维度主要包括日常数据分析、产品效率分析和用户行为分析，根据研究目标的不同，侧重点也有所差异。前二者更偏向于产品研究，用户行为分析则属于用户研究范畴。日常数据分析主要包括总流量、内容、时段、来源去向、趋势分析等，通过日常数据分析，可以快速掌握产品的总体状况，对数据波动能够及时做出反馈及应对。产品的效率分析主要是针对具体产品功能、设计等维度的用户使用情况进行，常用指标包括点击率、点击用户率、点击黏性和点击

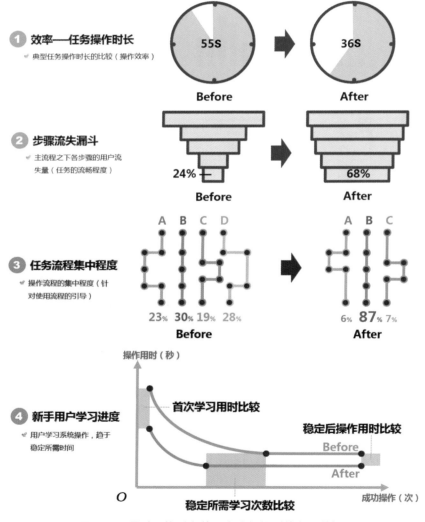

图 5-17　通过网络后台的日志分析得到的产品数据

分布等。用户行为分析可以从用户忠诚度、访问频率、用户黏性等方面入手，如浏览深度分析、新用户分析、回访用户分析和流失率等。

通过上述几种数据分析方法，不仅能使设计师直观地了解用户是从哪里来的，来做什么，停留在哪里，从哪里离开的，去了哪里，而且可以对某具体页面、板块、功能的用户使用情况有充分了解，只有掌握了这些数据，设计师才能有的放矢，设计出最符合用户需求的产品。数据分析属于定量研究范畴，而对用户的深入了解，仅靠行为数据分析还是不够的，如果结合一些对用户的定性研究，如访谈、焦点小组和参与式设计等，往往可以更好地了解用户的目标、态度和心理，对用户行为的把握也会更为准确，如百度对用户行为的研究就采取了综合的分析方法（见图 5-18），也就是通过"用户研究—科技趋势—竞品分析—产品追踪"的路线图，多角度分析产品存在的问题与用户的痛点，再结合对科技趋势发展的综合判断，来把握企业战略与发展方向。

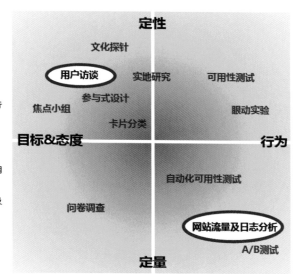

图 5-18　用户研究方法的矩阵图

3. 竞品分析与五维评估法

数据分析不仅用于用户行为研究和产品数据研究，而且还可以为企业的服务与创新提供依据。例如，竞品分析和产品追踪是百度集团创新用户研究的法宝之一。任何市场与服务都有同行业的相互竞争。竞品分析是知己知彼、分析市场的重要方法。例如，作为与谷歌公司竞争国内搜索市场起家的百度公司就非常重视竞品分析，如竞争对手的产品定位、目标用户、产品的核心功能等；竞争对手产品的交互设计、盈利模式、产品的运营及推广策略也是百度学习和借鉴的内容。

为了更客观地比较和评价自己产品与其他产品的优势或劣势，百度移动用研部采取了问卷调查 + 五维评估的定量研究方法。五维评估就是五边形雷达图（见图 5-19），其中每个顶点分别代表了创新性（Innovation，新鲜度、体验度）、易用性（Usability，效率、舒适度）、美观度（Vision，清晰、美观度）、品牌度（Quality，品牌、依赖度）和情感度（Emotion，亲和、留恋度），同心圆从内向外分别为 0~5 级，根据问卷调研的平均值可以标示出每个维度的数值，由此可以直观地看到竞品与本产品、本产品的不同版本间的对比评估结果。五维雷达图评估从本质上说是人类学的"比较研究法"的延伸。即先找出同类现象或事物，再按照将同类现象或事物编组或绘图，然后根据比较结果进一步进行分析。

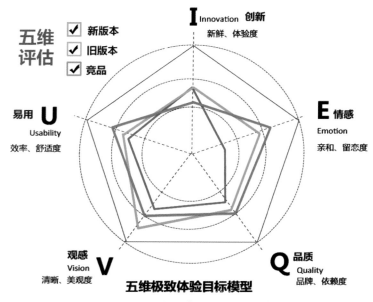

图 5-19 五维评估图用于定量分析

通常做竞品分析有两个目的，第一个是为了对比，取长补短；第二个是验证与测试。无论是企业还是产品，只要是属于同行业或同类产品，都可以进行比较研究和评估。例如，传统的 SWOT 竞品分析将企业内外部条件进行综合和概括，进而分析组织的优劣势和面临的机遇和挑战的研究方法。该方法的缺点是过于宏观，对企业产品的创新提供的指导不够。此外就是 SWOT 缺乏时间要素，对产品过去、现在和未来的动力机制的思考不够深入。五维评估法的优点是更偏向具体产品的评估方法，不仅分析竞品，还可以比较本产品在升级换代后的用户反馈，并得到直观的统计结果（见图 5-20）。通常网络问卷调查中，对调查取样的范围和取样人群的选择往往会对结果影响很大。百度的五维评估法的取样范围为 100~150 人。

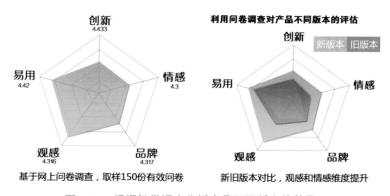

图 5-20 根据问卷调查分析产品不同版本的差异

除了对普通用户的网络调研外，还有针对高级用户如产品经理、设计师、资深用户、心理专家等的评估。这样就可以看出一般用户与专家观点的显著差异（见图 5-21）。百度通过"五维评估法"再结合对科技趋势的研究，取长补短，能够综合判断出产品的发展趋势。

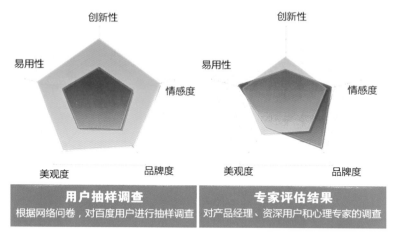

图 5-21　普通用户（左）和专家用户（右）的五维评估图

在《大数据时代》一书中，作者维克托·迈尔 - 舍恩博格认为："大数据标志着人类在寻求量化和认识世界的道路上前进了一大步。过去不可计算、存储、分析和共享的很多东西都被数据化了。大数据为我们理解世界打开了一扇新的大门。"今天，无论是个人上网、出行、教育、购物及娱乐或是企业的生产和交易都离不开数据信息系统的支持，数据分析法的出现正是用户体验从经验到科学、从定性到定量的不断深化的技术与工具的发展趋势。数据分析与可视化不仅可以揭示用户行为背后所蕴含的规律与价值，而且可以帮助企业从定量到定性，科学规划和定位产品创新的方向，推动企业不断深入开拓新的市场。

5.6　用户模拟画像

用户画像又称为服务角色扮演，最早源自 IDEO 设计公司和斯坦福大学设计团队进行 IT 产品用户研究所采用的方法之一。交互设计之父、库珀设计公司总裁艾伦·库珀在 IDEO 设计公司工作期间，最早提出了"人物角色"的概念。为了让团队成员在研发过程中能够抛开个人喜好，将焦点关注在目标用户的动机和行为上，库珀认为需要建立一个真实用户的虚拟代表，即在深刻理解真实数据（性别、年龄、家庭状况、收入、工作、用户场景 / 活动、目标 / 动机等）的基础上"画出"一个虚拟用户。它是根据用户社会属性、生活习惯和消费行为等信息而抽象出的一个标签化的用户模型（见图 5-22）。构建用户画像的核心工作是给用户贴"标签"，即通过对用户信息分析而来的高度精练的特征标识。利用用户画像不仅可以做到产品与服务的对位销售，而且可以针对目标用户进行产品开发或者体验设计，做到按需设计、对症下药、心中有数。

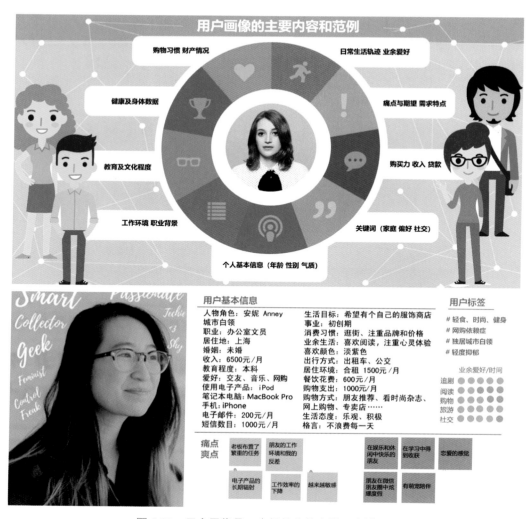

图 5-22　用户画像是一个标签化的虚拟用户模型

　　建立用户画像的方法主要是调研，包括定量和定性分析。在产品策划阶段，由于没有数据参考，所以可以先从定性角度入手收集数据，如可以通过用户访谈的样本来创建最初的用户画像（定性），后期再通过定量研究对所得到的用户画像进行验证。用户画像可以通过卡片分类或亲和图（见图 5-23）来逐渐清晰化。亲和图又叫 KJ 法，由日本设计师川喜一郎首创，是一种使机会点清晰，帮助参与者们进行理性思考并可达成共识的工具。其操作方法是：首先可以将收集到的各种关键信息做成卡片，然后请设计团队共同讨论和补充。然后在墙上或在桌面上，将类似或相关的卡片贴在一起，大家对每组卡片进行描述，并利用不同颜色的便利贴进行标记和归纳，如关于在线学习的一个头脑风暴（见图 5-24）。然后根据目标用户的特征、行为和观点的差异，将他们区分为不同的类型，每种类型中抽取出典型特征，赋予一个名字和照片、一些人口统计学要素和场景等描述，最终就可以形成用户画像。如针对旅游行业不同人群的特点，其用户画像就应该包括游客（团队或散客）、领队（导游）和其他利益相关方（旅游纪念品店、景区餐馆、旅店老板等）。

图 5-23　用户画像可以通过亲和图等卡片分类法完成

墙报上随机分布的贴纸卡片　　　　墙报上分类后并经过小组讨论共识后的贴纸卡片

图 5-24　不同颜色的贴纸对于归类和分析非常必要

　　用系统的角度去体察一个设计或者服务，最好的办法就是将其放入到一个具体情境中进行分析。情境是一个舞台，所有的故事都将会在这个情境中展开。这个舞台上，无论是甲方（服务方）还是乙方（消费方），都可以转换为典型的人物角色（演员）来完成互动行为。例如，腾讯公司在进行旅游服务设计时，就将游客、当地农民和城镇青年的不同诉求归纳成 3 个用户画像。他们还结合了真实的调研数据，将用户群的典型特征加入到用户画像中。与此同时，调研团队还在用户画像中加入描述性的元素和场景描述，如愿景、期望、痛点的情景描述。由此让用户画像更加丰满和真实，也更容易记忆并形成团队的工作目标。

　　用户画像的价值在于为精准营销、数据分析、内容推荐等一系列工作提供依据。精准营销将用户的群体细化，针对特定群体，利用短信、邮件、推送与活动等手段，通过客户关怀和奖品激励等策略扩大用户群。UX 设计师可以根据用户的属性、行为特征对用户进行分类，统计不同特征下的用户数量与分布；分析不同用户画像群体的分布特征（见图 5-25）。大数据通过各类标签聚焦用户特征。基于这些标签，以用户画像为基础，营销团队可以构建推荐系统、搜索引擎、广告投放系统，提升服务精准度。对于产品设计来说，用户画像可以透彻地反映用户心理动机和行为习惯，对于提升产品的针对性与可用性必不可少。用户画像还可以预测潜在的用户需求，并帮助开发者在功能设计期间将注意力集中在"刚需"上，避免无的放矢。

图 5-25　用户画像的格式模板之一

思考与实践5

一、思考题

1. 什么是移情地图？对理解用户行为有何帮助？

2. 移情地图 6 个维度的主要关注点是什么？

3. 头脑风暴会议有哪些规则？如何避免漫无边际的聊天？

4. 头脑风暴会议按照组织形式可以分为哪几种？

5. 信息构架的 8 项原则是什么？对原型设计有何帮助？

6. 卡片分类有哪些用途？卡片分类有几种方法？

7. 什么是数据分析？数据分析的常用软件或平台有哪些？

8. 什么是用户画像？用户画像对交互设计有何意义？

9. 用户画像的基本内容有哪些？请简述用户画像的基本要素。

二、实践题

1. 图 5-26 是某大学的学生食堂就餐环境。请结合交互设计与"互联网+"的思维，为该食堂的信息化改造和就餐环境提供设计方案，重点在于提升服务的可用性与体验性。请利用移情地图、头脑风暴等工具挖掘用户需求并聚集小组创意。

图 5-26　某大学的学生食堂就餐环境

2. 设计思维要求从实际出发，观察和解决生活中的实际问题。例如，自助型服务是改善城市低收入群体的一种思路。请设计一款名为"共享用车"的 App，将每天同方向上下班的有车族和乘车族联系在一个 O2O 平台上，通过好友牵线、拼车出行、彼此互助、有偿服务等形式，解决城市上下班交通难的问题。

第6课　市场研究分析

6.1　信息检索与分析

在项目设计初期，设计团队应聚集于收集与目标产品、目标用户与竞争性产品等信息的收集、挖掘与整理，并从中抽取出对设计有用的信息。在市场调研与设计研究中，需要收集大量的信息，这些信息有助于设计团队的产品创意与开发。信息与文献检索可以帮助设计师快速熟悉新领域，并帮助设计团队综合分析和判断产品的市场前景。文献检索主要是指与项目或产品相关的二手资料的收集、整理和分析，主要是指网上资料搜索和图书馆检索等。文献检索的重点在于检索角度的选取与切入，以及有序地整理和分析已收集的信息。美国国家科学基金会（NSF）的一项调查显示，一个科研项目的开展，计划思考占用时间为 8%，实验研究占用时间为 32%，撰写论文占用时间为 9%，而查阅资料占用时间为 51%，可见文献检索工作的重要性。

文献检索常用的方法是通过不同的检索工具以主题、分类和作者等途径，输入要查找内容的关键词进行检索（见图 6-1，左），高级检索功能还可以进行分类检索。例如，通过谷歌输入"冠状病毒"或"Covid"并选择"图片"分类就可以检索到所有相关图片（见图 6-1，右）。很多网站和 App 都提供了关键词搜索、图片搜索或标签栏搜索。此外，还可以通过"以图找图"的方式，通过"谷歌图片搜索"或"百度搜图"来发现相关的资源。除了网络资源，设计师还可以通过关注该领域重点期刊、书籍或者公司年报、行业白皮书、蓝皮书等受到启发。设计师也可以通过纵向文献追溯法，即以目标论文后面的参考文献、索引等为线索来查找更多的文献。随着国内外网络资源的日益丰富，设计团队可以采用多种方式（免费或者付费）获得所需要的数据或者信息，为产品、目标用户与市场的研究打下坚实的基础。

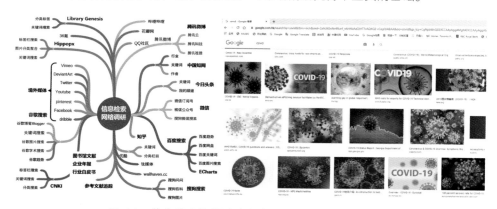

图 6-1　信息检索资源（左）和"谷歌图片搜索"（右）

对于设计师来说，媒体、智库与咨询公司每年发布的趋势研究可以为用户行为的变化提供参照。2018 年 5 月，腾讯 QQ 大数据对中国 18 岁以下人群就业意向进行了调查，发现这些人群更青睐于设计师、演员、作家等职业（见图 6-2）。这个调查充分说明了社交媒体对人的意识与行为的影响。同样，腾讯用户研究院在 2018 年发布的《深入解析 95 后的互联网生活方式》的报告也反映出了网络对年轻人的重要影响（见图 6-3）。报告指出，95 后的用户对游戏电竞、电影音乐、动漫、二次元等轻松娱乐的内容更感兴趣，相反，对新闻、军事、历史、小说等相对偏严肃的内容则相比 1990 年以后出生的人有较大的偏差。这些事实也充分体现了手机媒体对当下年轻人思维模式的塑造。

图 6-2　受到短视频（左）影响的 2000 年以后出生的人的就业倾向（右）

互联网时代原住民

95后成长阶段是中国互联网高速发展的十年。初中开始使用手机上网，高中接触网络视频、微博，大学开始使用微信、移动支付、社交网游。互联网的变化渗透在95后的生活之中，他们是互联网时代名副其实的原住民。

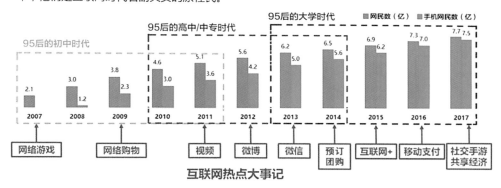

内容偏好：娱乐至上、兴趣导向，喜欢轻松、娱乐的内容

- 95后用户对游戏电竞、电影音乐、动漫、二次元等轻松娱乐的兴趣类内容更感兴趣；
- 95前用户则对新闻、军事历史、汽车、财经、健康养生、房产等与生活相关的偏严肃内容感兴趣。

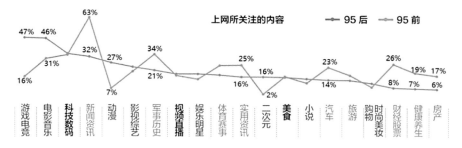

图 6-3　腾讯对 95 前 / 后年轻人的网络用户行为的调查

6.2 商业模式画布

对于设计师来说，仅依靠视觉和体验进行设计是远远不够的，更重要的是需要理解互联网时代的商业与消费模式。正如著名管理学大师彼得·德鲁克所说："当今企业之间的竞争，不是产品之间的竞争，而是商业模式之间的竞争。"什么是商业模式？简单地说，商业模式就是公司通过什么途径或方式来获得盈利。按照瑞士商业理论家阿列克斯·奥斯特瓦德（Alex Osterwalder）等人的定义："商业模型是一个理论工具，它包含大量的商业元素及它们之间的关系，并且能够描述特定公司的商业模式。它能显示一个公司的价值所在：客户，公司结构以及通过可持续性盈利为目的，用以生产、销售、传递价值及关系资本的客户网。商业模式画布就是一种可视化语言，是一种用来描述商业模式、评估商业模式，甚至改变商业模式的通用语言。正如思维导图、用户旅程地图或者创意卡片工具，商业模式画布所蕴含的设计思想不仅可以指导创新企业，也同样适用于设计个人的职业规划。

商业模式画布（Business Model Canvas）是焦点会议和头脑风暴的工具，它通常由一面大黑板或墙纸来呈现，画布由9部分区域组成，创意小组成员可以将即时贴、照片、图片直接贴在相关区域，也可以直接通过马克笔在区域内填写文字（见图6-4）。画布的9个方格及11个要点的内容如下：①客户细分：哪些客户是你的目标用户？②价值主张：你能给客户带来什么好处（产品或服务）？③客户关系：怎样和客户保持联系？④传媒渠道：怎么将产品或服务送到客户面前？⑤关键业务：我的优势和主营业务在哪里？⑥核心资源：手上有什么资源能保证盈利？⑦重要伙伴：谁可以和我一起赚钱？⑧成本结构：该产品或服务的成本是多少？⑨收入来源：从哪方面赚钱？

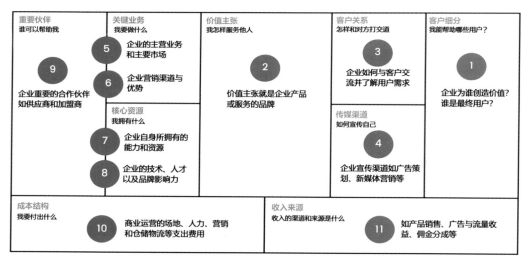

图 6-4 商业模式画布的 9 大区域及 11 个问题

对于设计师而言，使用商业模式画布的意义在于，画布形象地简化了一个企业的所有流程、结构和体系等现实事物，设计者借助画布自我分析和了解环境、企业与产品全景，查看各构造之间的关系，获得现阶段与企业和产品方向一致的设计主张，进而做出符合主张的设计。该画布的9个区域以产品或服务为核心，构建了企业、市场与客户的生态图。画布各模块间相互关联并影响，如价值主张受到细分客户的需求影响，而其决定了关键业务的方向。

图 6-5 中的红线代表这 9 个区域之间的联系。

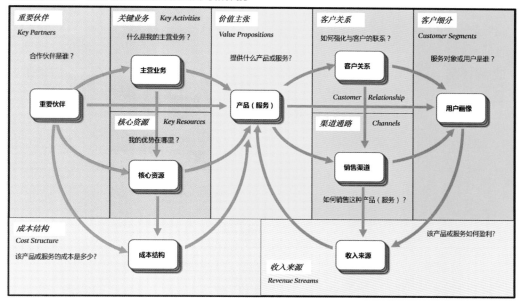

图 6-5　商业模式画布（红线代表相互之间的联系）

　　下面以小米科技公司的商业模式画布（见图 6-6）为例，阐明画布各部分的内容。

　　（1）价值主张。价值主张就是企业产品或服务的品牌。小米的企业价值观是"用户至上""为发烧而生""做爆品，做粉丝，做自媒体""先做忠诚度，再做知名度"。这些价值主张就是小米在产品与服务中传达的理念。

　　（2）客户细分。小米手机的消费群定位非常清晰：17~35 岁时尚白领、技术宅、公司白领、大学生。这些人的特征是接受新事物快，懂技术，懂互联网，但经济能力有限。由此，小米提出了"高配置低价格"的产品战略，并依赖"用户参与式消费"的快速迭代和口碑营销建立了庞大的粉丝群和用户群，成为小米成功的法宝。

　　（3）关键业务。渠道有哪些关键（主营）业务？有这些关键业务就能存活下去。腾讯的关键业务是社交和游戏，阿里巴巴的关键业务是电商，百度的关键业务是搜索，小米的关键业务包括手机和平板电脑、软件（如米聊、金山、猎豹、MIUI 等）、电商平台和小米生态链产品（路由器、电视机顶盒、空气净化器、移动电源等）。

　　（4）客户关系。客户关系是一个不断加强与客户交流，不断了解顾客需求，并不断对产品及服务进行改进和提高以满足顾客需求的过程。客户关系是小米手机营销的"重中之重"，包括米粉论坛、微博、QQ 空间、微信、小米之家等都成为小米口碑与品牌影响力的推手。小米科技将客户、供应商作为朋友的思维能够长期保持客户联系，由此打造出了国内最成功的小米智能产品产业链。由此，小米科技成为物联网时代依靠口碑、电商平台与用户思维而成功的企业样板。

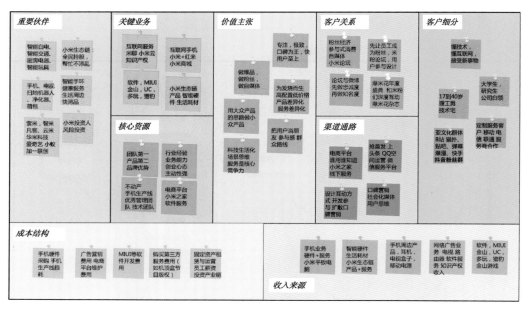

图 6-6　小米公司的商业模式画布

（5）渠道通道。小米的营销渠道包括小米商城、第三方电商（如淘宝）和小米之家线下服务。此外，针对高校开学季和"双十一"等活动的促销也是小米销售的重要渠道之一。而通过微博、微信、小米论坛和米聊等社会化媒介，小米可以更有针对性地通过网络"精准营销"来销售其产品。

（6）核心资源。小米科技的核心资源包括手机生产线和固定资产、品牌、金融、电商平台、软件服务、控股企业以及一流的管理团队和技术团队等。小米总裁雷军从创办之初，就一直在强调硬件、软件和服务。小米的核心思想就是利用互联网思维做感动人心的好产品。小米模式就是一个树形结构，从小米智能手机、智能音箱、智能路由器出发，开放包容布局更大的市场。小米生态链包括智能家居和小米新零售，都是源于小米的核心资源（见图6-7）。其中，手机是移动互联网的入口，是智能家庭的遥控器，也是小米生态链攻城略地的法宝。

（7）合作伙伴。该选项决定谁是我们的重要伙伴？谁是我们的重要供应商？我们正在从合作伙伴那里获取哪些核心资源？合作伙伴都执行哪些关键业务？以唯品会举例，唯品会有极大的供应商网络，建立合作关系的有四百多家品牌商。例如，我们从小米科技的"产品生态链"就能够发现众多的合作伙伴（见图6-8）。小米的产品生态圈包括3层：手机周边、智能硬件和生活耗材。小米通过"投资＋孵化"的模式，吸引了一大批中小企业和创新团队加盟。通过全民持股的激励机制，小米生态链上超过八十家企业通过复制小米模式，不断打造出杰出的产品，也使得小米科技在不断发展壮大。

（8）成本和收益。对于任何企业来说，需要花钱的地方都是成本。例如，电商有场地成本、人力成本、营销成本、仓储成本、物流成本和进货成本等。收益则是公司能够生存和发展的前提。互联网盈利模式包括流量变现模式、佣金分成模式、增值服务模式和收费服务模式等。例如，小米收益主要来自产品与软件服务。2019年的销售数据显示：小米手环累计销量位列全球第一，小米空气净化器销量位列中国第一，小米电视销量位列中国第一。此

图 6-7　小米生态链的核心资源，包括智能家居和小米新零售

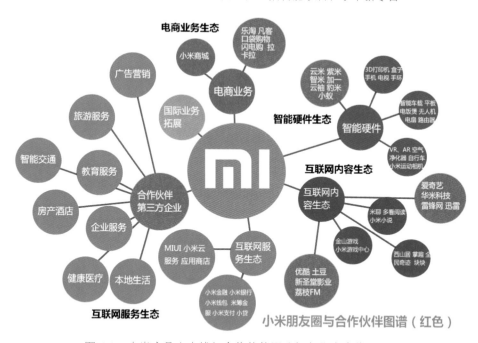

图 6-8　小米产品生态线与合作伙伴图（红色代表合作企业）

外，小爱音箱累计销量突破 1000 万台，位列中国智能音箱市场第一。小米通过万物智慧互联（AIoT）生态软件 + 硬件的相互赋能，用创新打造精品打造中国品牌，为用户带来更美好的智能生活体验。小米的商业模式画布充分体现了"手机 +AIoT"的双引擎战略，也改变了更多人的生活方式。

6.3　SWOT竞品分析

　　竞品分析或 SWOT 分析法矩阵中的 S（Strengths）代表优势，W（Weaknesses）代表劣势，O（Opportunities）代表机会，而 T（Threats）代表威胁（见图 6-9）。该方法由美国旧金山大学的管理学教授海因茨·韦里克（Heinz Weihrich）在 20 世纪 80 年代初提出，随后被麦肯锡咨询公司等企业所采用，并被广泛用于企业战略制定、竞争对手分析等场合。 SWOT 分析实际上是将对企业内外部条件各方面内容进行综合和概括，进而分析组织的优劣势、面临的机会和威胁的一种方法。通过 SWOT 分析，可以帮助企业把资源和行动聚集在自己的强项和有最多机会的地方；并让企业的战略变得明朗。SWOT 分析就是通过调查研究将企业外部环境与内部环境的优缺点依照矩阵形式排列，然后用系统分析的思想，把各种因素相互匹配起来加以分析，从中得出一系列相应的结论。运用该方法可以对研究对象所处的情景进行全面、系统、准确的研究，从而根据研究结果制定相应的发展战略、计划或对策等。

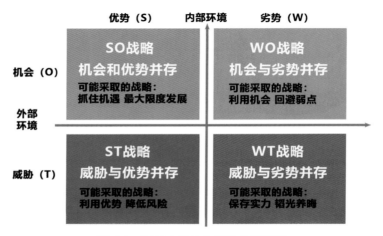

图 6-9　SWOT 竞品分析法的矩阵图

　　SWOT 分析就是知己知彼，取长补短，优化企业竞争力的分析工具。SWOT 图表左上角为 SO 战略，代表优势与机会并存的情况，企业可能采取的战略就是抓住机遇，最大限度地发展自己。右下角的情况恰恰相反，WT 战略代表企业的外部环境与内部环境均不佳，企业可能采取的战略就是保存实力，韬光养晦，加强学习，适度收缩。同理，WO 战略与 ST 战略也都是综合判断企业的外部环境和自身的优势与劣势，从而制定出合理的战略规划。SWOT 分析法不仅对于企业战略非常有用，而且也可以用来分析产品竞争力和个人职业规划（见图 6-10）。SWOT 分析法提出了两组四个简单的问题：产品（或个人）的优势和劣势分别是什么（从内部评估产品或个人），产品（或个人）面临的其他机会和威胁分别是什么（从外部评估产品或个人）。这些内部与外部因素与商业环境或个人成长环境息息相关。SWOT 分析法能够帮助设计者快速明确产品的竞争位置，争取项目团队共识。但需注意的是，SWOT 分析法并非定式，设计师需要具体问题具体分析，基于需求对该模型进行拓展变形，而不是局限在教条框框中。例如，分析企业或产品的优势或者环境时也必须考虑时间因素。时过境迁，此一时彼一时。因此，设计师需要站在发展的角度看问题，关注过去、现在和未来的趋势，从而做出相应的战略选择。

图 6-10　个人职业规划同样可以采用 SWOT 分析法

　　SWOT 分析中的"外部环境"是一个相对复杂的系统。企业可以基于公司战略从政治、经济、社会、技术四方面来分析外部环境，即围绕着四个维度的思考来完成：①政治环境，指一个国家或地区的政治制度、体制、方针政策、法律法规等方面。这些因素常常影响着企业的经营行为，尤其是对企业长期的投资行为有着较大影响。②经济环境，指企业在制定战略过程中须考虑的国内外经济条件、宏观经济政策、经济发展水平等多种因素。③社会环境，主要指组织所在社会中成员的民族特征、文化传统、价值观念、宗教信仰、教育水平以及风俗习惯等因素。④技术环境，指企业业务所涉及国家和地区的技术水平、技术政策、新产品开发能力以及技术发展的动态等。这四个维度就是企业或个人对未来趋势判断的依据。

6.4　KANO分析模型

　　在体验设计与产品设计中，如何分析用户不同类型的需求？东京理工大学教授狩野纪昭（Noriaki Kano）提出了卡诺（KANO）模型分析法。该方法通过一套结构型问卷和分析方法对顾客的需求进行了细分。KANO 模型能帮助我们更好地了解用户需求的类型，识别用户对新功能的接受度，帮助企业了解不同层次的用户需求，同时找出顾客和企业的接触点，帮助企业筛选出使顾客满意的至关重要的因素。KANO 模型定义了三个层次的用户需求：基本型需求、期望型需求和兴奋型需求。产品设计的核心就是要重点解决用户痛点（基本型需求），抓住用户痒点（期望型需求）。在确保这两者都解决的前提下，再提供给用户一些兴奋点（兴奋型需求）。

　　基本型需求是用户认为产品必须有的属性或功能。基本型需求往往就是用户的痛点或者"刚需"，对于用户而言，这些需求是必须满足的，理所当然的。当不提供此需求时，用户满意度会大幅降低，但优化此类需求，用户满意度却不会得到显著提升。例如，对于普通上班族消费者来说，智能手机的基本功能就是打电话、发短信或微信、朋友圈、拍照分享、新闻浏览等；而对老人而言，身体机能的衰退以及对亲情陪伴的需要，使得老龄手机或者平板电脑的界面与功能设计就有了新的"必选项"。例如，"一键联系家人或家庭医生"、视频通话、安全监控（独居老人）、GPS 定位以及简洁、清晰、紧凑的界面就是老年人的刚需（见图 6-11）。

对于这类需求，企业的做法应该是注重不要在这方面减分，并通过合适的方法在产品中体现这些要求。

图 6-11　陪伴、互动与亲子关系是老年用户的基本需求

期望型需求是指用户期望产品提供比较优秀的属性、功能或服务，但并不是必需的产品属性或服务行为。例如，对于餐饮外卖服务来说，尽可能短的物流配送时间就是期望型需求。外卖刚兴起时，用户对于配送的要求属于"尽快安全送达最好"的状态。近几年，随着物流服务的提升与团购网站的相互竞争，用户的期望就成为"越快越好"，以致部分餐饮企业提出了"10 分钟必到"的承诺。物流配送时间没有一个最低的限制，因此不是服务的必选项。然而，物流配送越快，用户体验越好。

兴奋型需求是指提供给用户一些完全出乎意料的产品属性或服务行为，使用户产生意外的惊喜。无论是线下还是线上，兴奋型需求均有很多成功的案例。例如，淘宝商城（现天猫）在 2009 年第一次推出的"双 11 全场 5 折购物"活动，一度让所有用户兴奋不已。这些就是典型的兴奋型需求，完全出乎意料。同时我们也看到兴奋型需求在应用过程中的受限点：一旦应用多了，就不再会引起大家的兴趣与关注。

KANO 模型分析法如图 6-12 所示。该图表除了包含上述三种主要用户需求类型外，还包括反向型需求和无差异需求（即需求具备度的横轴位置）。无差异需求即用户根本不在意的需求，对用户体验毫无影响。无论提供或不提供此需求，用户满意度都不会有改变。对于这类需求，企业的做法应该是尽量避免。反向型需求属于设计师"画蛇添足"的功能，用户根本都没有此需求，提供后用户满意度反而下降，成事不足败事有余。总而言之，无论是产品设计还是体验设计，需要尽量避免无差异型需求和反向型需求，而需要尽力做好基本型需求和期望型需求，如果可以的话再努力挖掘兴奋型需求。KANO 模型主要是通过标准化问卷进行调研，根据调研结果对各因素属性归类，解决需求属性的定位问题，以提高用户满意度。此问卷调查表划分维度有两个：提供时的满意程度和不提供时的满意程度。该问卷通过 5 级满意度（非常满意、满意、一般、不满意、很不满意）来挖掘用户的潜在需求与期望值。

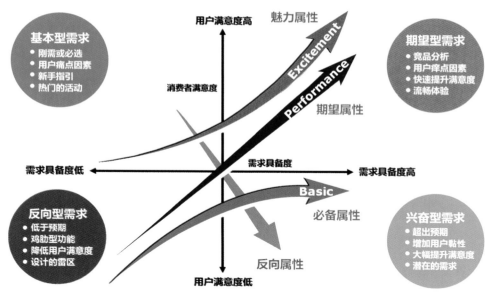

图 6-12　KANO 模型分析法及四种需求模式之间的关系

　　KANO 模型作为一种有效的排序和筛选工具，能够对调研得到的用户需求进行分类和排序，因此受到诸多学者的青睐。例如，利用 KANO 模型可以深度挖掘用户潜在需求，并对日常生活用品如健身车、净水器、文创产品、办公桌等进行改良设计。而关于 KANO 模型的理论研究则主要集中于两方面：其一是从管理学角度对该模型中需求的分类准则或需求类别进行探讨，引入重要度函数和模糊理论对模型进行定量化分析与改进；其二则是从模型集成角度切入对 KANO 模型进行了优化和补充。例如，利用 KANO 模型，设计师可以对适老型交通工具进行探究并提出设计的优选方案。

　　据统计，2019 年，中国 65 岁以上人口占全国人口的比重为 12.6%，60 岁以上人口占比为 18.1%，根据预测，"十四五"期间，全国老年人口将突破 3 亿，我国也将从轻度老龄化迈入中度老龄化。作为日常生活"衣食住行"中的一部分，通过什么样的交通工具能够更好地适应老年人的生理、心理和认知特征，满足其各种需求，保障其安全、舒适地出行，并以此提升其获得感、幸福感成为亟待解决的问题。目前市场上的老年电动代步车，虽然其性能相对稳定，车速较慢，也更环保，比较适合老年人和残疾人的驾驶习惯（见图 6-13），但由于部分生产企业未能严格执行国家标准，生产出的车辆超出了"代步"范围，车辆安全性和易用性存在很多隐患，事故屡屡发生。此外，交通违法、乱停乱放、占用车位、"飞线"充电等乱象长期存在，这也给驾车的老人、残疾人和街坊四邻带来极大的安全隐患。因此，需要从全局的角度，对适老型交通工具开展更深入的研究，构建出符合多方利益相关者诉求的服务模型，并借助智能化手段来改进产品设计与服务管理模式。我们可以借助 KANO 模型，通过问卷调查、观察、访谈等用户研究方法，获得老年用户、社区、城管等相关群体和单位在代步车使用和管理中存在的痛点以及需求，随后根据 KANO 模型的四项需求进行分类并找出各方的刚需。设计师可以对代步车进行评价、设计推演和原型迭代，不断探索提升用户与相关方的体验和满意度的设计原型及服务模式，完成最终的优选方案。

图 6-13　老年电动代步车（左）和双人电动代步车（右）

6.5　产品可用性测试

　　可用性测试（Usability Testing）是基于一定的可用性准则评估产品的一种技术，用于探讨参与者与一个产品或产品原型在交互测试过程中的相互影响。通常是由邀请到的用户在原型或者已有成品上执行若干已设定的任务，研究人员根据用户任务的完成情况对原型或产品进行评估。可用性测试包括三个主要组成部分：代表性用户、代表性任务、观察者（观察用户做什么，他们在哪些地方会成功，哪些地方会遇到困难）。为了测试产品，产品团队通过招募有代表性的用户来完成产品的典型任务，然后观察并记录下各种信息，界定出可用性问题，最后提出使产品更易用的解决方案，从中发现真正的刚需，如适老型手机在推向市场之前，就必须经过产品测试环节来检验产品的可用性与舒适性（见图 6-14）。用户招募主要指为研究而去寻找和邀请合适的用户并给他们安排日程的过程。确定目标用户、找到典型用户并说服他们参加研究是完成产品可用性测试的关键，招募用户过程至少需要一周的时间。

图 6-14　目标用户的产品测试是检验可用性的重要环节

例如，2018 年年初，为了测试即将推出的面向家庭消费的 App——"淘宝亲情版"，阿里巴巴集团要招聘两名"淘宝资深用户研究专员"，年龄要求在 60 岁以上，年薪在 35~40 万元。主要是以中老年群体视角出发，深度体验"亲情版"手淘产品，发现问题并反馈问题；定期组织座谈或小课堂，发动身边的中老年人反馈"亲情版"的使用体验。具体条件是：① 60 岁以上，与子女关系融洽；②要有稳定的中老年群体圈子，在群体中有较大影响力（如广场舞领队、社区居委会成员等）；③需有 1 年以上网购经验，3 年网购经验者优先，爱好阅读心理学、社会学等书籍内容者优先；④热衷于公益事业、社区事业者优先；⑤有良好沟通能力、善于换位思考、能够准确把握用户感受并快速定位问题。这条招聘信息登出后，淘宝收到了三千多份应聘的简历。阿里巴巴集团经过第一轮筛选后，选择了符合条件的 10 位中老年朋友参加面试沟通会，并在园区和淘宝产品经理一起座谈（见图 6-15）。被选出来的这10 位代表可以说是老人中的数字精英。他们将要竞争年薪 40 万的"淘宝资深用户研究专员"的职位。他们年纪最小的 59 岁，年纪最大的 83 岁。这些老人和 90 后淘宝产品经理在一起，畅所欲言，也成为一个跨代交流的感人现场。83 岁的李阿姨早年毕业于清华大学，她不仅健谈，而且对网络产品也如数家珍，成为现场年轻经理们争相咨询的"网红"。

图 6-15　淘宝亲情版沟通会现场（用户体验员首轮见面沟通）

为什么阿里巴巴集团要设立"老年用户研究员"的岗位？这和近年来我国快速老龄化的社会背景有关。统计数字显示，到 2016 年年底，浙江全省 60 岁以上户籍人口为 1030.62 万，占总人口的 20.96%，比 2015 年同期增加 46.59 万，老龄化程度明显加深。而在阿里巴巴发布的一份《爸妈的移动互联网生活报告》中显示，2017 年，全国近三千万中老年人热衷网购，50~59 岁占比高达 75%。其中，80 后、90 后的爸妈"战斗力"最强，不少是受子女影响，没事就爱在网上逛逛。2017 年的 9 个月中，50 岁以上的中老年人网购人均消费近五千元，人均购买的商品数达到 44 件。正是看中这巨大的市场潜力，淘宝将全面围绕中老年消费群体的场景和需求定制新的亲情版本体验，并打通老人与家人之间的互动。淘宝通过设立"老年用户研究员"岗位，能够将老年用户纳入设计团队。年轻的设计师们可以从这些"意见领袖"那里获得第一手资料，这对于相关老龄电子产品和服务模式的研发来说，可以取得事半功倍的效果。

　　用户招募可以通过广告或自己发问卷邀约或通过中介邀约。在条件和渠道允许的情况下，自己发放问卷邀约用户是较好的选择。设计师应该对邀约对象的背景有一定了解。中介邀约用户的效率较高，省时省力，但有时也会遇到质量较差的用户甚至非目标用户。因此，任何用户体验研究之前，都需要充分了解谁会使用产品。如果用户的轮廓不清晰，产品又缺乏明确目标，将无法开展研究，项目也会变得没有价值。例如，对老年手机用户群的研究就需要细分用户类型与刚需，筛选出符合大多数退休人群所需求的功能，并最终勾勒出决定目标"用户画像"的基本轮廓和产品特征（见图 6-16）。

图 6-16　老年手机开发应该关注的主要功能模块

　　可用性测试的作用有以下 3 方面：①获取反馈意见，以改进设计方案；②评估产品是否实现了用户和客户机构的需求目标；③为提高产品的质量提供数据来源。产品面向市场后，为了适应变化的用户需求，必须对产品进行不断的调整，而可用性测试则能够通过收集各种数据以获得反馈，为提升产品质量提供数据来源。可用性测试可以根据用户参与度、评估环境和控制级别分为以下三类：①室内测试，设计团队通过实验室观察用户行为来测试产品，用户为完全控制；②在线和实地测试，设计团队通过实地用户跟踪来记录并分析用户使用产品的情况，用户为有限控制；③非用户环境测试，设计团队通过想象、经验、心理学与专家意见来建立用户使用模型。以上每种类型各有利弊并需要取长补短。例如，基于实验室的研究有利于揭示可用性问题，但在捕捉使用情境方面表现较差；实地研究有助于揭示用户行为，但是成本较高且难以建模；非用户环境虽然可快速执行，但存在不可预测性等问题。

思考与实践6

一、思考题

1. 文献检索的常用方法有哪些？什么是横向研究与纵向研究？

2. 什么是商业模式画布？该画布由哪些区域组成？

3. 请以小米科技公司的商业模式画布为例，阐明其商业模式。

4. SWOT 分析法对企业战略定位有何影响？

5. 如何利用 SWOT 分析法来预测产品或服务的发展前景与风险？

6. KANO 分析模型定义了哪些用户需求？彼此之间的关系是什么？

7. 产品可用性测试包括哪几个主要组成部分？产品测试的作用是什么？

8. 市场研究分析的理论与方法主要源自哪些学科和领域？

9. 试比较用户研究、产品研究以及市场研究这三者的异同。

二、实践题

1. 怀旧是情感化体验设计的重要内容，一家名为"东方红餐厅"的企业就将这个概念发挥到极致（见图 6-17）。请小组实地调研一下学校附近的主题餐厅或者网红打卡餐厅，重点考察食客的类型、年龄以及用户偏好，并提供一份市场前景研究报告。

图 6-17　扁平化风格在视觉上有单一和几何化的印象

2. 去人气爆棚的餐馆排队是一种"幸福"和"烦躁与无奈"的混合感觉。为了留住排队的客户，许多餐馆推出了叫号、棋牌、茶点、美甲等服务。请设计一款"排队叫号"的手机 App，功能包括娱乐抽奖、提醒服务、提前点餐和下单、补偿设计（如等待时间超过 20min，就可以折扣 10 元餐饮费等）。

第7课　创意心理学

7.1　右脑思维模式

现代物理学奠基人、相对论的提出者阿尔伯特·爱因斯坦（1879—1955）曾多次强调"想象力远比知识要重要。"在一次访谈中，他指出："教育的目的并不是传授知识，而是要让学生学会如何思考。"创意的产生不仅与设计师的经历、性格、态度、认知和世界观等要素相关，而且与"右脑思维"有着密切的关系。脑科学家研究发现：超强记忆能力、想象能力、创新能力以及灵感和直觉力都与右脑相关，所以右脑又称为智慧脑、艺术脑。左脑是科学家和数学家，善于归纳总结、数学运算、分析推理（因果关系），属于线性思维，特别长于语言文字（细节描述）。右脑则是艺术家，属于发散思维和直觉顿悟，擅长创意，自由奔放，多愁善感，爱唱歌，好运动，爱五彩世界，幻想，白纸涂鸦，有着无边的想象力（见图 7-1）。

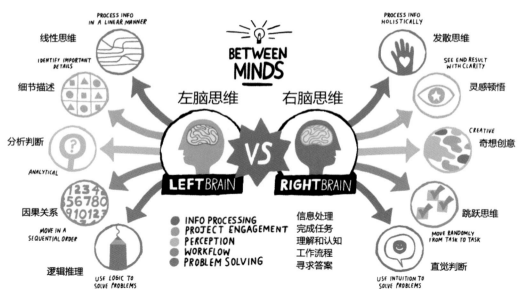

图 7-1　左脑和右脑

科学研究证实：人类的左脑支配右半身的神经和感觉，是理解语言的中枢，主要完成语言、逻辑、分析、代数的思考认识和行为，它是进行有条不紊的条理化思维即逻辑思维的"科学家脑"。而右脑支配左半身的神经和感觉，是没有语言中枢的哑脑，但有接受音乐的中枢，主要负责可视的、综合的、几何的、绘画的思考认识和行为，也就是负责鉴赏绘画，观赏自然风光，欣赏音乐，凭直觉观察事物。归结起来，就是右脑具有类别认识能力、图形和空间认识、绘画和形象认识能力，是形象思维的"艺术家脑"。1979 年，美国加州大学美术教师贝蒂·爱德华兹（Betty Edwards）出版了一本名为《用右脑绘画》的书。在书中，爱德华兹否认了有些人没有艺术天分的观点。她说："绘画其实并不难，关键在于你观察到了什么。"她认为观察的秘密在于发挥右脑的想象力。爱因斯坦曾经说过："我思考问题时，不是用语言进行思考，而是用活动的跳跃的形象进行思考，当这种思考完成以后，我要花很大力气把它们转换成语言。"因此，右脑的形象思维产生了新思想，左脑用语言的形式把它表述出来。

左右脑的分工与合作决定了人的创新能力，例如，"灵感""顿悟""想象"的产生就与右脑密切相关，但是将"创新"的想法逻辑化、规范化、流程化并使之形成可以实现的具体步骤或蓝图，则需要语言和逻辑的配合，或者说需要左脑的协调才能够实现。交互设计中的前期工作，如调研、访谈、竞品分析、数据分析、用户体验地图（行为分析）、用户建模（用户角色）、故事板、角色扮演等都与分析、综合、逻辑、推理和归纳等同属于左脑思维的范畴，而中后期工作，如思维导图、焦点小组、头脑风暴、原型创意、概念模型则与右脑思维息息相关。创意或"灵感"是建立在大量的研究基础上的最优化解决方案。

7.2　创意魔岛效应

20 世纪 60 年代初，美国智威汤逊广告公司资深顾问及创意总监，美国当代影响力最深远的广告创意大师詹姆斯·韦伯·扬（James Webb Young）应朋友之邀，撰写了一本名为《创意的生成》（*A Technique for Producing Ideas*）的书，回答了"如何才能产生创意"这个让无数人头疼的问题。随后 50 年间，该书重印达数十次，被译成三十多种语言，不仅畅销全世界，而且也成为欧美广告学专业的必修课教材。詹姆斯·韦伯·扬堪称当代最伟大的创意思考者之一。他提出的观点和一些科学界巨人如罗素和爱因斯坦等人的见解不谋而合：特定的知识是没有意义的，正如芝加哥大学校长、教育哲学家罗伯特·哈钦斯博士（Robert Hutchins，1899—1977）所说，它们是"快速老化的事实"。知识仅仅是激发创意思考的基础，它们必须被消化吸收，才能形成新的组合和新的关系，并以新鲜的方式问世，从而才能产生真正令人惊叹的创意。因此，"创意是旧元素的新组合"是打开创意奥秘的钥匙，也使得韦伯·扬所提出的"五步创意法"成为广为人知的创意原则和方法。

韦伯·扬指出：我认为创意这个东西具有某种神秘色彩，与传奇故事中提到的南太平洋上突然出现的岛屿非常类似。在古老的传说中，老水手们称其为"魔岛"。据传这片深蓝海洋会突然浮现出一座座可爱的环形礁石岛，并有一种神秘的气氛笼罩其上。创意也是如此，它们会突然浮出意识表面并带着同样神秘的、不期而至的气质。其实科学家知道，南太平洋中那些岛屿并非凭空出现，而是海面下数以万计的珊瑚礁经年累月所形成的，只是在最后一刻才突然出现在海面上。创意也是经由一系列看不见的过程，在意识的表层之下长期酝酿而成的。因此，创意的生成有着明晰的规律，同样需要遵循一套可以被学习和掌控的规则。如电商网站 RollingStone 的界面设计，简洁清晰，主题突出，大幅照片非常容易让买家产生沉浸感和亲切感（见图 7-2）。此外，无论是色彩设计、标识设计、导航设计、版式文字编排还是标题设计都体现了"内容为王"的意识，而不是通过炫技或者故弄玄虚来吸引用户。

韦伯·扬认为，创意的生成有两个普遍性原则最为重要。第一个原则，创意其实没有什么深奥的，不过是旧元素的新组合。第二个原则，要将旧元素构建成新组合，主要依赖以下这项能力：能洞悉不同事物之间的相关性。这一点正是每个人在进行创意时最为与众不同之处。例如，百度手机地图的一则 H5 广告（见图 7-3）就巧妙地将《西游记》和《三国演义》中的典故重新包装，寓意"导航"的重要性。因此，一旦看到了事物之间的关联

图 7-2　电商网站 RollingStone 的界面设计

性，或许就能从中找到一个普遍性的原则，或许就能想到如何将旧的素材予以重新应用，重新组合，进而产生新的创意。创意是旧元素的新组合，洞悉事物间的相关性是生成新组合的基础。

图 7-3　百度手机地图的 H5 广告《西游篇》和《客栈篇》

7.3 五步创意法

　　创意思维的规律就是韦伯·扬提出的"五步法"：资料收集，头脑消化，酝酿创意，突发奇想，检验设想。这五个步骤环环相扣，缺一不可。首先，要让大脑尽量吸收原始素材。韦伯·扬指出："收集原始素材并非听上去那么简单。它如此琐碎、枯燥，以至于我们总想敬而远之，把原本应该花在素材收集上的时间用在了天马行空的想象和白日梦上了。我们守株待兔，期望灵感不期而至，而不是踏踏实实地花时间去系统地收集原始素材。我们一直试图直接进入创意生成的第四阶段，并想忽略或者逃避之前的几个步骤。"收集的资料必须分门别类，悉心整理。因此，他建议通过卡片分类箱来建立索引。这种方法不仅可以让素材搜集工作变得井然有序，而且能让你发现自己知识系统的缺失之处。更为重要的是，这样做可以对抗你的惰性，让你无法逃避素材收集和整理工作，为酝酿创意做足准备。

　　历史上，对各种素材的收集和整理是博物学家或者人类学家的职业特征。1859 年，英国博物学家查尔斯·达尔文（Charles R. Darwin）就在大量动植物标本和地质观察的基础上，出版了震动世界的《物种起源》。通过建立剪贴本或文件箱来整理收集的素材是一个非常棒的想法，这些搜集的素材足以建立一个用之不竭的创意簿（见图 7-4）。同样，强烈的好奇心和广泛的知识涉猎无疑是创意的法宝。收集素材之所以很重要，原因就在于：创意就是旧元素的新组合。IDEO 设计公司的一批点子无限的设计师都有自己的"百宝箱"和"魔术盒"，成为激发创意的锦囊。同样，斯坦福大学的创意导师们也一再强调资料收集、调研和广泛涉猎的重要性。

图 7-4　素材标本箱就是一个"灵感"和"想象"的源泉

　　创意生成的第 2~3 个步骤就是对资料的整理分类、头脑消化和酝酿创意的过程。收集的资料必须充分吸收，为创意的生成做好进一步的准备。你可以将两个不同的素材组织在一起，并试图弄清它们之间的相关性到底在哪里。这个过程并非一定需要冥思苦想，速写涂鸦、横向思考、卡片归类、思维导图……各种创意方法都可以尝试。有时候，貌似无关的事物会偶然发生联想，并以一种出人意料的方式产生出智慧的火花。鲁班看到锯齿草会划破手指，由此想到了锯子的可能性，当我们用比较间接和迂回的角度去看待事物时，其意义反而更容易彰显出来。就像一个寻常的女孩，当走入一个绘有长翅膀的墙面，就会幻化为"天使"（见图 7-5）。

图 7-5　两个不同事物的组合往往会产生出人意料的创意

在创意酝酿阶段特别需要身体与头脑的放松。你可以去听音乐，看电影或演出，读诗和侦探小说。总之，要想办法充分刺激自己的想象力和感知力。小组讨论和头脑风暴也是创意来源之一。IDEO 设计公司的创始人大卫·凯利认为"创意引擎"就是集体讨论方式。会上大家集思广益，畅所欲言，往往会有大量的火花碰撞出来。第四个步骤似乎莫名其妙，却又妙不可言，创意将会逐渐浮出水面。创意往往会不期而至——当你剃须时和沐浴时，或当你在拂晓半梦半醒时都有可能。睡觉也往往是奇思妙想突然而至的前奏，例如，英国作家玛丽·雪莱（Mary W. Shelley，1798—1851）就是通过回忆梦境而创造出著名小说《科学怪人》。

创意生成的最后阶段是检验设想，深入设计。这个阶段是在创意生成过程中所必须经历的，堪称"黎明前的黑暗"。韦伯·扬指出："你必须把刚诞生的创意放到现实世界中接受考验，发现问题并进行调整和修改，只有这样，才能让创意适应现实情况或达到理想状态。"许多很好的创意却都是在这个阶段化为泡影的。因此，必须有足够的耐心来调整和修正创意。与客户充分研讨该方案，寻找专家咨询，网络和论坛的"潜水"都可以得到建设性的意见和建议（见图 7-6）。一个好的创意本身就具备"自我扩充"的品质。它会激励那些能看得懂它的人产生更多的想法，帮助它变得更加完善和可行，原本被你忽视的某些可能性或许会因此被开发出来。

图 7-6　研讨方案

7.4　心流创造力

　　动画、游戏、电影或装置艺术等的设计初衷是为了给用户创造独特的体验历程，然而几乎所有这类产品的研究人员都面临着同样的挑战：如何客观评估玩家使用产品时的体验？我们都应该有过这样的体验：无论是打游戏还是进行艺术创作，我们往往会全身心地投入到这件事情中，集中全部注意力甚至会"废寝忘食"。美国心理学家，芝加哥大学教授米哈里·希斯赞特米哈伊（Mihaly Csikszentmihalyi）把这个状态称为"心流体验"。他于 1990 年出版了《心流：最优体验的心理学》一书并成为该理论的奠基人。"心流"（Flow）指的是那种彻底进入"忘我"状态，专注并沉浸在所进行事物之中的感觉。如一位沉浸于创作的艺术家往往会忘了时间的流逝。希斯赞特米哈伊认为：心流体验的本质是个人能力的延伸。只有当任务的要求（挑战）与当事人的能力正好匹配时，才能产生心流状态（见图 7-7）。挑战和能力是成正比例的增长，当能力超过了挑战时，我们就产生了可控感；而随着挑战水平的降低，事情会变得乏味。例如，面对同一款游戏，初出茅庐的"菜鸟"和资深的"骨灰级玩家"的体验是完全不同的。心流体验实际上就是用户在从事某项活动时的满足感、幸福感和沉浸感，并成为体验类产品的评价标准之一。例如，一个好的游戏会使玩家产生心流的感觉，成就感、满足感和流畅爽滑的体验使得玩家兴奋而忘我。

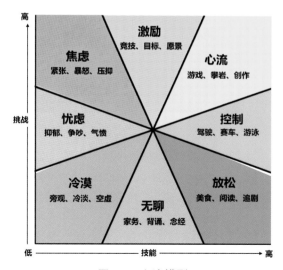

图 7-7　心流模型

　　让设计师感到最为愉悦的时刻就是"设计或发现了新事物"或者"找到了问题的答案"，

而最令他们享受的体验是类似于发现的过程。无论是画家、科学家、工程师还是设计师或园艺师，对发现与创造的喜爱程度超过其他一切。"心流体验"即运动员所谓的"处于巅峰"的状态，或者作家、艺术家及音乐家所说的"灵思泉涌"的时刻。即使普通人在打牌、跳舞、游戏等娱乐活动，或者在外科手术、高难度的商业交易、与好友分享美食，甚至亲子嬉戏的时候，也能感受到内心充满了激情、热情和幸福感、巅峰感。这种感受与日常生活中的无聊常态截然不同。

心流的产生与任务的挑战感和用户的技能等级有关。挑战感指的是某个交互行为中，用户的目标对用户产生的挑战难易度的感知。例如，我们所说的某事情很有挑战，就是指我们对这件事感觉到了高挑战感。技能等级描述的是用户在进行交互过程中的技能水平，也就是完成某事的能力。心流理论与体验设计密切相关。虽然创造力是每个人都有的能力，但成功者更在意的是"设计或发现新事物"所带来的强烈的快感。希斯赞特米哈伊指出："每个人生来都会受到两套相互对立的指令的影响：一种是保守的倾向（熵的障碍），由自我保护、自我夸耀和节省能量的本能构成；而另一种则是扩张的倾向，由探索、喜欢新奇与冒险的本能构成。"例如，好奇心较重的孩子可能比古板冷漠的孩子更大胆，更爱冒险。从事设计、绘画、编程或艺术类工作的人往往更容易获得心流体验（见图 7-8）。

图 7-8　设计、绘画、体育或创意人群心流体验较高

心流体验的"八等分放射图"诠释了人们生活中的不同心理状态。例如，驾车是需要较高技能的，但是挑战感并不强，这时你能够感觉到的就是控制感。但一名车手在高速赛车或飙车时的"极限运动"的感觉更接近于心流状态。当你的工作技能提升或者学习水平提高等，有一定的驾轻就熟之感，这时，工作和学习就有一种激励的感觉。如何达到更高的职业巅峰呢？答案是提高挑战的难度。图中的"激励"与"控制"是两个重要的环境，较其他区域更容易获得心流体验。而当某人处于"焦虑"或"忧虑"状态时，则应退而求其次，从较低的挑战难度入手。在"冷漠"和"无聊"的状态时，人们难以进入心流状态，这个状态是很危险的。但有时人们会自觉心有余而力不足，甘愿沉沦，如酗酒、吸毒，并以此自我麻痹。

根据希斯赞特米哈伊的解释，心流体验有 9 个基本特征：清晰的目标、即时反应、技能与挑战相匹配、行动与知觉的融合、专注于所做的事情、潜在的控制感、失去自我意识、时间感的变化和自身有目的的体验。依据心流体验产生的过程可将这 9 个特征归纳为 3 类因素：①条件因素，包括清晰的行动目标、即时的反应速度、挑战与技能匹配，只有具备了这 3 个条件，才会激发心流体验的产生；②体验因素，即个体处于心流体验状态时的感觉，包括行动与知觉的融合、注意力集中和潜在的控制感；③结果因素，即心流体验的结果，包括忘我投入、忘却时间和体验本身的目的性。

要达到心流体验状态，必须在挑战度与技能双方面提升（见图 7-9，左）。如果挑战度高，但技能水平低，随之带来的是焦虑和痛苦（图 7-9 左上角的红点）；《左传·曹刿论战》中说的"一鼓作气，再而衰，三而竭"就是指这个状态。技能水平高而挑战感低，带来的往往是无聊的感觉，"杀鸡焉用牛刀"就是这个道理。随着挑战越来越难，我们就会感觉到焦虑并且失去心流（到达图 7-9 左上角的点）。这时，如果选择适合挑战感的技能水平，我们就会重新进入心流状态。例如，英语单词量的积累就是一个坚持不懈、循序渐进的过程。同样，高级别的钢琴师（八级以上）如果参加四级钢琴水平考试肯定会感觉到无聊（见图 7-9，右）。用户（玩家）对产品原创性、创新性和美感的需求以及对易用性、可控性和可用性的需求正是心流理论对体验设计的最大贡献。

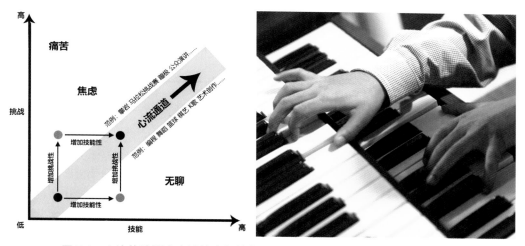

图 7-9　心流体验要求在挑战度与技能双方面提升（左），如钢琴师考级（右）

7.5　斯坦福创意课

早在 20 世纪 80 年代，斯坦福大学教授、美国著名设计师、设计教育家拉夫·费斯特（Rolf A. Faste）就创办了斯坦福设计联合项目（Stanford Joint Program in Design）并成为 D. School 的前身。1991 年，大卫·凯利开始在斯坦福大学任教并逐步推广该公司的交互与服务设计方法论。随后，在斯坦福大学的支持下，大卫·凯利和其他几位斯坦福大学教授一起，共同发起成立了设计学院。几乎同时，美国著名的卡耐基 - 梅隆大学商学院也把 IDEO 的设计思维引入课程。由此，设计思维开始在设计界、学术界引起广泛关注，也成为各大知名企业所普遍采用的创新方法。

设计思维最初是源于传统的设计方法论，即需求与发现（Needing）、头脑风暴（Brainstorming）、原型设计（Prototyping）和产品检验（Testing）这样一整套产品创意与开发的流程。受到韦伯·扬的"创意五步法"的启发和心流理论的支持，1991 年，IDEO 公司设计师比尔·莫格里奇等人在担任斯坦福大学设计学院教授时，将这套设计方法整理创新成为设计思维的基础（见图 7-10）。莫格里奇等人将该方法归纳为五大类：同理心（理解、观察、提问、访谈），需求定位（头脑风暴、焦点小组、竞品分析、用户行为地图等），创意、尝试或者观点阐述（POV），可视化（原型设计、视觉化思维），检验（产品推进、迭代、用户反馈、螺旋式创新）。其中，同理心（Empathy）或移情思考是问题研究的开始。观察、访谈、角色模拟、情景化、故事板与原型设计是设计思维的关键步骤。设计思维也是英国设计委员会的双菱形设计流程和交互设计的"微笑模型"的基础。

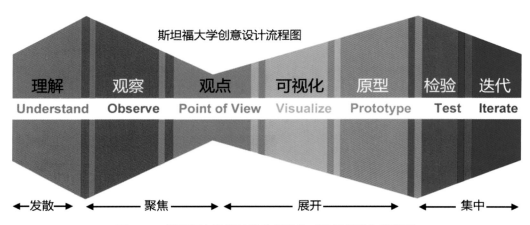

图 7-10　斯坦福大学设计学院提出的"设计思维"流程图

设计思维的核心是以人类学、人种学、民族志和社会学所构建的"田野调查"的研究实践为基础，通过观察、访谈、记录和分析推理出有价值的结论。田野调查是研究者亲自进入某一社区，通过直接观察、访谈、居住体验等参与方式获取第一手研究资料的过程。民族志是文化人类学特有的一种研究方法，是一种在自然生活环境中研究用户的系统方法。通过描述一个种族或群体的文化和生活，发掘该种族、群体及其成员的行为模式等问题，真实地反映在自然状态下，该群体成员的文化习俗和生活方式。在设计中，运用民族志方法长期观察用户的行为及生活习惯，能够帮助设计师发现用户潜在的需求。民族志需要设计师像人类学家一样，深入用户，与用户一同生活一段时间，记录用户的生活习惯和行为特征。设计师也会使用一些记录工具，如摄像机、一次性照相机、日记本等，并请用户自己记录下生活的细节并打包交给设计师。在用户观察与访谈阶段，设计师需要提供相应的文档，如照片、录像、笔记、用户日记、亲和图、文献研究、草图等原始文件。在深入调研和头脑风暴阶段，设计师则需要提供用户画像、用户体验地图、商业画布、设计摘要等产出物。

设计思维是一套体验设计的行为准则，它将社会、服务与产品的创新纳入设计体系，扩大设计的视野。设计思维要求团队先去尝试了解一个问题的产生根源，而不是马上拿出解决方案。例如，文盲和青少年失学表面上看是教育的问题，而底层的原因则是与社会不公、愚昧和贫穷等问题联系在一起。因此需要设计团队不仅从设计角度，还需要从社会学的角度来寻找解决方案。

思考与实践7

一、思考题

1. 左右脑的思维差异在哪里？什么是右脑思维？

2. 创意的实质是什么？创意所遵循的五个步骤（原则或方法）是什么？

3. 为什么说"创意"是源于左右脑的相互碰撞？

4. 什么是心流理论？如何才能达到心流（忘我）的状态？

5. 心流体验的基本特征是什么？可以归纳为哪 3 类因素？

6. 设计思维的核心是什么？斯坦福创意课的流程是什么？

7. 创意心理学的原则是什么？为什么要强调艺术与技术的融合？

8. 为什么充足的睡眠对创意的产生非常重要？

9. 举例说明什么是有助于创意的环境。

二、实践题

1. 图 7-11 是一款专门为儿童设计的 GPS 定位防止走失的运动鞋的概念设计。请根据情景化用户体验（如家长和儿童一起逛公园或购物）进行针对性的设计。要求综合考虑角色、时间、地点、事件、产品和因果关系，特别是各种特殊环境（如没有 Wi-Fi 信号、电池续航不足、鞋子浸水等）的影响。

图 7-11 儿童 GPS 定位运动鞋

2. 心理学研究表明：人们在同样的环境下往往很难启发灵感，所以皮克斯或 IDEO 等公司往往会组织员工移步换景，到大自然中野餐和探险来激发创意。请组织同学参加"拓展训练营"或野营郊游，并在野外就研究方向进行小组形式的头脑风暴。

第8课　产品原型设计

8.1　产品原型设计概述

设计原型（Prototypes of Design，PD）就是把概念产品快速制作为"模型"并以可视化的形式展现给用户。设计原型也用于开发团队内部，作为讨论的对象和分析、设计的媒介。在交互产品设计中，设计师更加关注影响用户行为与习惯的各种因素，使用户在交互过程中获得良好的体验。为此，设计团队往往需要根据创意概念构建出一系列的模型来不断验证想法，评估其价值，并为进一步设计提供基础与灵感。无论是软件、智能硬件还是服务模式，都可以建立这种初级的产品雏形并与之交互，从而获得第一手体验。这个模型的构建与完善的过程称为原型构建。原型的范围相当广泛，从纸面上的绘图到复杂的电子装置，从简陋的纸板模型（见图 8-1）到高精度的 3D 打印模型，都可以被认为是原型。总之，原型是任何一种帮助设计师尝试未知、不断推进以达到目标的事物。

图 8-1　用硬纸板设计的儿童活动空间的原型

交互设计的原型与工业设计模型的区别在于：交互设计的原型是一个多方面研究创意概念的工具，而工业设计模型则是用于测试与评估的第一个产品版本。原型是创意概念的具体化，但并不是产品，而模型则与最终产品非常接近。原型聚焦于创意概念的各方面评估，是各种想法与研究结果的整合；模型则涉及整个产品，特别是关于实际生产、制造及装配衔接的方案。构建原型往往是为了"推销"设计团队的想法与创意，而制作模型则更侧重于实际生产与制造。交互设计原型是快捷并且相对廉价的装置，如纸板、塑料甚至手绘图稿等，其目的在于解决关键问题而不必拘泥于细节的推敲（见图 8-2）。因此，使用原型的根本目的不是为了交付，而是沟通、测试、修改，解决不确定性。在 IDEO 公司的设计流程中，原型构建就是将头脑风暴会议产出的结果或是创意点子更进一步形成可视化的具体概念。原型构建可以加速产品的开发速度，使其能够快速迭代进化。从设计流程上看，原型构建的过程本质就是承上启下，有目的地快速进化产品。在交互产品、交互系统及服务环节的过程中，以原型设计为核心的跨学科设计团队往往能起到事半功倍的成效。

图 8-2　原型包括卡片或即时贴等多种形式

快速原型（Rapid Prototyping，RP）设计，又常被称为快速建模（Mockup）、线框图、原型图设计、简报、功能演示图等，其主要用途是：在正式进行设计和开发之前，通过一个仿真的效果图来模拟最终的视觉效果和交互效果。早在 1977 年，硅谷的著名工业设计师比尔·莫格里奇就和苹果公司的设计师们一起，通过纸上原型（Paper Prototyping）的方式，探索最早的便携式计算机的创意和设计（见图 8-3）。随后，莫格里奇和大卫·凯利（IDEO 设计公司总裁）等人也通过设计纸上原型或者"板报即时贴"来组织各种创意和产品原型的设计。快速原型是工业设计的经典方法。决策者在将产品推向市场之前，都希望最大限度地了解最终的产品到底是什么样子的，但是又不能投入时间真正地做出一个真实的产品。对于快速原型的重要性，大卫·凯利指出："我们尽量不拘泥于起初的几种模型，因为我们知道它们是会改变的。不经改进就达到完美的观念是不存在的，我们通常会设计一系列的改进措施。我们从内部队伍、客户队伍、与计划无直接关系的学者以及目标客户那里获取信息。我们关注起作用的和不起作用的因素，使人们困惑的以及他们似乎喜欢的东西，然后在下一轮工作中逐渐改进产品。"在各种原型中，手绘草图和纸上原型有着最广泛的用途。纸上原型是一种常用的快速原型设计方法。它构建快速、成本较低，主要应用于交互产品设计的初始阶段。纸上原型材料主要由背板、纸张和卡片构成。它通常在多张纸和卡片上手绘或标记，用以显示不同的目录、对话框和窗口元素。例如，草图设计法就是一种典型的纸上原型设计，其要素包括手绘草图、方案诠释及说明、功能简介、方案的优缺点以及关于版本、作者和时间的标注。

图 8-3 　莫格里奇（左三）和苹果公司设计师们一起研究原型

　　纸上原型尽量用单色，这样更简洁，而且不会在重要的流程中分散注意力。当然必要时可使用鲜艳颜色的便笺纸记录重要的修改方案。纸上原型不会受诸如具体尺寸、字体、颜色、对齐、空白等细节的干扰，也有利于对文档即时地讨论与修改。它更适合在产品创意阶段使用，可以快速记录闪电般的思路和灵感。照片、手绘和打印的图片都可以设计出快速原型，如很多界面设计的原型就是通过手绘草稿完成的（见图 8-4，上）。纸上原型也可以制作成简单的"交互模型"供大家讨论研究，其好处是"内容"和"框架"可以替换或重新组合（见图 8-4，下）。原型也可以应用软件完成，如手机原型图软件 Balsamiq Mockup、流程效果图软件 Visio、高保真设计原型设计软件 Axure RP。其他可以设计原型的工具还包括微软的PowerPoint 和 Adobe Photoshop 等，这些工具各有利弊，如纸上原型精度不高，PPT 不能演示交互效果，而原型设计软件如墨刀、Axure RP 等则可以较好地解决这些问题。

图 8-4　纸上原型可以制作成 "低模" 进行交流和演示

8.2　低保真原型

　　产品设计中的低保真原型（Low-Fidelity Prototyping，LFP）简称 "低模"，是和高保真原型（High-Fidelity Prototyping，HFP）相对的设计原型。通常来说，低保真原型要比纸上原型与手绘草图更具有 "触感" 和 "空间感"，同时相对于高保真原型，它又是低精度的和快捷的原型表现。原型精度包括广度、深度、表现、感觉、仿真度等多个指标。实际上，"原型" 一词来自于希腊语 prototypos，是由词根 proto（代表 "第一"）和词根 typos（代表 "模型" "模式" "印象"）组成，其原始的含义就是 "最初的，最原始的想法或者表现"，也就是指 "低保真原型"。这种原型设计通常不需要专门的技能和资源，同时也不需要太长的时间。

制作低保真原型的目的不是要让用户拍案叫绝，而是通过这个东西来向他们请教。例如，通过建立一个模拟 iPad 应用程序的原型，就可以将设计的布局、色彩、文字、图形等要素直观地呈现出来（见图 8-5）并用于演示。因此，在某种程度上，低保真原型更有利于倾听，而不是促销或者炫耀。该原型将用户需求、设计师的意图和其他利益人的目标结合在一起，成为产品设计的基础。

图 8-5　手机 UI 设计中，广泛应用各种形式的"低模"进行测试

　　低保真原型主要用于展示产品功能和界面，并尽可能表现人机交互和操作方式。这种原型特别适合于表现概念设计、产品设计方案和屏幕布局等。从历史上看，低保真原型很早就出现了，从早期人类在洞穴墙壁上的涂鸦到达·芬奇的手绘草稿，快速、简洁、涂鸦和创意无疑都属于"原型设计"的特点。随着软件服务和互联网产业的兴起，21 世纪的软件敏捷设计思想推动了"快速产品迭代"和"低保真原型"的流行（见图 8-6），"微创新"和"小步快跑"式的产品更新换代已经成为趋势。低保真原型设计不仅用于早期产品的验证和可行性研究，在协同设计过程中，用户还可以不断跟踪原型的改进，这也是"以用户为中心"设计思想的体现。

　　著名人机交互专家、微软研究院研究员比尔·巴克斯顿（Bill Buxton）在其专著《用户体验草图设计：正确地设计，设计得正确》一书中指出："草图不只是一个事物或一个产品，而是一种活动或一种过程（对话）。虽然草图本身对于过程来说至关重要，但它只是工具，不是最终的目的，但正是它的含糊性引领我们找到出路。设计者绘制草图不是要呈现在思

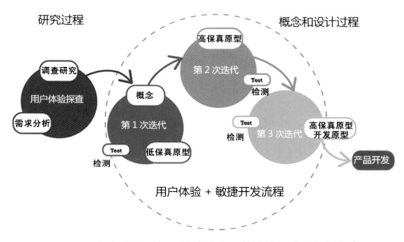

图 8-6　低保真原型与"快速迭代"的敏捷设计思想相吻合

维中已固定的想法，他们画下草图是为了淘汰那些尚不清楚、不够明确的想法。通过检查外在条件，设计师能发现原先思路的方方面面，甚至他们会发现在草图中有一些在高清晰图稿中没想到的特征和要素，这些意外的发现，促进了新的观念并使得现有观念更加新颖别致。"巴克斯顿认为设计草图不同于原型，而是具有更多的优点，如快捷、廉价、可弃、丰富、表达明确、细节、精度以及可交互的模糊性。他进一步指出："绘制草图，广义来说是一种活动，并不附属于设计，但它在设计思维和学习中占据中心地位。草图只是绘图过程的副产品，它是绘图过程的能力和结果的一部分，但创作本身比草图更加重要。"因为艺术感知的过程本身就是不停地进行形象化和重新认知的交替过程，这就解释了为什么艺术家和设计师都需要用草图来诠释、表达其创作意图的原因：草图是思维可视化与概念形象化的工具。

8.3　高保真原型

　　高保真原型（High-Fidelity Prototyping，HFP）是指尽可能接近产品的实际运行状态的模型或产品设计图（见图 8-7）或功能说明图（见图 8-8）。对交互产品来说，就是指通过原型软件开发的，在操控上几可乱真的交互程序。例如，通过原型工具墨刀、Axure RP 开发的手

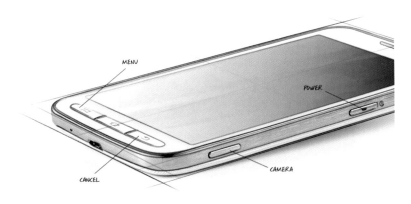

图 8-7　更规范和清晰的手绘产品示意图

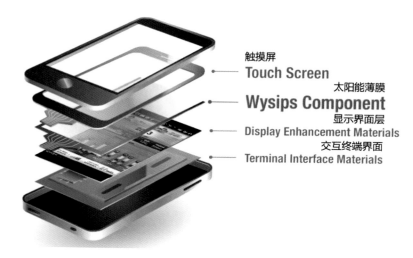

图 8-8　手机的结构与功能说明图

机 App 原型可以模仿手机的全部操作，如单击、长按、水平滑屏、垂直滑屏、滑动、缩放、旋转、双击和滚动等。交互原型也可以直接导入手机中让用户进行仿真操作。高保真原型还可以降低沟通成本，因为设计团队与客户只需查看一个最终标准化的交付原型就够了。高保真原型不仅可以反映产品的外观、逻辑、布局、视觉效果和操作状态，而且可以根据客户要求不断加以完善。

　　高保真原型的形式可以是数字插图、数字 3D 模型、实体 3D 打印模型等。这些原型不仅可以展示概念设计，还可以成为工程师测试用户体验的工具。例如，透明手机就是很多人对下一代手机的憧憬。图 8-9 就是这种手机的高清设计原型。这款原型机的关键是采用了可转换形态的玻璃技术，使用导电的 OLED 液晶分子显示图像。当手机关闭时，这些分子形成白色的云雾状组合物，但一旦被电流激活就能重新排列，形成文字、图标或其他图像。图 8-10 演示了 OPPO 手机的产品经理在测试一款高仿真的原型手机，实体 3D 打印模型可以帮助设计师体验触感、重量、体积、便携性与交互性。除了产品的展示外，服务设计原型也可以通过表演、动画或者视频来展示。例如，通过情景短剧、动画或视频来演示服务过程，并模拟发生在医院、机场、地铁、银行和无人超市等环境中的服务场景与服务行为。

图 8-9　透明手机的概念原型（高清设计原型）

图 8-10　产品经理在测试一款高仿真的原型手机

　　目前，高保真原型设计多数都是通过软件完成的。其中，Adobe XD 是一款轻便的矢量原型绘制软件，集框线图设计、视觉设计、交互设计、原型设计功能为一体，它可以非常便捷地将设计概念转换为可交互原型并支持 Windows 10 和 macOS 平台。这也是一款免费的软件并支持注册用户持续获得最新版本更新。另一方面，该软件鼓励第三方开发插件，并有大量的网络社区提供服务。第 9 课会对该软件进行详细介绍。从特效上看，XD 不仅支持交互动画，而且支持语音交互、自动生成动画、拖动手势以及导出到 AE 等。XD 覆盖了从原型、界面到动画的一条龙操作，使得用户可以快速实现高保真原型、交互动画与流程图（见图 8-11）。

图 8-11　通过 XD 完成的线框图（上）和高清 App 模板（下）

8.4 故事板原型

　　故事板原型（Storyboard Prototypes，SP）就是将用户（角色）需求还原到情境中，通过角色—产品—环境的互动,说明产品或服务的概念和应用。设计师通过这个舞台上的元素(人和物) 进行交流互动来说明设计所关注的问题。"角色"就是产品的消费者与使用者，虽然不是一个真实的人物，但是在设计过程中代表着真实用户的原型。在交互与服务设计中，选择合适的原型构建出设计的"情境与角色"有助于我们找到设计的落脚点。例如，基于车载 GPS 定位的导航 App 就离不开场景（汽车）、人物（司机）和特定行为（查询）。图 8-12 就是一款针对旅游导航的手机定位（GPS）、购物、景点推荐、导游等一系列服务的 App 设计的故事板，这个角色—场景—产品—服务的四格漫画能够清晰地传达设计者的意图。故事板原型的设计要素包括角色（含表情）、场景、动作、产品、语言对白与特效。

图 8-12　一款针对旅游导航 App 设计的场景故事板

　　通过构建场景原型和故事板，可以为设计师提供一个快速有效的方法来设想设计概念的发生环境。一个典型的场景构建需要描述出人们可能会如何使用所设计的产品或者服务。并且在场景中，设计师还会将前面的设定人物角色放置进来，通过在相同的场景中设计设置不同的人物角色，设计团队可以更容易发现真正的潜在需求。构建场景原型可以通过图片或者是影像记录（见图 8-13），也可以直接通过文字记录下关键点。故事板原型对于细节的展示比较明确，所以还可以充当一个复杂过程或功能的图像说明。故事板通常可以采用手绘场景或者剪贴照片的方法。

图 8-13　通过照片或视频展示的故事板

故事板是一种来自电影与广告行业的原型构建技术，其叙事性的图像表达，可以成为设计人员讲解特定场景中的故事、产品或者服务的有力工具。故事板的重点在于"讲"而不是画得多好看。讲故事可以说是从古至今深深植根于人类的一种社会交流与沟通行为。从心理学上看，人类大脑都有追求逻辑的本能，这种因果关系就是故事的核心，也就是在特定情境下人类行为活动的依据。因此，故事和比喻是最能够打动人的沟通技巧，无论是广告、演讲，甚至是 PPT，如果没有"讲故事"的技巧（如悬念设置、起承转合、层层推进），就很难吸引大家的关注。故事板原型对于细节的展示比较明确，所以还可以充当一个复杂过程或功能的图像说明。

在构建故事板原型中，可以采用手绘场景（见图 8-14，上）或者直接在 iPad 上面绘画和简单上色等，可以用到的软件包括 Procreate、Paper 和 Prolost Boardo 等。例如，在一个针对大学校园食堂的智能化 App 平台的方案中，设计小组就利用故事板原型展现了该 App 应用的经典环境（见图 8-14，下）：①预约点餐和取餐，节省食堂点餐排队的困扰；②用户通过扫描二维码来点餐，并通过手机微信支付。

情景一
SCENE ONE

快到中午饭点了，小张觉得现在去食堂人可能太多要等好久。

于是他拿出手机打算用微信上的北服食堂小程序提前预约点餐外带。

小张不喜欢饭菜放在一起，就备注了"请将饭和菜分开打包"。

支付成功后，页面弹出了取餐号码。

下课了小张赶到食堂。果然食堂人头攒动，排起了好长的队伍。

小张直接将取餐号示意给食堂师傅看。师傅表示已经做好了，马上拿。

师傅将打包好的午饭递给了小张。

饭和菜是分开打包的，小张很开心，在小程序上给了这家五星好评。

情景二

SCENE TWO

  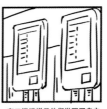 

小李和朋友第一次来北服参加创意集市。

中午他们打算在北服的食堂用餐。但他们没有北服的校园卡。

在二楼楼梯口他们发现了自主点餐机。排队人也不多。

自助点餐机操作相当方便，点几下就点好了两人的餐。

点餐机支持支付宝和微信，没有校园卡也就不是问题了。

小李和朋友选择坐在了环境较好的卡座，吃完在座位上讨论了下午的行程。

用餐完毕小李直接将托盘卡到残食车上面。简单方便。

一辆残食车满了后，食堂师傅就直接将车推到洗碗间进行分类和清洗。

图 8-14 通过故事板展示的产品应用场景

8.5 流程图与线框图

流程图与线框图都是交互设计、服务设计过程中设计师必需的交付物之一。流程图以时间为坐标，提供了事件、行为、触点和交互场景发生的时间顺序，因此往往用于导航、指示和说明，而线框图就是交互界面的草图或低保真原型，主要用于展示界面组件、交互控件以及信息导航、版式布局等框架因素。流程图和线框图的形式很多，手绘草图、软件线稿以及带有插图风格的说明图、示意图等都可以归于此类。例如，顾客旅程体验地图就是一种流程图（见图 8-15，上）。说明图或技术插图往往用于解释或说明产品或服务的信息。例如，动物园导游地图（见图 8-15，下）就包含 4 类信息：观赏动物、游览路线、服务设施和地理信息。

其中，路线以白色网状呈现。地理信息如水域、森林和建筑等以深褐色呈现。洗手间、餐饮、零售、医疗等服务用深色图标标注。观赏动物则以图形符号和不同颜色进行分类。

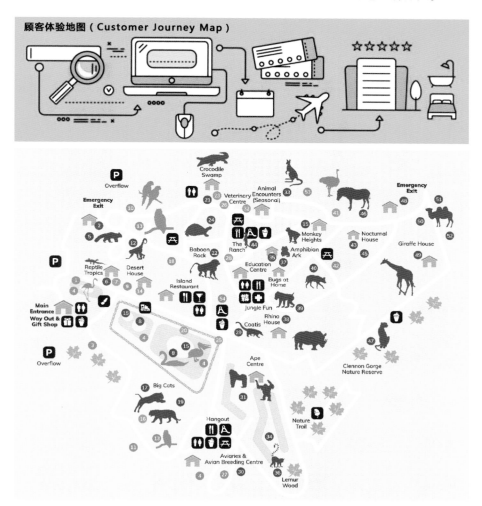

图 8-15　旅客行程体验地图（上）和动物园导游地图（下）

　　插画地图或者用于公众媒体、商业推广的流程图表通常采用图形图像类软件完成，如 Adobe 公司的 PS 和 AI（Illustrator）设计的示意图（见图 8-16）。在交互设计中，工作流程图和线框图主要用于概念设计、前期策划和草图设计等，更偏向功能性的图表设计。微软的 Visio 或思维导图（Mind Map）软件都可以实现线框图的设计。Axure RP 就是目前应用较为广泛的一款流程图和线框图设计工具。Axure RP 最大的优势就是可以清晰梳理出产品的信息架构和功能。该软件同时支持多人协作设计和版本控制管理。可以让设计师快速创建多种规格的流程图和手机 App 线框图（见图 8-17）。无论是信息架构师、体验设计师还是交互设计师等，都可以利用这个工具创建线框图和 App 产品原型设计图。对于产品经理来说，Axure RP 能够帮助构建产品的脉络和构架。此外，Axure RP 还能创建手机客户端的可交互 UI 原型。

图 8-16　PS 和 AI 共同完成的研究地图（服务蓝图）

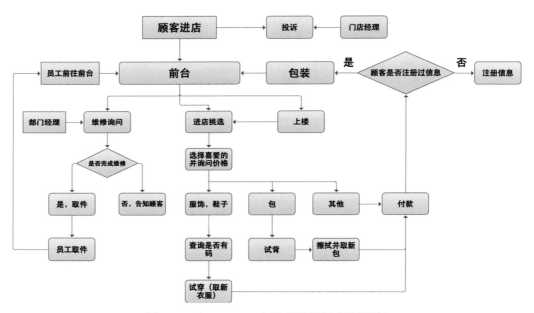

图 8-17　由 Axure RP 制作的流程图（线框图）

　　苹果笔记本计算机或台式计算机上还提供了额外的流程图设计工具，如 Apple Keynote 等。该软件是苹果公司免费下载的幻灯片设计与展示工具，同时也可以设计出漂亮的流程图和组织结构图（见图 8-18）。Keynote 最大的优势就是简洁清晰、实用性强，在功能性和易用性上做到了一个比较好的平衡，能够让使用者方便快速地实现自己想要的图表效果。例如，Keynote 不仅提供了常用的颜色与字体的搭配，而且提供的"箭头"还可以自动吸附到其他图形或者线条上，这样对于流程图表设计来说更为方便（见图 8-19）。Keynote 界面简洁、功能清晰、上手方便，能够快速完成设计与展示。

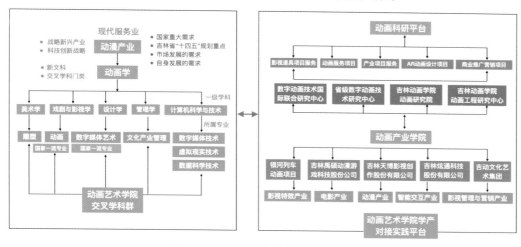

图 8-18　Keynote 制作的组织结构图

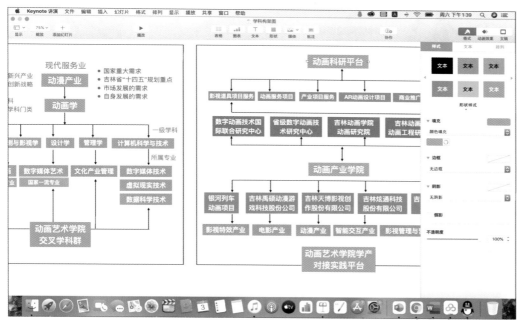

图 8-19　Keynote 的图表设计界面与工具栏

8.6　思维导图设计

1. 思维导图的价值

　　思维导图（Mind Map）又称脑图、心智图，是由英国头脑基金会总裁东尼·博赞（Tony Buzan）在 20 世纪 80 年代创建的一套表达"发散思维"的创意和记忆方法。博赞受到大脑

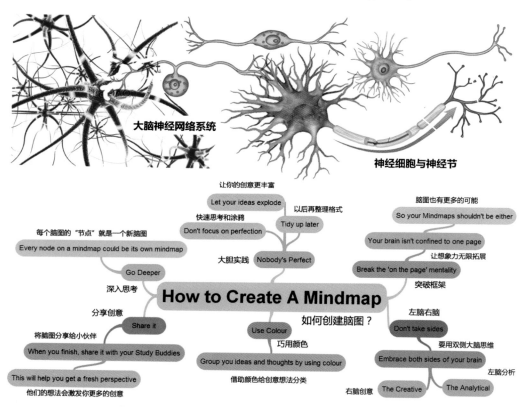

神经突触结构的启发，用树状或蜘蛛网状的多级分支图形来表达知识结构，特别强调图形化的联想和创意思维。思维导图类似于计算机的层级结构，通过主题词汇→二级联想词汇→三级联想词汇的串联，形成"节点"形式的知识体系，这有些类似于大脑神经突触结构。思维导图运用图文并重的技巧，把各级主题关系用相互隶属的层级图表现出来，把主题关键词与图像、颜色等建立逻辑，利用记忆、阅读和思维的规律，协助人们在科学与艺术、逻辑与想象之间平衡发展，从而成为联想思维和"头脑风暴"的创意辅助工具。思维导图的优势在于能够把大脑里面混乱的、琐碎的想法贯穿起来，最终形成条理清晰、逻辑性强的知识结构，如鱼骨图、二维图、树状图、逻辑图、组织结构图等。思维导图遵循一套清晰自然和易被大家接受的可视化规则，如颜色分类、逻辑分类，联想延伸等（见图8-20），适合用于"头脑风暴"式的创意活动，是思维视觉化和信息可视化的主要应用工作之一。

图 8-20　大脑神经突触的结构（上）与思维导图（下）

　　思维导图模拟大脑的神经结构，特别是结合了左脑的逻辑思维与右脑的发散思维，形成了树状逻辑图的结构（见图8-21）。每一种进入大脑的资料，不论是感觉、记忆或是想法——包括文字、数字、图形符号、食物、线条、颜色、节奏或音符等都可以成为一个思考中心，并由此中心向外发散出更多的二级结构或三级结构，而这些"关节点"也就形成了个人的数据库（见图8-22）。思维导图通过"自由发散联想"具有触类旁通、头脑激荡的特点，适合用于"头脑风暴"式的创意活动，也成为包括 IDEO、苹果、百度、腾讯等 IT 企业创新思维的活动形式之一。虽然思维导图可以直接用水彩笔、铅笔或钢笔来手绘制作，但在实践中，为了加快创意进度，设计师们还是愿意选择思维导图软件来帮助设计。这些软件不仅用于头脑风暴和创意设计，同时也是一个创造、管理和交流思想的工具，能够很好地提高项目组的工作效率和小组成员之间的协作性。它可以帮助项目团队有序地组织思维、资源和项目进程。

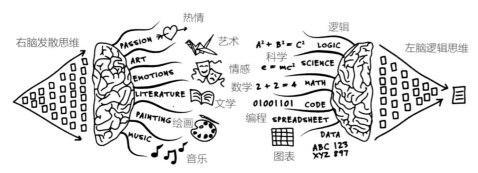

图 8-21　思维导图结合了右脑和左脑的思维

图 8-22　思维导图通过主题词汇建立层级和联想

2. 思维导图的设计工具

目前人们采用的思维导图工具有很多，大致可以分为专业类和在线工具类，前者如 XMind Zen（见图 8-23），后者如 Coggle 等（见图 8-24），这些软件最大的好处就是通过不同颜色、不同格式的树状图，将思维图形化、条理化。头脑风暴的零散想法可以最终落实成为有组织、有计划的任务流，这对于概念设计来说特别重要。一些思维导图软件还提供专业的拼写检查、搜索、加密甚至音频笔记的功能。在线设计工具类如百度思维导图和 Coggle 等也成为许多设计师和产品经理的首选。

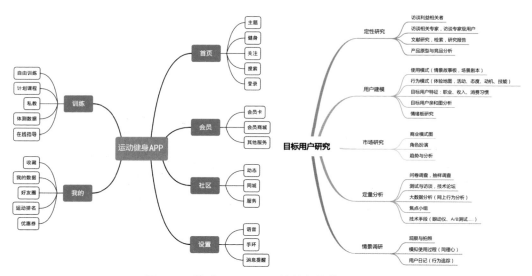

图 8-23　通过 XMind Zen 软件制作的思维导图

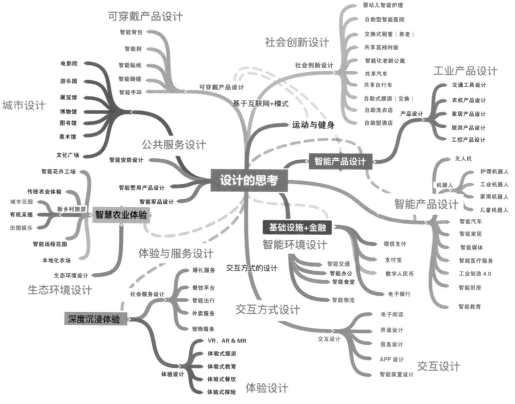

图 8-24　通过 Coggle 软件设计的思维导图

3. XMind Zen 设计工具

XMind 属于老牌的思维导图（脑图）软件，已经有差不多十年的历史。随着云时代的来临，大量轻量级在线脑图软件成为新一代设计师所青睐的对象。鉴于此，XMind 这个知名的脑图软件企业也必须顺应时代潮流做出改革。2018 年年初，XMind 正式推出了代号为"禅"（Zen）（XMind Zen）的新一代思维导图软件。该软件并不是 XMind 8.x 的延续版本，而是一款全新的思维导图软件，它的最大特色是简洁、美观、实用和轻量化（见图 8-25）。凭借全新的 SVG 图形渲染引擎，XMind Zen 拥有强大的图形性能，为思维导图创造了一种美观且简单的方式。通过 SVG 的渲染，线条、主题和图表都可以用全新的方式呈现出来。

图 8-25　XMind Zen 的特色在于简洁、美观、实用和轻量化

XMind Zen 全面改写程序代码，让现在的 XMind Zen 与 XMind iOS App 使用一致的引擎，这应该是为了未来发展而采用的手段。SVG 是一种基于矢量的图形渲染技术，不仅体积小、更灵活，而且效率更高，可以为思维导图带来更多图形和动画的模式。对于设计师来说，如何才能生动醒目地呈现概念设计、知识体系与信息构架？ XMind Zen 就成为梳理知识体系与信息框架的好助手。例如，笔者就通过一张信息图表（见图 8-26）来呈现数字媒体艺术教材体系的框架。通过划分基础课教材（解决"What"）、专业基础课教材（解决"What more?"）、专业课教材（解决"How to"）、专业实践理论教材（解决"How to do more?"）、选修课教材（解决"Open idea?"）以及研究生阶段的深入研究教材（解决"Deeply Thinking?"）和深入学术理论研究（解决"Why?"）几大模块。该图表从教材建设的角度，勾勒出了数字媒体艺术专业的概貌。

从系统工程角度看，XMind Zen 是一个构建"知识树"或"知识图谱"非常有用的工具，不仅对于概念设计，而且对于知识体系、课程体系以及学科构架等都有一定意义，是教师、科研人员与设计师的好帮手（见图 8-27）。XMind Zen 的 Zen 模式或"禅意模式"界面更加简洁，工作视野开阔，附加功能选项如色彩和字体设计等全部都隐藏到功能选单里。XMind Zen 不仅比 XMind 8.x 启动速度更快，软件操作更流畅，而且思维导图的效果更符合新一代设计师

图 8-26　利用 XMind Zen 完成的知识体系构架

的审美。例如，原 XMind 8.x 中一些鸡肋的功能如甘特图、导出 PPT 演示、头脑风暴贴纸和附加录音等被精简。

　　XMind Zen 提供了简洁、清晰和美观的思维导图模板，如流程图、框架图和鱼骨图等。除了可以直接替换修改脑图风格外，也能一次替换整张思维导图的字体，并且有更好的字体渲染方式让不同系统的字体一致。此外，像是新的"雪刷"（Snowbrush）模板（见图 8-28）、"自动平衡布局""彩虹分支"和"线条渐细"等功能也特别实用。为了获得更好的用户体验，该设计团队还重新设计了所有 XMind Zen 的主题、图标和交互方式，并重新设计了字体并改进字体渲染。相比其他思维导图工具，XMind Zen 的缺点在于其主流的表现模式比较单一，缺乏灵活性，如没有箭头流程图或者系统树图的模式，三级目录较多的图表空间布局比较麻烦等，期待其后续版本能够改进。

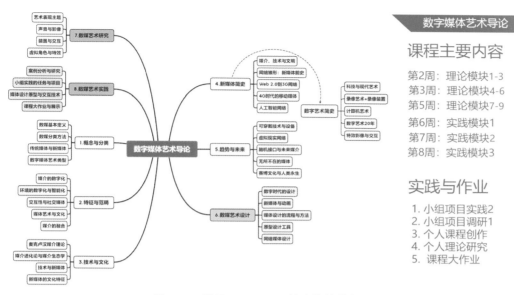

图 8-27　利用 XMind Zen 构建的教学大纲

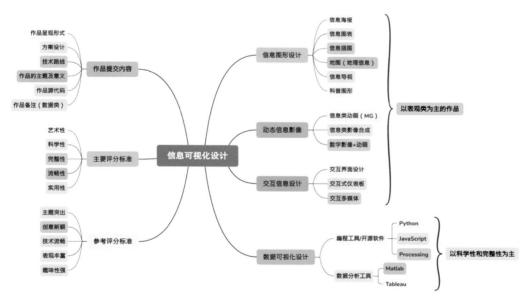

图 8-28　利用 XMind Zen 雪刷模板制作的图表

思考与实践8

一、思考题

1. 什么是交互产品原型？它和工程原型有何区别？

2. 快速原型的优点是什么？构建快速原型的常用方法有哪些？

3. 举例说明低保真和高保真原型的适用范围。

4. 构建高保真交互原型主要应用哪些软件工具？

5. 什么是故事板原型？其表现形式有哪些？

6. 简述交互设计中的流程图与线框图的制作方法。

7. 什么是思维导图？为什么思维导图通常为 3 级结构？

8. 简述思维导图在构建知识图谱与信息构架中的作用。

9. 请利用思维导图设计 App 的信息导航结构（菜单与链接）。

二、实践题

1. 原型设计的主要用途在于 UI 与交互设计。请调研"陌陌"（见图 8-29）的界面设计（主页和二级、三级页面）并画出原型图。可以针对不同用户群，重新设计其内容和交互方式，从趣味性、可用性、可爱性和游戏性等方面来重新定位该产品。

图 8-29　陌陌的主页和二级页面

2. 思维导图可以通过"关键词"进行延展和发散思维，如以"服务设计"为关键词，就可以发散衍生出"数字服务""旅途""体验""触点""服务经济""服务模式""需求分析"等二级词汇。请根据本书内容，对"服务设计"进一步分类细化并构建出"服务设计"知识体系的思维导图。

第9课 交互设计工具

9.1 交互原型工具

什么是 2020 年最好的 UX/UI 设计工具？ 2019 年，国外著名的 UXtools.co 网站对全球超过三千名交互设计师进行了调研，结果显示，Sketch、Figma 和 Adobe XD 这 3 个软件占据了大部分的市场份额（见图 9-1，上）。该网站在 2018 年同样的一份调查显示：Adobe PS 排列第 3 而 Adobe XD 排第 4 名。因此，随着移动设备的兴起和 UCD 设计理念的流行，Sketch、Figma 和 Adobe XD 成为 UI 交互原型设计的主导工具。10 年前，设计师通常使用 Photoshop，有时是 Illustrator 作为创建网站和应用程序原型的工具，随后 Sketch 异军突起并成为无数 UI/UX 设计师的首选工具。虽然 Sketch、Figma 和 Adobe XD 占据了前 3 甲，但这并不意味着没有其他出色的原型设计工具。根据效率、性能、易用性、兼容性、价格以及合作性等指标，UXtools.co 网站推荐了 10 个交互设计师需要了解或掌握的软件工具（见图 9-1，下）。这些软件工具各有所长，但作为一名设计师，在选择正确的工具时，需要首先问自己和团队需要解决哪些痛点问题。

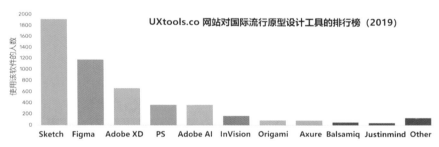

图 9-1　UX/UI 软件工具榜单（上）及十大原型设计工具（下）

上述这些 UX 设计工具都有各自的特点：Figma 以支持远程协作和团队项目为长项；Sketch 具有更好的成熟度和大量的插件，能够快速实现设计师的个性化需求；InVision 不仅可以多人合作在线编辑，而且支持动画特效；Balsamiq 可以提供简捷高效的手绘风格框架图与流程图；Adobe XD 最大的强项就是软件的速度与效率，同时，Adobe 平台的资源分享与免费的模板也成为吸引设计师的手段。从目前来看，市场上并没有一个能够包罗万象并满足各种需求的 UX 原型设计工具。因此，设计师必须从工作实际出发，思考产品原型所需要呈现的功能与交互特征（UI 风格、线框图、动效、交互性、嵌套组件等），并根据任务来选择相应的交互原型设计工具。

在这些工具中，InVision 的优势在于能够无缝地与 Sketch 和 Adobe XD 连接，允许设计师自由地设计、测试并与开发人员和其他团队成员共享结果。这个产品最突出的优点是它的项目协作功能，它允许所有用户提供反馈，做笔记并实时看到产品的变化。InVision 还提供了一项完整的手机原型演示功能，能够直接在手机上模拟原型产品的交互操作以及页面动效。InVision 可以快速设计界面草图、线框图和高保真原型（见图 9-2，左上）。Origami Studio 是由 Facebook 设计团队精心打造的一款用于界面设计的免费 UI 原型制作工具。该软件最大的亮点是 Patch 编辑器，允许用户在原型中添加交互动效和触控行为。该工具也是 Sketch 的完美伴侣，用户可以从 Sketch 中复制任何内容或图层粘贴到 Origami 中（见图 9-2，右上）。Balsamiq 软件可以提供简捷高效的手绘风格框架图与流程图。作为一款原型设计和线框图工具，设计师可以利用该软件创建 Web 和 App 界面原型并分享给客户（见图 9-2，左下）。Marvel App 也是海外知名度较高的一款在线平台的原型设计协作工具，支持 Photoshop 和 Sketch 设计稿导入作交互原型，本身也支持中度保真程度的设计（见图 9-2，右下）。

图 9-2　常用的 4 款原型设计工具的界面

根据 UX Tools 针对全球 UI 设计师的年度问卷调查显示，Figma 在 2018 年异军突起，成为线框图和 UI 设计项目第二名，并荣登 2019 年最令人期待的设计工具榜单。Figma 以支持远程协作和团队项目为长项，能让设计团队协同工作，允许多人同时查看 / 编辑同一个文件。这是近年来 UI 设计工具最独特的功能之一（见图 9-3，上）。Figma 是一个基于浏览器的工具，不仅可以跨平台协作，而且可以直接显示出完整的流程图与智能动画功能。该软件还提供大量的插件（见图 9-3，下），大大减轻了设计师的工作强度。实际上，Sketch、Figma 和 Adobe XD 这 3 个软件的操作与功能非常相似。这意味着如果设计师熟悉了其中一种工具，那么当需要操作另一种工具时，就会发现以前积累的大部分知识技能都可以转移。

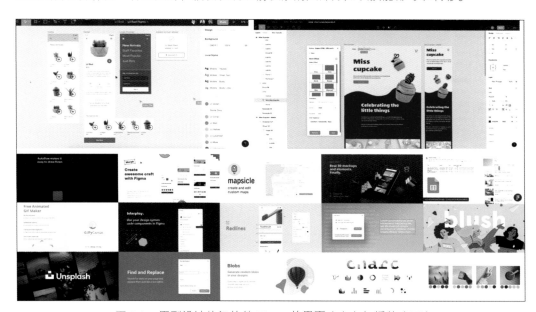

图 9-3　原型设计热门软件 Figma 的界面（上）与插件（下）

9.2　墨刀在线设计

和 Axure RP 的设计功能类似，国内的在线 App 原型和线框图设计软件墨刀也是定位于向用户提供"简单易用的原型设计工具"，并提供个人免费版和其他企业附加收费版本。墨刀目前是万兴科技旗下在线产品设计与一体化协作平台，已覆盖原型工具、设计师工具、思维导图及流程图 4 款矩阵产品，可帮助用户或团队成员快速上手在线协作原型设计、轻松表达设计想法、一键分享交付设计稿、便捷企业资产管理、离职交接更规范等协作功能，其注册用户已突破 200 万，也是国内首屈一指的在线原型设计平台。

墨刀软件属于轻量级的原型设计软件，可以直接绘制原型，同时也支持设计师直接导入 Sketch 的设计稿来制作交互模型。该软件操作简洁、界面友好，还有多场景的手机模板，不仅降低了试错成本，也优化了设计的效率（见图 9-4）。特别是该软件提供了各种手机客户端平台组件（图标、文字模板、交互模板、框架栏目模板等），可以说是一项非常贴心的功能（见图 9-5）。墨刀软件支持多种设备完美演示，可以将作品分享给任何人，无论在 PC、手机或微信上，他们都能随时查看最新版本。工程师还可以通过开发者模式看到完整的图层信息，并支持工作流的方式协同工作。墨刀的免费 Sketch 插件可以提升工作效率，让设计师能够更快地制作出可跳转的交互原型，但目前该软件主要是支持原型图和框架图，并没有流程图的功能。

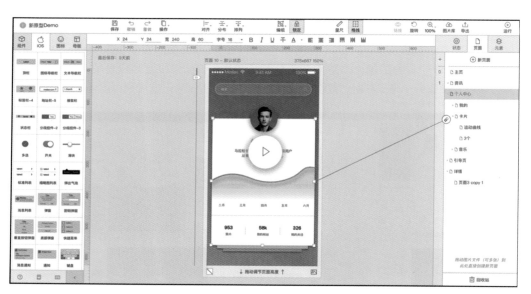

图 9-4　墨刀软件的界面（App 界面设计）

图 9-5　墨刀组件库（图标和文字模板、交互模板、框架栏目模板）

墨刀软件最大的优势就是原型、交互设计和文档一站式全部搞定，而且上手快捷方便，易学易用。墨刀软件还实现了多人协作的产品项目，工作效率较高。总体来看，该软件能够实现多数 App 常用的功能，如上下左右滑动（见图 9-6）、导航跳转以及自动生成线框图（见图 9-7）。特别是该软件提供了丰富的开发社区并有大量的模板、组件、素材可以选用（见图 9-8），对设计师来说减少了重复劳动。

图 9-6　墨刀软件可以实现常用的 App 交互功能

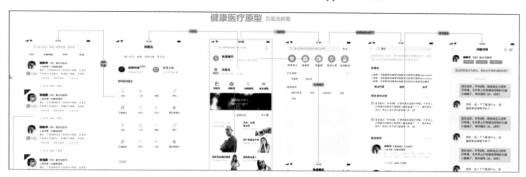

图 9-7　墨刀软件可以自动生成页面之间的线框图

图 9-8　墨刀软件丰富的开发社区有大量的模板组件可以选用

9.3　Adobe XD

　　Adobe XD 全称为"Adobe 体验设计 CC 版"（Adobe Experience Design CC），是一款轻量级的、Mac 和 PC 双平台的原型设计工具。2015 年，Adobe 在 MAX 大会上宣布该软件为

"彗星项目"并于 2016 年 3 月作为"Adobe 创意云"（Creative Cloud）的一部分推出。同时，Adobe 还提供了基于手机端的 XD 版，可以支持交互浏览或分享等功能。在此之前，基于苹果 Mac 的 UI 及交互设计工具 Sketch 与 Adobe 的竞争对手主要是 Photoshop 等工具。虽然 PS 是很好的绘画及修图软件，但问题是它既不轻量也不能简化设计师的工作。尽管 Adobe 也为 UX 设计师改进了 Photoshop，如添加了 Web 界面以及好的导出流程等，但这些新功能使得 PS 软件更加庞大。随着 Sketch 以及如墨刀等在线原型设计工具的流行，设计师对轻量级 UI 设计工具也日益青睐，由此推动了 Adobe XD 的诞生和发展（见图 9-9）。

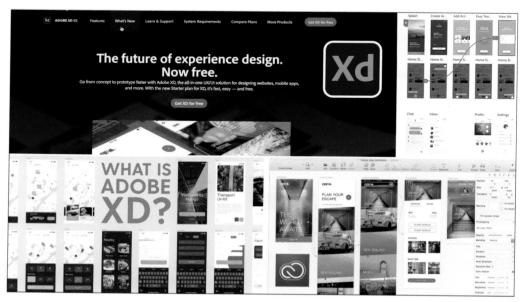

图 9-9　Adobe XD 官网下载页（免费下载）

打开 Adobe XD 时，无论是 Sketch 用户还是长期 Adobe 粉丝，获得的第一印象是界面非常熟悉。Adobe XD 偏离了该软件家族所特有的暗黑界面、按钮和菜单，而提供了更类似于 Sketch 的风格（见图 9-10，上），简洁、清晰而实用。但与 Sketch 不同的是，在 Adobe XD 中，可以直接创建交互式动态原型（见图 9-10，下）而无须像 Sketch 中那样需要第三方插件（如 Principle）。XD 的原型设计编辑器也允许设计师使用导线或 Wi-Fi 将交互原型投射到其他屏幕如手机并与他人共享。但 Adobe XD 原型还不支持双指放缩等手势识别，而这些交互方式在 InVision 和其他一些与 Sketch 连接的原型交互工具上是可行的。此外，Adobe XD 还具有一些独特的功能如重复网格，它允许复制水平和垂直网格组件并"一键智能"地替换这些网格组件中的图片或文字。用户甚至可以从桌面拖动资源（图像和文本文件）以自动插入和分发该内容。这些智能化的功能使得 Adobe XD 更加实用。

2018 年 10 月，Adobe 对 XD 进行了重要的升级，其中的语音原型是目前所有交互原型软件中最具创意的交互方式（见图 9-11，上和中）。语音一直被公认为是最自然流畅、方便快捷的信息交流方式。在日常生活中人类的沟通大约有 75% 是通过语音来完成的。研究表明，听觉通道存在许多优越性，如听觉信号检测速度快于视觉信号检测速度；人对声音随时间的变化极其敏感；听觉信息与视觉信息同时提供可使人获得更为强烈的存在感和真实感等。因此，听觉交互不仅是人与计算机等信息设备进行交互的最重要的信息通道，而且也与人脸

图 9-10　类似于 Sketch 风格的 XD 界面

识别、手势识别等新技术一起，成为下一代 UX 交互的主要突破方向之一。从这一点上看，Adobe 对 XD 的功能拓展无疑是非常具有战略眼光的事情。

　　语音识别是一种赋能技术，可以把费脑、费力、费时的机器操作变成一件很容易、很方便的事，在许多"手忙脚乱""手不能用""手所不能及""懒得动手"的场景中，可能带动一系列崭新的或更便捷功能的设备出现，更加方便人的工作和生活。Adobe XD CC 2019 的其他创新还包括拖曳交互、响应式调整大小和自动动画等功能。前者会自动调整画板上的对象组以适应不同的屏幕，因此用户可以花费更少的时间进行手动更改并将更多时间用于设计，后者则使得页面之间的过渡更具想象力和丰富性（如缓入、延迟或缓出等），由此可以提升人机交互的自然性与情感化（见图 9-11，下）。通过 XD 的一系列创新，Adobe 重新构想了设计师创造体验的方式。对于 Windows 用户，如果主要的设计工作是基于移动 App 的 UI 界面，相比采用传统的 Web 原型软件 Axure RP，XD 的 UI 设计更为简洁而高效，而功能则比墨刀软件灵活和强大，初学者可以从一张白纸开始，体验 UI 与交互设计的奇妙之旅。

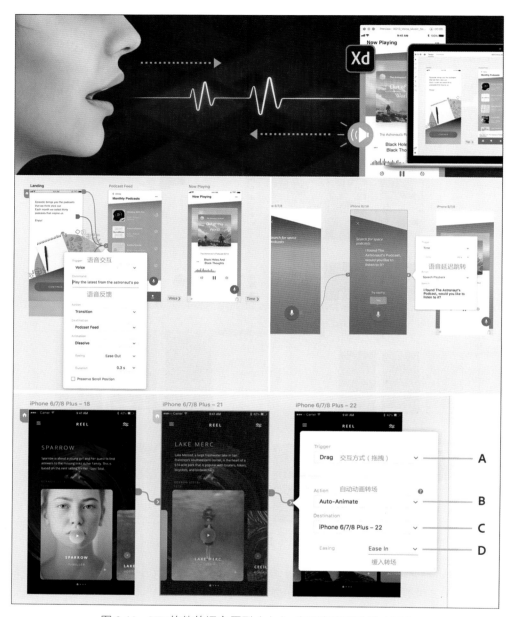

图 9-11　XD 软件的语音原型（上）、交互和页面动效（下）

9.4　Sketch+ Principle

　　Sketch 是目前基于 Mac 的最强大的移动应用矢量绘图设计工具之一。对于网页设计和移动设计者来说，比 Photoshop 更为简洁高效，尤其是在移动应用设计方面。Sketch 3 的优点在于使用简单，学习容易并且功能更加强大，能够大大节省设计师的时间和工作量，非常适合进行网站设计、移动应用设计和图标设计等。Sketch 由荷兰的设计师彼得·奥威利（Pieter Omvlee）和伊曼纽尔·莎（Emanuel Sá）于 2008 年年初开发。多年来，Sketch 多次荣登苹果应用商店（App Store）年度最佳名单，并于 2012 年度获得著名的苹果设计奖。随后，该软件还在 2015 年度获得了苹果软件最佳应用奖等多项大奖。其客户包括许多顶级创业公司和世界各地的财富 500 强企业。目前，Sketch 的公司团队已发展到 36 人，成为一家国际化的专业设计公司。

Sketch 界面清晰、简洁，但拥有针对交互设计、App 设计的多种功能和工具，从创建线框图到可以导出为高清晰图稿（见图 9-12），由此可以实现设计过程的每个阶段的任务。Sketch 图形由矢量形状组成，这意味着高效和快捷。清晰的操作界面使用户能够更专注于设计的内容。Sketch 中没有画布的概念，整个空白区域都可进行设计制作。在 Sketch 中，"画布"被赋予了一个新的名字——Artboard。用户可以在上面直接绘制多个 App 页面。与此同时，也可以将这些 App 界面的交互过程串联起来，并预览交互过程。这些 Artboard 可以导出为 PDF 或者分割为图片文件。

图 9-12　Sketch 简洁、清晰的界面和菜单

在每个 Web 和应用程序设计中，都会需要大量的重复元件，如按钮、标题和单元格等，而 Sketch 提供的符号功能强大，用户可以在整个文档中重复使用各种创建的元件（见图 9-13），同时也可以应用到其他实例中。例如，设计过程中会有许多不同的原型、模板、组件或者界面 UI 样式，可以将单个屏幕单独设定为一个"符号"，然后单击"转化为符号"（Convert to symbol）按钮，就可以复制这个样式并应用到其他页面中。此外，Sketch 还提供了共享样式，如填充颜色和边框颜色等，并应用到不同的图层。设计师还可以创建形状和文本样式库，可以快速应用和更新整个文档。设计师需要考虑通过适应不同的屏幕尺寸的界面，Sketch 最方便的一点就是可以拖入可调整大小的元素"文本样式"或"组件"到画布图层，这对于跨平台设计来说更为高效和快捷。Sketch 还有着丰富的素材库（见图 9-14），用户可以下载并直接将所需要的素材拖曳进来即可使用，因此减轻了设计师的工作压力。和 Adobe XD 的手机移动版类似，Sketch 也提供了一个名为"镜子"（Mirror）的 iPhone 手机客户端并允许在手机设备上预览或共享设计原型。

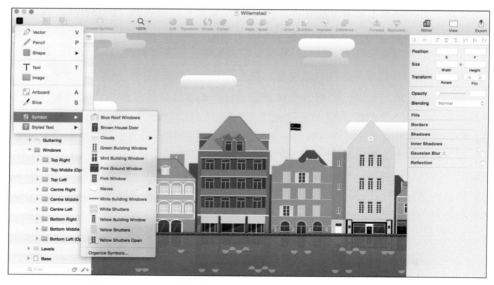

图 9-13　Sketch 符号菜单为设计师提供了可重复使用的元素

图 9-14　Sketch 有着丰富的素材库和在线插件

　　动效是互联网产品设计的重要部分，无论是 Mac、PC 端还是移动端，产品要想提供平滑顺畅的体验，往往需要依靠动效将不同界面或页面中的不同元素衔接起来，让用户直观地感知操作结果的可控性。近些年，随着 InVision、Figma、Framer Team、Plant、Flinto、atomic、pixate、Form、Principle 和 Marvel 等大量专门为 UX 行业打造的轻量级动效工具的出现，也让动效和原型设计工具之间的界线变得模糊。Sketch 的动效设计就可以借助 Principle 来完成。在"知乎"等国内专业论坛上，Principle 获得了众多 UX 及交互设计师的推荐。例如，"迄今为止，产品设计师最友好的交互动画软件"或"Principle 可能是目前制作可交互原型最容易上手、综合体验最棒的软件了"。综合来看，该软件的易用性和清晰、简洁的流程是众多设计师青睐它的原因。例如，上下滑动或左右滑动的菜单是手机 App 设计的必选项，这个动效就可以通过选择 Principle 图层栏上面的"滚动"按钮来搞定（见图 9-15）。Principle 还提供了动效时间轴和曲线调节窗口，用户可以调节动效时间与节奏（缓入与缓出）。

　　在产品流程和信息结构确定后，设计师就进入了具体界面的交互设计阶段，这个时候也就是 Principle 大显身手的时机，最后的交互原型可以直接转成 GIF 或视频演示文件。该阶段设计师要对页面进行精细化的设计，静态页面可以通过 Sketch 完成，然后导入到 Principle

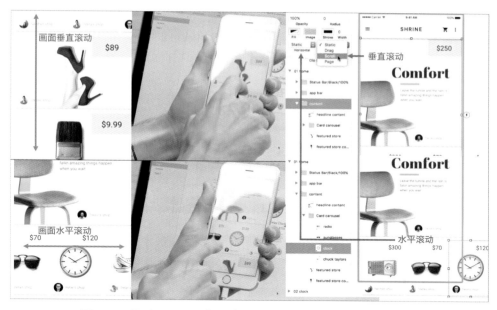

图 9-15　通过 Principle 实现的可上下滑动或左右滑动的手机菜单

之中完成动效或交互控制的细节。Principle 的界面和 Sketch 如出一辙，如果设计稿是 Sketch
做的，那么借助 Principle 这个利器制作页面元素动效就可以如行云流水般一气呵成。常见的
动效可以大致分为交互动效和播放动效两大类别：交互动效是指与用户交互行为相关的界面
间的转场、界面内的组件反馈与层次暗示等；而播放动效则主要指纯自行播放或与操作元素
无关的动效，如启动、入场和预载界面等，后者多数是为了吸引用户注意力的情感化设计。
除了动效外，手机交互方式是目前评估原型软件可用性的重要指标。Principle 提供了高达 12
种交互转场的方式（见图 9-16），可以使用户产生更顺滑的手机操控体验。

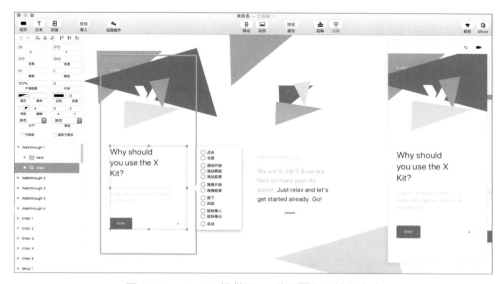

图 9-16　Principle 提供了 12 种页面交互转场方式

Principle 通过两种方式来实现页面间或内部元素的动效控制。首先，该软件通过时间轴来进行页面元素或页面转场动画设计（见图 9-17）。Principle 还提供了第 2 个时间轴，也就是位于屏幕顶部的 Drivers 时间轴。该时间轴主要是对页面内部的可拖动或可滚动图层进行动效设计，如可驱动几乎所有对象的向左或向右的滚动变化。Principle 的时间轴和位置联动的设置具有很高的自由度，设计师可以快速进行精细的设计和调整。为了操作方便，Principle 还有一个内置的原型预览窗口，它不仅可以实时呈现原型的动效结果，而且还可以让用户录制原型的视频或 GIF 动画。

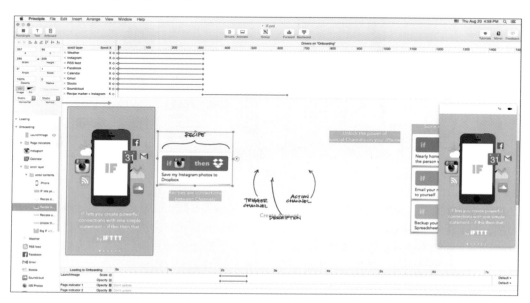

图 9-17　Principle 通过时间轴来为页面对象设置动画

9.5　Axure RP 8

Axure RP 算是交互原型设计软件家族里的"元老"，早在 Web 时代就已经成为鼎鼎大名的交互原型设计工具。Axure 公司创立于 2002 年，两个创始人是维克多·胡（Victor Hsu）和马丁·史密斯（Martin Smith）。维克多开始是电器工程师，然后成为软件开发者，再后来升职为产品经理。而马丁则是一个经济学家和一个自学成才的黑客。他们在 2003 年推出了 Axure RP，并成为第一个专门用来制作 Web 网站原型的工具。到了 2012 年，Axure RP 已经被公认为网页原型工具中的工业标准，并且成为全球众多大企业用户体验专家、商业分析师和产品经理的必备。因此，该软件被程序员戏称为"瑞士军刀"，认为其功能强大的同时又带着点儿 Windows 时代传统软件的遗风。进入移动互联时代以后，在以 Sketch 为代表的众多轻量级原型设计工具的打压下，类似 Photoshop 的命运，Axure RP 已经开始有些步履蹒跚。但凭借 16 年的积累和 6 大专业优势（见图 9-18），Axure RP 8 仍然是目前最强大、最完整的创建 Web UI 或移动 App 的动态原型工具之一。

虽然在视觉设计、灵活性、高效率、易用性、界面简洁性以及对插件的兼容性几方面，Axure RP 要弱于 Sketch，但作为交互原型工具，Auxre RP 最大的优势就是可以清晰梳理出

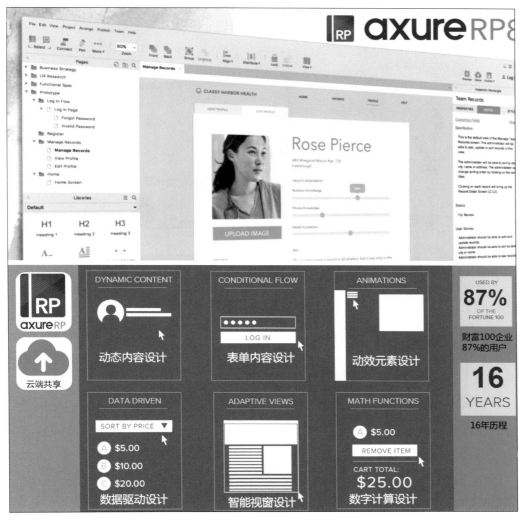

图 9-18　原型设计工具 Axure RP 具有 6 大专业优势

产品的信息架构和功能，在综合性方面超过了 Sketch。对于 UI 设计团队来说，沟通始终是关键的因素。产品设计的团队不是通才的集合，而是一群具有自己的专业、需求和工具偏好的人。虽然视觉设计师可能经常使用 Sketch，但交互设计师、产品经理、信息架构师、业务分析师和其他人往往会更青睐于使用 Axure RP 进行沟通（见图 9-19）。Sketch 是视觉设计和最终 UI 界面制作的理想选择，但 Axure RP 则是专为交互设计和功能原型设计打造的工具，其页面备注功能较为完善，可以为每个原型撰写参数，甚至还可以另开一个说明页面。通过该软件绘制带标注的流程图也是开发团队所必不可少的步骤。此外，Axure RP 还具有强大的 Web 设计功能、完善的动态面板、丰富的事件和参数控制，几乎可以生成略为复杂的动态前端页面。Axure RP 可以作出动态组件，例如，有焦点状态的输入框、悬停按下状态的按钮等。控件的尺寸可以随着内容自动变化……因此，UI 设计不能代替用户体验设计，而 Axure RP 对功能性设计的解决方案成为该软件最大的优势。

图 9-19　Axure RP 在线框图、流程图设计上有更大的优势

9.6　Justinmind

2015 年，库珀（Cooper）设计公司的艾米丽·施瓦兹曼将市面上最流行的几个原型工具列入一个表格里，并通过速度、保真度、分享（导入原型到手机）、用户测试、技术支持、触控（手势交互方式）和动态控件 7 个指标对包括 Axure RP 在内的 5 款原型设计软件进行了评测和比较。其中，原型制作工具 Justinmind Prototyper 获得了除了速度外的 6 项好评，其中，"较好" 4 项，"最高" 2 项，成为领先其他原型设计软件的佼佼者（见图 9-20）。近年来，更为灵活的 UI 工具如 Sketch、Figma、Adobe XD、墨刀、Marvel 等发展迅猛，占据了较大的市场，也给 Justinmind 带来了更大的压力。但总体来说，Justinmind 仍然能够满足一个优秀 App 设计工具所具备的条件：①支持移动端演示；②组件库的支持和插件灵活使用；③可以快速生成全局流程图或是 HTML；④可以多人在线协作；⑤手势操作、转场动画和交互特效使用。

Justinmind 是一个灵活的原型设计工具，支持许多移动设备，既适用于简单的点击原型也适合用于更复杂的交互原型。这些产品可以从现有的模型库中创建，也可以使用标准模型库在 Justinmind 中直接设计。与目前市场其他的设计工具相比，Justinmind 更适合于设计移动终端 App 应用程序（见图 9-21）。该软件能够很方便地进行移动端 App 的原型设计，不用

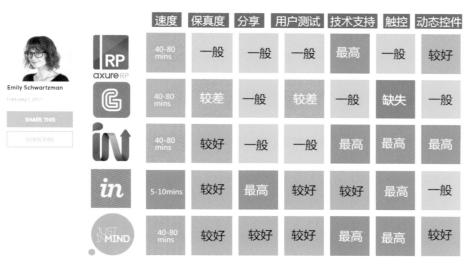

	速度	保真度	分享	用户测试	技术支持	触控	动态控件
RP axure RP	40-80 mins	一般	一般	一般	最高	一般	较好
G	40-80 mins	较差	一般	较差	一般	缺失	一般
in	40-80 mins	较好	一般	一般	最高	最高	最高
in	5-10mins	较好	最高	较好	较好	最高	一般
JUST INMIND	40-80 mins	较好	较好	较好	最高	最高	较好

图 9-20　Justinmind 软件的优势比较明显

图 9-21　Justinmind 的手机 App 和跨界原型设计

编写代码就能轻松实现交互效果。该软件还有丰富的组件，如菜单、表单或数据列表，来协助实现绘制高保真原型，同时可以由用户创建自己的组件库。Justinmind 的长项在于能够针对特定的设备提供相应的模板和功能，同时可以通过拖放操作来快速直观地构建 UI 界面。该软件也允许用户为各个元素添加各种交互控件。此外，该软件支持基于手势的交互，可选择将动画添加到单个元素或将效果转换为链接，同时可以生成完全交互式的 Web 预览原型。

　　此外，Justinmind 的操作简洁方便，可以通过拖曳等方式来实现跳转、定向等交互效果，无须像 Axure RP 一样每一步都只能通过单击来完成。并且该软件的显示更为直观（如进度条）。这些基于手机交互的响应和反馈相比 Axure RP 来说，更为快捷和灵敏。针对 iPhone 6 Plus、iPad 和 Android 手机的移动端触屏手势操作，如单击、长按、水平滑屏、垂直滑屏、滑动、滑过、缩放、旋转、双击、滚动等就高达 18 种之多（见图 9-22），甚至还可以捕捉设备方向来模拟重力感应！此外，当数据列表或数据网格的值变化时，也可以触发交互事件（On Data Change），当变量的值发生变化时也可以触发事件（On Variable Change），由此高度仿真地实现了各种手势效果。该软件生成的交互程序原型可以直接导入手机中进行仿真的操作，让用户能够更直观地感受交互原型的魅力（见图 9-23）。Axure RP 最早是专门针对 Web 应用而发展起来的原型工具，虽然后期针对移动设备做了大量的改进，但用户测试显示，该软件对移动端演示的流畅性和交互性上要明显逊色于 Justinmind。同样，在移动端触屏手势、组件、动态控件、图形和模板的数量上，Axure RP 也无法和 Justinmind 相比。Justinmind 不仅使用简单易懂，提供了多种规格的移动端模板，同时也能进行 PC 端的原型设计，其暗黑色的界面风格也很现代。除了自己的图形库外，网络上也有各种各样的组件、模板，如专门针对苹果 iWatch 智能手表的各种控件，用户可以根据需要选择相应的控件进行使用。因此，Justinmind 是手机高保真原型设计的利器，是高保真原型的开发与操作不可或缺的软件。Justinmind 还允许用户通过与 Google Analytics、UserZoom、Loop11 等网站进行广泛的原型测试，能够在更大范围内获得用户的反馈。

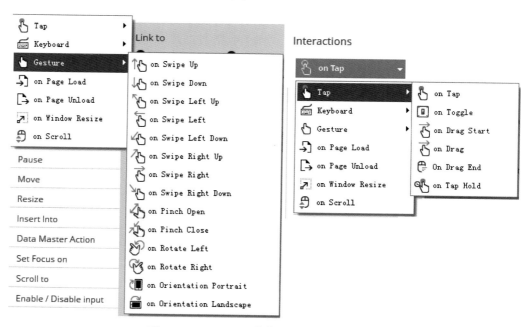

图 9-22　Justinmind 带有 18 种手机触控方式

图 9-23　Justinmind 交互原型可以在手机中模拟

9.7　AE动效设计

　　动效设计是网页及手机 UI 体验设计中的重要环节，是体现人机交互的流畅感、丰富感、趣味性的常用技术手段，特别是在扁平化设计兴起之后，UI 动画效果的设计应用越来越多。例如，可以把智能手机页面想象成一个无限拓展的三维世界，分为 x 轴、y 轴与 z 轴（见图 9-24）。在这三个维度上，内容可以进行无限的拓展。通过在 x 轴、y 轴、z 轴上使用多种手段做适时的收纳与展现，就可以最大限度地利用好手机的空间。其中，动画和动效设计的重要性就在于能够有效地暗示和指引用户，并通过自然滑动的操作来展示或隐藏部分信息（如菜单的展开与折叠），由此提高信息导航的有效性。因此，动效设计的核心就是：通过分层设计以及动画效果设计相结合的方式，在扁平化的基础上为用户提供更容易理解的层级关系，

图 9-24　手机页面可以在 x 轴、y 轴与 z 轴方向扩展

赋予智能手机以情感，增强用户在产品使用过程中的参与度。优秀的动效设计特点为：①快速并且流畅；②反馈与交互；③提升用户的操作感受；④为用户提供良好的视觉效果。原型中的动效设计可以让设计师更清晰地表达设计理念，同时帮助工程师和研发人员快速评估原型设计，帮助设计和开发团队更好地完善产品的体验。

能够实现动效设计的方法和工具很多，从产品演示的角度，多款原型设计、图形设计及演示软件都支持插入动画效果，如苹果 Mac 系统的 Keynote、Adobe AE、Principle 和 Kite Compositor（见图 9-25，右上）都是许多体验设计师所青睐的工具，它们均可实现交互原型、动态演示以及复杂动效设计。Kite Compositor 软件还能和 Adobe XD 深度集成并支持导入 Sketch 和 AE 图层。AE（After Effects CC）是 Adobe 公司的核心产品之一，其制作的视频特效与矢量动画被广泛应用于动态可视化设计、MG（Motion Graphic）动画、舞台美术设计、影视包装等领域，可以充分展示出设计师的创造性。目前已成为电影、视频、网站和移动媒体设计师必备的专业设计工具（见图 9-25，下）。AE 不仅可以实现多层物体的复杂合成动画，而且也支持路径动画。AE 的三维图层可以生成带透视场景的动画，而且与灯光、阴影和相机之间的整合也使得视觉特效更加生动自然。作为一款专业级的特效合成软件，AE 可以无缝导入 PR、PS、AI 等软件的文件进行合成。AE 的特点主要体现在以下几方面：①图层合成能力最强，包括转场、特效、叠加合成和蒙版都可以实现；②图层与图层之间时间和位置关系明确，操控方便，拖动式的移动操作可同时移动、旋转或缩放多层对象；③插件众多并且涵盖面广，可以制作如海洋、天空、火焰、飞花等自然特效以及各种抽象图形的动态特效，

图 9-25　Kite Compositor 动效（右上）与 AE 动效设计

是动态设计师所青睐的动效利器。

　　我们可以将动画效果设计粗略地分为两大类，即功能型动画效果与展示型动画效果设计。AE 动效设计可以更加全面、形象地展示产品的功能、界面、交互操作等细节，让用户更直观地了解一款产品的核心特征、用途和使用方法等，如微软 Office 365 的宣传动画（见图 9-26，上）等。AE 同样可以实现多种功能型动效，如点击、滑动、翻页、放大或是各种酷炫的效果（见图 9-26，下）。使用 AE 动效设计不仅可以向客户展示原型设计或者 App 的创意，更重要的是可以让客户能够提前判断软件的功能设计、交互设计、色彩风格或是导航方式的可行性，帮助设计团队更好地与客户进行沟通。此外，AE 动效设计还可以应用在舞台特效设计、影视包装设计以及新媒体广告设计等多个领域，甚至许多设计师的个人简历也采用了 MG 动画的展示形式。

图 9-26　宣传动画（上）和手机 UI 界面转场动画（下）

　　在数字媒体与智能手机时代，静态标志或图形已经不再吸引人。现在许多企业或品牌的 Logo 标志已经不再局限于传统静态的展示效果，而是采用动态效果进行表现，从而使得品牌形象的表现更加生动。因此，动态插图、动态标志应运而生。动态标志的流行不仅适应新媒体的发展，更重要的是能为读者带来新的感受和体验，也是一种改善品牌营销的绝佳方法。例如，鼠标悬停动画就可以将交互性和特效相结合。同样，设计师借助 SVG（矢量图形）和

CSS 动画，也可以创建一些令人惊叹的动态信息插图（见图 9-27，上）或 Logo 图标和品牌的动画效果（见图 9-27，中），而文件量比传统动画要小很多。不仅如此，动态插图和标志也给平面设计带来了新思维，推动视觉传达采用更新颖的品牌塑造方法。

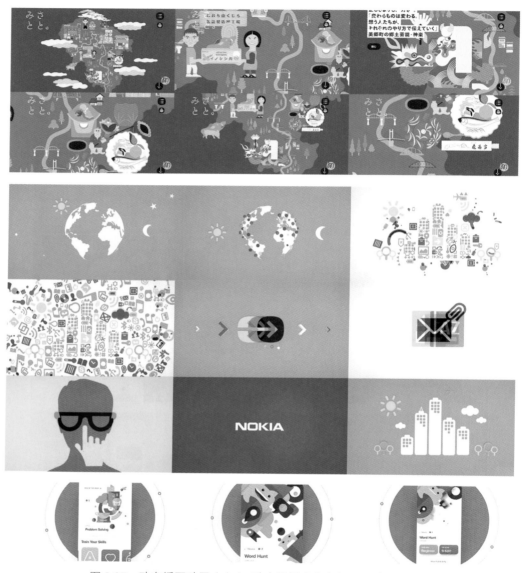

图 9-27　动态插图动画（上）、动态图标（中）与 GIF 动画（下）

与此同时，目前传统的 GIF 动画也早已突破"表情符号"的局限，成为功能强大的社交媒体交流工具之一。GIF 动图兼有平面图形与动画的双重属性，除了不能提供声音和细腻的画面外，可以快速实现基于网络的交流和内容分享，如信息传达、故事梗概、幽默短片、网络段子等（见图 9-27，下）。GIF 动图的发展经历了由简单到复杂、由黑白到彩色、由表情动画到复杂动画、由平面到三维、由社交到品牌塑造这样一个逐步丰富、自然化、人性化的过程。

思考与实践9

一、思考题

1. 什么是原型设计工具？目前榜单上的前 10 名有哪些？

2. 判断原型设计工具质量与性能的标准有哪些？

3. 试比较在线原型工具（如墨刀）与桌面原型工具（如 Axure RP）的异同。

4. 墨刀在国内原型设计市场上占有率较高，试分析其原因。

5. 和国内其他常用的原型设计工具相比，Adobe XD 的优势在哪里？

6. 苹果系统的 Sketch 工具多年位居同类软件榜首，请说明其原因。

7. 如果希望在手机 App 中实现翻页的动效，可以选择哪些软件工具来完成？

8. 优秀的动效设计软件的特征有哪些？

9. 未来的原型设计工具的发展趋势是什么？可否直接设计 App 产品？

二、实践题

1. 手机App的UI界面设计可以根据不同的季节、活动（节假日）来更换不同的主题风格（见图 9-28）。请调研国内流行的餐饮服务类 App（如美团）并根据双十一、国庆、春节与暑假设计不同主题风格的界面，建议利用墨刀或者 Adobe XD 设计出流程图、线框图和高清界面 UI 图（含主页及二级页面）。

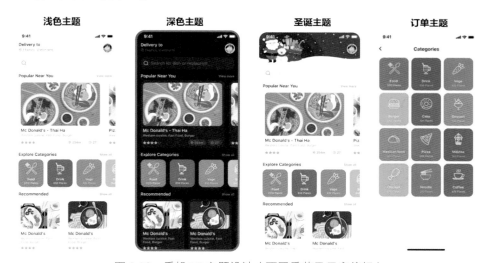

图 9-28　手机 UI 主题设计（不同季节及用户偏好）

2. 墨刀或 Adobe XD 的开发社区均有大量的模板、组件、素材可以供设计师参考、借鉴或选用。请在线调研旅游服务类 App 的模板，找出这些模板在主题、风格、功能和服务上的相同点，并以此为基础设计一个本地旅游的 App 原型。

第10课　界面设计基础

10.1　用户界面设计

　　用户对软件产品的体验主要是通过用户界面（User Interface，UI）或人机界面（Human-Computer Interface，HCI）实现的。广义界面是指人与机器（环境）之间相互作用的媒介（见图 10-1），这个机器或环境的范围从广义上包括手机、计算机、平面终端、交互屏幕（桌或墙）、可穿戴设备和其他可交互的环境感受器和反馈装置。人通过视听觉等感官接收来自机器的信息，经过大脑的加工决策后做出反应，实现人机之间的信息传递（显示—操纵—反馈）。人和机器（环境）这个接触层面即我们所说的界面。界面设计包括三个层面：研究界面的呈现，研究人与界面的关系，研究使用软件的人。研究和处理界面的人就是图形设计师，这些设计师大多有着艺术设计专业的背景。研究人与界面的关系的人就是交互设计师，其主要工作内容就是设计软件的操作流程、信息架构（树状结构）、交互方式与操作规范等，交互设计师除了具有设计专业的背景外，一般都具有计算机专业的背景。专门研究人（用户）的专业人员就是用户测试/体验工程师（UE）。他们负责测试软件的合理性、可用性、可靠性、易用性以及美观性等。这些工作虽然性质各异，但都是从不同侧面和产品打交道，在小型的 IT 公司，这些岗位往往是重叠的。因此，可以说界面设计师（UI 设计师）就是图形设计师、交互设计师和用户测试/体验工程师的综合体。

图 10-1　界面是指人与机器之间的相互作用媒介

　　界面设计包括硬件界面和软件界面（GUI）的设计。前者为实体操作界面，如电视机、空调的遥控器；后者则是通过触控面板实现人机交互。除了这两种界面外，还有根据重力、声音、姿势等机器识别技术实现的人机交互（如微信的"摇一摇"）。软件界面是信息交互和用户体验的媒介。界面带给用户的体验包括令人愉快、使人满意、能引人入胜，可激发人的创造力和满足感等。早期的 UI 设计主要体现在网页设计上。后来随着移动媒体的流行，一部分视觉设计师开始思考交互设计的意义。21 世纪初，一些企业开始意识到 UI 设计的重要性，纷纷把 UI 部门独立出来，图形设计师和交互设计师出现。2005 年以后，随着智能大屏幕手机的问世和移动互联网的风靡，IxD 设计就和 UI 设计结合得越来越紧密了，UI 设计也开始被提升到一个新的战略高度。近几年，国内很多从事手机、软件、网站和增值服务的企业和公司都设立了用户体验部门，还有很多专门从事 UI 设计的公司也应运而生，软件 UI 设计师的待遇和地位也逐渐上升。同时，界面设计的风格也从立体化、拟物化向着简约化、扁平化方向发展（见图 10-2）。今天，触控交互、人脸识别和智能语音已经成为智能时代的标志之一。除了听觉和视觉外，人的感官还有嗅觉、味觉、触觉和体感，未来的多模态交互设计会是所有感官的一个结合。随着人工智能与 5G 的快速发展，万物互联的新型互联网正在形成，而这一切无疑会使 UI 设计走向深入。

图 10-2　简约化和扁平化界面设计

10.2　界面风格发展史

"风格"或者说"时尚"代表着一个时代的大众审美。虽然从艺术上看，视觉风格主要与绘画流派相关，但是它却渗透到了生活的方方面面，如衣服的搭配、建筑设计、生活习惯甚至思维模式，无一不体现着这个时代的风格。拜占庭风格是 7—12 世纪流行于罗马帝国的艺术风格，这种风格的建筑外观都是层层叠叠，主建筑旁边通常会有副建筑陪衬。建筑的内饰也经过精心雕琢，墙面上布满了色彩斑斓的浮雕。而现代主义风格建筑的外观更多地运用了直线而非曲线，以体现现代科技感，内饰和家具也更加讲究朴素大方而非繁复夸饰（见图 10-3）。风格除了具有时代性，还有地域性，所以产生了各式各样的风格及分支，如古典主义、浪漫主义、洛可可、巴洛克、哥特式、朋克式、达达派、极简主义、现代主义、后现代主义、嬉皮士、超现实主义、立体主义、现实主义、自然主义等。

图 10-3　拜占庭、巴洛克和现代主义建筑

关于视觉风格，百度百科的解释是"艺术家或艺术团体在实践中形成的相对稳定的艺术风貌、特色、作风、格调和气派。"对于风格来说，"相对稳定"至关重要，因为一个风格的形成需要时间和文化的积淀，这也导致了风格是具有时代意义的。例如，通过了解建筑、画作、服装等的风格，便能基本判断其所处的年代。例如，"维多利亚时代风格"就是指 1837—1901 年英国维多利亚女王在位期间的风格，如束腰与蕾丝、立领高腰、缎带与蝴蝶结等宫廷款式，还可以联想到蒸汽朋克、人体畸形展、性压抑、死亡崇拜等一系列主题（见图 10-4）。维多利亚时代的文艺运动流派包括古典主义、新古典主义、浪漫主义、印象派艺术以及后印象派等。虽然很多设计师和画家都有着自己的个人风格，但是要想迎合大众的品位而非小众

图 10-4　维多利亚时代的社交与服饰

的审美，他们的创作就不能脱离他们所处时代的风格。所以个人风格更加类似于将自己的个性融入一个时代的风格中去。如果在艺术创作中特立独行，独树一帜，那么在大众看来可能就会显得离经叛道、矫揉造作，为社会所不容。从百年艺术史上看，风格（时尚）可以总结成两个主要的发展趋势：从复杂到简洁，从具象到抽象。

从大型计算机时代的人机操控到数字时代的指尖触控，技术的界面越来越智能化，和人的关系也越来越密切。正如媒介大师米歇尔·麦克卢汉(Marshall McLuhan,1911—1980)所言：媒介(技术)就是人的延伸。最早的人机界面诞生于工业领域,主要应用在一些大型工业机床、航空驾驶舱或重型电子设备的仪表盘设计等领域，由于操作界面过于复杂，需要经过专业培训才能操作。20 世纪 70 年代，美国施乐公司帕洛阿尔托研究中心（PARC）是现代计算机图形界面最早的实践者。早在 20 世纪 70 年代中期，PARC 的研究人员就开发出了第一个图形用户界面（GUI），并启发了史蒂夫·乔布斯与比尔·盖茨。2000 年前后，随着计算机硬件的发展，处理图形图像的速度加快，网页界面的丰富性和可视化成为设计师们的追求。同时，JavaScript、DHTML、XML、CSS 和 Flash 等 RIA 富媒体技术或工具也成为改善客户体验的利器。到 2005 年，拟物化网页成为桌面计算机网站界面设计的新潮（见图 10-5）。网页设计师喜欢使用 PS 切图制作个性的 UI 效果，如 Winamp、超级解霸的外观皮肤，甚至于百变主题的 Windows XP 都是该时期的经典。该时期各种仿真的 UI 和图标设计生动细致,栩栩如生,成为 21 世纪前 10 年主流 UI 视觉风格。

图 10-5　仿真拟物的风格网页

"拟物化是一个设计原则，即设计灵感来自于现实世界。"苹果总裁史蒂夫·乔布斯也是拟物化设计的热情粉丝，他认为这样的设计可以让用户更加轻松地使用这些软件，因为用户能凭经验知道这个软件是做什么的。第一个采用了拟物化设计的苹果软件应该是最初的 Mac桌面操作系统中的文件夹、磁盘和废纸篓的图标。而且最初的 Mac OS 上还有一个计算器的应用程序，这个程序看上去和真实的计算器也十分相似，这个计算器应用是由乔布斯自己亲自设计的。2007 年，苹果公司推出的 iPhone 手机代表了一个新的移动媒体时代的来临。iOS界面同样采用拟物设计风格（见图 10-6）。iPhone 手机界面延续了乔布斯时代苹果公司在桌面 macOS 的设计思路：丰富视觉的设计美学与简约可用性的统一。苹果手机的组件：钟表、计算器、地图、天气、视频等都是对现实世界的模拟与隐喻。这种风格代表了 2005—2015 近十年间最受欢迎的界面样式，也成为包括安卓手机在内的众多商家和软件 App 所追捧的对象。

图 10-6　苹果 iPhone 5 手机的拟物化界面

10.3　界面设计发展趋势

虽然广受欢迎，但使用拟物设计也带来不少问题：由于一直使用与电子形式无关的设计标准，拟物化设计限制了创造力和功能性。特别是语义和视觉的模糊性，拟物化图标在表达如"系统""安全""交友""浏览器""商店"等概念时，无法找到普遍认可的现实对应物。拟物化元素以无功能的装饰占用了宝贵的屏幕空间和载入时间，不能适应信息化社会的快节奏。信息越简洁，对于现代人就越具有亲和力，因为他们需要做的筛选工作量大大减少了。同时，对于设计者来说，运用简洁风格也能节省大量的设计和制作时间，因此简洁的风格更受到设计师们的青睐。近年来，以 Windows 8 和 iOS 7 为代表，人们已经开始逐渐远离曾经流行的仿实物纹理的设计风格。随着 Android 5 的推出，在 UI 设计中进一步引入了材质设计（Material Design，MD）的思想，使得 UI 风格朝向简约化、多色彩、扁平图标、微投影、控制动画的方向发展（见图 10-7）。对物理世界的隐喻，特别是光、影、运动、字体、留白和质感，是材质设计的核心，这些规则使得手机界面更加和谐和整洁。

从历史上看，扁平化设计与 20 世纪四五十年代流行于德国和瑞士的平面设计风格非常相似。20 世纪 20 年代，奥地利哲学家、社会学家奥图·纽拉特（Otto Neurath，1882—1945）开发了一套通用视觉语言符号系统（Isotype）并影响了 20 世纪的设计思潮。纽拉特和插图家盖尔德·安茨（Gerd Arntz）建立的这套图形符号不仅在很大程度上影响了战后设

图 10-7　谷歌 UI 规范（简约、多色彩、扁平图标、微投影）

计的发展，而且还推动了现代图形设计的诞生。著名的包豪斯（Bauhaus）学院的图形设计教育以及瑞士国际风格都传承于此。瑞士平面设计（Swiss Design）色彩鲜艳，文字清晰，传达功能准确（见图 10-8）。第二次世界大战后曾经风靡世界，成为当时影响最大的设计风格。同时，扁平化设计还与荷兰风格派绘画（蒙德里安）、欧美抽象艺术和极简主义艺术等有关，包括以宜家家居为代表的北欧极简风格或基于日本佛教与禅宗的哲学。例如，很多人会联想到日本无印良品 MUJI 百货店（见图 10-9）中各种原色、直线条、极简或棉麻的产品。与日式美学最贴合的场景可能就是京都常见的小而美的日式庭院，寂寥悠远。在这股风潮带动下，无论是时尚界、家装界、产品设计、流行杂志，还是餐馆、酒店或者百货店，简约主义风格都有无数的拥簇与粉丝的追捧。苹果计算机、Kinfolk 杂志（见图 10-10）以及在城市中流行的素食轻食等也都是佛系美学推崇与实践的代表，扁平化 UI 风格正是传承了这种美学。

图 10-8　瑞士平面设计风格海报

图 10-9　无印良品 MUJI 百货店

图 10-10　简约风格丹麦 Kinfolk 杂志

　　扁平化设计（Flat Design）最核心的地方就是放弃一切装饰效果，诸如阴影、透视、纹理、渐变等能作出 3D 效果的元素一概不用。所有元素的边界都干净利落，没有任何羽化、渐变或者阴影。同样是镜头的设计，在扁平化中去祛除了渐变、阴影、质感等各种修饰手法，仅用简单的形体和明亮的色块来表达，显得干净利落。更少的按钮和选项使得界面干净整齐，使用起来格外简洁。可以更加简单直接地将信息和事物的工作方式展示出来，减少认知障碍的产生。扁平化设计风格是媒体发展的客观需要。随着网站和应用程序涵盖了越来越多的具有不同屏幕尺寸和分辨率的平台，对于设计师来说，同时需要创建多个屏幕尺寸和分辨率的拟物化界面是既烦琐又费时的事情。而扁平化设计具有跨平台的特征，可以一次性适应多种屏幕尺寸。扁平化设计有着鲜明的视觉效果，它所使用的元素之间有清晰的层次和布局，这使得用户能直观地了解每个元素的作用以及交互方式。特别是手机因为屏幕的限制，使得这种 UI 设计风格在用户体验上更有优势。

扁平设计既兼顾了极简主义的原则，又可以应对更多的复杂性，充分体现了泰斯勒定律和费茨定律（参见 11.3 节设计心理学定律）的思想；通过去掉三维效果和冗余的修饰，这种设计风格将丰富的颜色、清晰的符号图标和简洁的版式融为一体，使信息内容呈现更清晰、更快、更实用。此外，扁平化设计通常采用了几何化的用户界面元素，这些元素边缘清晰，和背景反差大，更方便用户点击，这能大大减少新用户学习的成本。此外，扁平化除了简单的形状之外，还包括大胆的配色和靓丽、清晰的图标（见图 10-11）。扁平化设计通常采用更明亮、更具有对比色的图标与背景，这使得用户在使用时更为高效。

图 10-11　扁平化 UI 设计风格

扁平化设计的配色应该是最具有挑战的一环。通常的设计中包含两三种主要颜色，但是扁平化设计中会平均使用 6~8 种。而且扁平化设计更倾向于使用单色调，尤其是纯色并且不做任何柔化处理。还有一些颜色也比较受欢迎，如复古色（浅橙、紫色、绿色、蓝色等）。

为了让色块更为丰富，设计师可以适当降低纯度形成阴影效果（见图 10-12，左上）。部分 App 界面还可以通过相邻色过渡渐变，如紫色与偏红的玫瑰色等（见图 10-12，下）来强化视觉效果，这样通过颜色的互补再加上白色和蓝色的穿插，就可以形成特色鲜明的风格主题。

图 10-12　扁平化 UI 界面的配色系统

　　扁平化设计是快节奏时代信息构建与呈现的高效性与体验性的结合,强调隐形设计与"内容为先"的原则。UI 设计开始回归了它的本质：让内容展现自己的生命力，而不是靠界面设计喧宾夺主。无论是苹果还是安卓、微软，都在更努力地使 UI 隐形或简化，让界面设计成为更好的用户体验的助手。但作为一种偏抽象的艺术语言，扁平化设计的缺点在于人性化不够。对于设计师来说,风格永远不会一成不变。扁平化设计也在发展之中，如"伪扁平化设计"的出现，微阴影、假三维、透明按钮、视频背景、长投影和渐变色等各种新尝试，这些努力会推动 UI 设计迈向新台阶。

10.4　列表与宫格设计

　　目前，智能手机屏幕的规格与内容布局开始逐步走向成熟，其导航设计包括列表式、陈列馆式、九宫格式、选项卡式、滚动图片式、折叠式、图表式、弹出式和抽屉式共 9 种。这些都是基本布局方式，在实际的设计中，可以像搭积木一样组合起来完成复杂的界面设计，例如，屏幕的顶部或底部导航可以采用选项卡式（选项卡或标签），而主面板采用陈列馆的布局。用户类型对 UI 布局也有影响，如老年人往往会采用更鲜明简洁的条块式布局。在内容上，设计师还要考虑信息结构、重要层次以及数量上的差异，提供最适合的布局，以增强产品的易用性和交互体验。本书第 11 课心理学与 UI 设计从视觉心理学规律出发，为 UI 设计提供了更多的指导。

列表式是最常用的布局之一。手机屏幕一般是列表竖屏显示的，文字或图片是横屏显示的，因此竖排列表可以包含比较多的信息。列表长度可以没有限制，通过上下滑动可以查看更多内容。竖屏列表在视觉上整齐美观，用户接受度很高，常用于并列元素的展示，包括图像、目录、分类和内容等，其优点是层次展示清晰，视线从上向下，浏览体验快捷。竖向多屏设计也是电商促销广告的主要方式。为了避免列表菜单布局过于单调，许多 UI 界面也采用了列表式 + 陈列式的混合式设计。通常来说，电商首页往往由 3 部分构成：滑动广告、电商首页以及产品或服务主页（见图 10-13）。其中，电商的产品与服务主页及详情页采用顶部大图 + 列表的布局。主页通常采用大图 + 分类图标 + 大图 + 分类图标……的循环布局。

图 10-13　手机 UI 界面（列表式菜单）

陈列馆式布局是手机布局中最直观的方式，可以用于展示商品、图片、视频和弹出式菜单（见图 10-14）。同样，这种布局也可以采用竖向或横向滚动式设计。陈列馆式采用网格化布局，设计师可以平均分布这些网格，也可根据内容的重要性进行不规则分布。陈列馆式设计不仅应用于手机，而且在电视节目导航界面，以及苹果 iPad 和平板电脑的界面中也有广泛的应用。它的优点不仅在于同样的屏幕可放置更多的内容，而且更具有流动性和展示性，能够直观地展现各项内容，方便用户浏览和个性化选择。

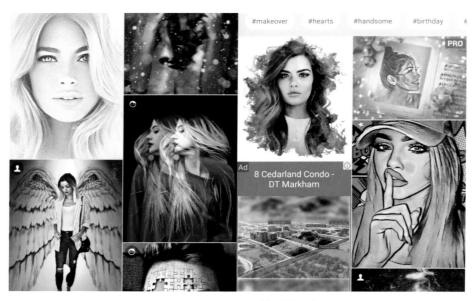

图 10-14　PhotoLab 的界面设计

　　和陈列馆式布局相似，九宫格是非常经典的设计布局，其展示形式简单明了，用户接受度很广。当元素数量固定不变为 8、9、12、16 时，则适合采用九宫格。iPhone iOS 和 Android 手机大部分都采用这种布局。九宫格式也往往和陈列馆式、选项卡式相结合，使得桌面的视觉更丰富（见图 10-15，中）。在这种综合布局中，选项卡的导航按钮项数量为 3~5 个，大部分放在底部以方便用户操作，而九宫格则以 16 个按钮的方式排列，通过左右滑动可以切换到更多的屏幕。选项卡式适合分类少及需要频繁切换操作的菜单，而九宫格或陈列馆式适合用户选择更多的 App。

图 10-15　九宫格的 UI 与标签布局相结合

　　宫格式布局主要用来展示图片、视频列表以及功能页面，所以会使用经典的信息卡片（Paper Design）和图文混排的方式来进行视觉设计。同时也可以结合栅格化设计进行不规则的宫格式布局，实现"照片墙"的设计效果。信息卡片和界面背景分离，使宫格更加清晰，同时也可以丰富界面设计。瀑布流布局是宫格式布局的一种，在图片或作品展示类网站如Pinterest、Dribbble（见图 10-16）设计中比较常见。这种布局的主要特点是通过所展示的图片让用户浏览信息，用户只需滑动鼠标就可以一直向下浏览，每个缩略图都有链接可以进入详细页面，方便用户查看所有的图片，国内部分图片网站如美丽说、花瓣网也是这种典型的瀑布流布局。宫格布局的优点是信息传递直观，极易操作，适合用户使用。不仅界面丰富美观，其展示的信息量也较大，是图文检索页面设计中最主要的设计方式之一。它的缺点在于浏览式查找信息的效率不高。因此，许多宫格式布局也结合了搜索框、标签栏等来弥补这个缺陷。

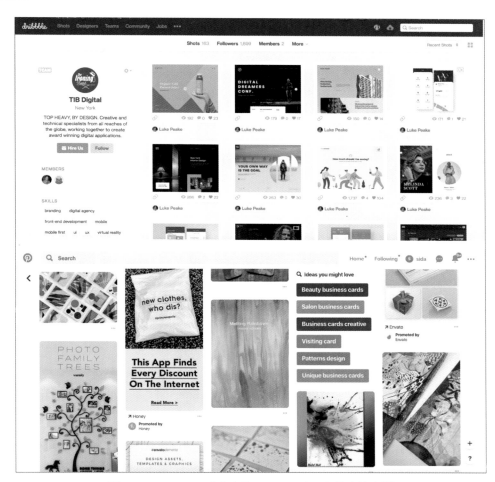

图 10-16　Dribbble（上）和 Pinterest（下）的宫格布局

10.5　侧栏与标签设计

侧滑式布局也称作侧滑菜单，是一种应用广泛的信息展示布局方式。受屏幕宽度限制，手机单屏可显示的数量较少，但可通过左右滑动屏幕或点击箭头查看更多内容。这种布局比较适合元素数量较少的情况，当需要展示更多的内容时可采用竖向滚屏的设计。侧滑式布局的最大优势是能够减少界面跳转，信息延展性强。该布局也可以更好地平衡页面信息广度和深度之间的关系。折叠式菜单也叫风琴布局，常见于两级结构如树状目录，用户通过点击分类可展开二级内容（见图 10-17），侧栏菜单在不用时是隐藏的，因此可承载比较多的信息，同时保持界面简洁。折叠式菜单不仅可以减少界面跳转，提高操作效率，而且在信息构架上也显得干净、清晰，是电商 App 的常用导航方式。在实现侧滑式布局交互效果时，增加一些交互上的新意或趣味性，如折纸效果、弹性效果、翻页动画等，可以增强侧栏布局的丰富性。

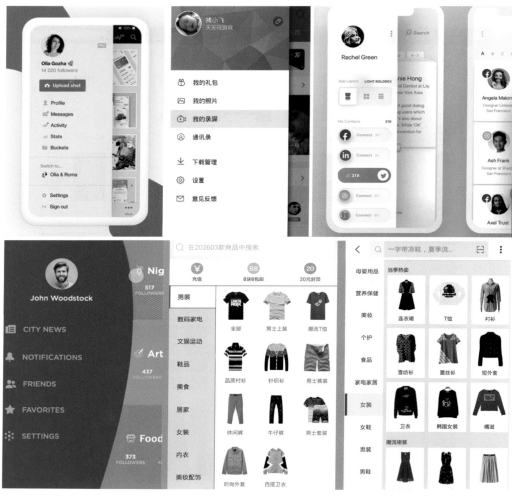

图 10-17 侧滑式布局 UI 设计

标签式布局又称选项卡（Tab）布局，是一种从网页设计到手机移动界面设计都会用到的布局方式之一。标签式布局的优点是对于界面空间的高重复利用率。所以在处理大量同级信息时，设计师就可以使用选项卡或标签式布局。尤其是手机 UI 设计中，标签式布局可真正发挥其寸土寸金的效用。图片或作品展示类 App 如 Pinterest 就提供了颜色丰富的标签选项，淘宝 App 同样在顶栏设计了多个选项标签（见图 10-18，上）。对于类似产品、电商或者需要展示大量分类信息的 App，标签栏如同储物盒子一样将信息分类放置，对于 UI 的清晰化和条理化是必不可少的。此外，从用户体验角度来讲，一味地增加手机页面的浏览长度并不是一个好的方法，当用户从上到下快速浏览页面时，其心理也会从仔细浏览变成走马观花。对于设计师来说，手机 UI 页设计的长度最好不要超过 4~5 屏的长度，利用标签式布局可以很好地解决这样的问题，在信息传递和页面高度之间提供了一个有效的解决方案。作为标签式网页的子类，弹出菜单或弹出框也是手机布局常见的方式。弹出框可以把内容隐藏，仅在需要的时候才弹出，从而节省屏幕空间并带给用户更好的体验。弹出框在同级页面进行使得用户体验比较连贯，常用于下拉弹出菜单、广告、地图、二维码信息等（见图 10-18，下）。但由于弹出框显示的内容有限，所以只适用于特殊的场景。

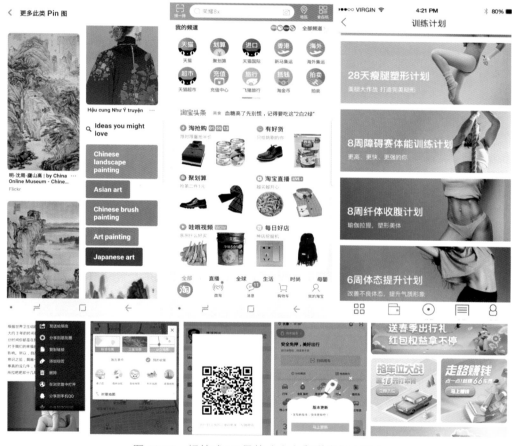

图 10-18　标签式 UI 风格（上）和弹出框（下）

10.6　平移或滚动设计

平移式布局主要是通过手指横向滑动屏幕来查看隐藏信息的一种交互方式，是移动界面中比较常见的布局方式。这种设计语言来源于经典的瑞士图形设计原则。2006 年，微软设计团队首次在 Windows 8 的界面中引入了这种设计语言并称之为 "城市地铁标识风格（Metro

Design）"。这种设计语言强调通过良好的排版、文字和卡片式的信息结构来吸引用户（见图 10-19）。微软将该设计语言视为"时尚、快速和现代"的视觉规范，并逐渐被 iOS 7 和安卓系统所采用。使用这些设计方式最大的好处就是创造色彩对比，可以让设计师通过色块、图片上的大字体或者多种颜色层次来创造视觉冲击力。对于手机 UI 设计来说，由于交互方式不断优化，用户越来越追求页面信息量的丰富和良好的操作体验之间的平衡，平移式布局不仅能够展示横轴的隐藏信息，而且通过手指的左右滑动，可以横向显示更多的信息，从而有效地释放了手机屏幕的容量，也使得用户的操作变得更加简便。

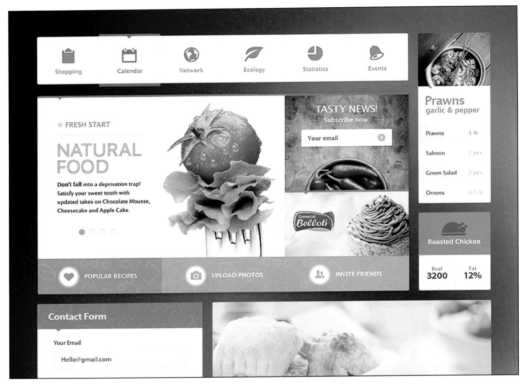

图 10-19　微软 Metro Design 的网页

　　对于手机屏幕来说其尺寸都是固定的，以三星 S8+ 为例，屏幕为 6.2 英寸，分辨率为 1440×2960px。因此，页面信息的呈现主要是通过上下滑动来实现的。平移式布局可以通过横向延展手机屏幕来呈现更多的信息，有效地增加了屏幕的使用效率。这种设计风格可以降低页面的层级，使得用户操作有更流畅的体验。iOS 10 和安卓系统都支持平移布局的左右滑动。在设计平移式布局时，设计师可以根据卡片式设计进行设计，如旅游地图的设计就可以采取左右滚动的方式进行浏览（见图 10-20，左上）。对于一些需要快速浏览的信息，如广告图片、分类信息图片和定制信息等，采用平移扩展的布局拓展了信息的丰富性和流畅感。平移布局一般以横向 3~4 屏的内容最为合适，这些图标或图片可以通过用户双击、点击等方式跳转到详情页，实现浏览、选择与跳转的无缝衔接。此外，设计师还可以借助圆角以及投影等效果，让用户体验更加优化（见图 10-20，左下及右上）。苹果手机的图片圆角大小建议控制在 5 像素以内，安卓系统的卡片的圆角为 3 像素即可。

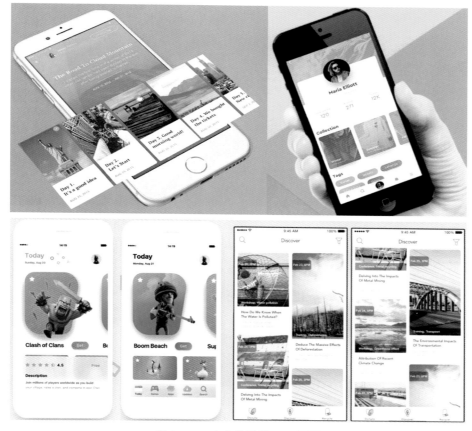

图 10-20　左右滚动的 App 页面

10.7　基于H5的UI设计

1. H5 的特征与优势

从前端技术的角度，互联网的发展可以分为 3 个阶段：第一阶段是以 Web 1.0 为主的网络阶段，前端主流技术是 HTML 和 CSS；第二阶段是以 Web 2.0 为代表的 Ajax 应用阶段，热门技术是 JavaScript/DOM 异步数据请求；第三阶段是目前的 HTML5（H5）和 CSS3 阶段，这两者相辅相成，使互联网又进入了一个崭新的时代。在 HTML5 之前，由于各个浏览器之间的标准不统一，Web 浏览器之间互不兼容。而 H5 平台上的视频、音频、图像、动画以及交互都被标准化。近年来，我国移动互联网的用户、终端、网络基础设施规模在持续稳定地增长，展现出勃勃生机，为 H5 广告提供了技术驱动力。社交化、互动化、移动化、富媒体化的趋势越来越清晰。多元化社交网络平台的普及，为 H5 广告的传播制造了可能。手机主题页 H5 广告成为电商活动与产品营销的新媒体（见图 10-21）。这些广告不仅炫目多彩，风趣幽默，还可以与用户互动。HTML5 + CSS3 + JavaScript 语言可以实现如 3D 动效、GIF 动图、时间轴动画、H5 弹幕、多屏现场投票、微信登录、数据查询、在线报名和微信支付等一系列功能。其中，HTML5 负责标记网页里面的元素（标题、段落、表格等），CSS3 则负责网页的样式和布局，而 JavaScript 负责增加 HTML5 网页的交互性和动画特效。

图 10-21　H5 电商促销活动广告

　　HTML5 的语法特征能够在移动设备上支持多媒体，能更好地适应移动端设备。新的解析规则增强了灵活性、新属性、淘汰过时的或冗余的属性，真正改变了用户与文档的交互方式。HTML5 的主要优势包括：①兼容性；②合理性；③高效率；④可分离性；⑤简洁性；⑥通用性；⑦无插件等。H5 在音频、视频、动画、应用页面效果和开发效率等方面给网页设计风格及相关理念带来了冲击。为了增强 Web 应用的实用性，H5 扩展了很多新技术并对传统 HTML 文档进行了修改，使文档结构更加清晰明确，容易阅读。同时，H5 增加了很多新的结构元素，减少了复杂性，这样既方便了浏览者的访问，也提高了 Web 设计人员的开发速度。H5 网页最大的特点就是更接近插画的风格，版式自由度高，色彩亮丽，为设计师发挥创意提供了更大的舞台（见图 10-22）。H5 广告还有可移植性，能够跨平台呈现为移动媒体或桌面网页。

图 10-22　插画风格 H5 网页

H5 广告有活动推广、品牌推广、产品营销几大类型，形式包括手绘、插画、视频、游戏、邀请函、贺卡和测试题等表现形式。其中，为活动推广运营而打造的 H5 页面是最常见的类型，H5 活动推广页需要有更强的互动、更高质量、更具话题性的设计来促成用户分享传播。例如，大众点评为"吃货节"设计的推广页（见图 10-23）便深谙此道。复古拟物风格、富有质感的插画配以幽默的文字、动画与音效，用"夏娃""爱因斯坦""猴子""思想者"等噱头，将手绘插画、故事与互动相结合，成为吸引用户关注与分享的好创意。

图 10-23　吃货节的 H5 推广页

H5 广告设计和平面版式设计类似，字体、排版、动效、音效和适配性这 5 大因素可谓"一个都不能少"。如何有的放矢地进行设计，需要考虑到具体的应用场景和传播对象，从用户角度出发去思考：什么样的页面会打动用户？对于手机广告设计来说，淘宝网设计师给出的公式：100 分（满分）＝选材（25%）＋背景（25%）＋文案设计（40%）＋营造氛围（10%）就可以成为我们借鉴的指南。为了避免用户的视觉疲劳，H5 广告在设计上应该尽量"简单粗暴"：除了采用明亮的颜色和清晰的版式外，大幅诱人的照片与别具风格的标题也是必不可少的设计元素（见图 10-24）。

2. H5 界面设计原则

H5 广告对交互设计师的能力带来了不少的挑战。例如，传统平面广告制作周期长，环节多，而 H5 广告则要快捷得多。此外，平面设计师的制作工具较为单一，而 H5 广告则要求设计师还应该会音视频剪辑、动效和初步编程（交互）等。传统的广告设计师功夫在于做画面，内容是静止的。而 H5 广告能够融合平面、动画、三维、交互、电影、动效、声音等，其表现的范围和潜力要大得多。此外，平面广告多是在户外公共空间或纸媒展示，内容往往更加"高大上"，而 H5 广告主要针对非特定的手机用户群，因此，广告文案要求更"接地气"（见图 10-25）。在设计 H5 广告时，应该考虑到用户使用场景的多样性，如背景

图 10-24　色彩与图文组合的 App 电商页面

音乐尽量不要太吵闹,这对于会议、课堂、车厢等公共场所尤为重要。为了实现自动匹配的响应式设计,页面的设计应当根据设备环境(系统平台、屏幕尺寸和屏幕定向等)进行相应的响应和调整,如弹性网格和布局、图片、CSS3 Media Query 和 jQuery Mobile 的使用等。从技术上看,目前国内几家 H5 定制化平台如易企秀、iH5 等提供了专业化模板,并可以根据用户的需求提供定制服务。部分 H5 在线设计平台还提供了集策划、设计、开发和媒体发布于一身的"一条龙"互动营销整体策划方案,为高端客户提供基于手机的广告宣传服务。

图 10-25 H5 广告和传统平面广告的比较

下面是 H5 手机广告设计的几条原则。

(1)简洁集中,一目了然。手机广告设计不同于平面广告。在有限的手机屏幕空间内,最好的效果是简单集中,最好有一个核心元素,突出重点为最优。简单图文是最常见的 H5专题页形式。图的形式可以千变万化,可以是照片、插画和 GIF 动图等。通过翻页等方式起到类似幻灯片的传播效果,考验设计师的是高质量的内容和讲故事的能力。蘑菇街和美丽说的校招广告就是典型的简单图文型 H5 专题页(见图 10-26,上),用模特 + 简洁的背景色 +个性化的文案串起了整套页面,视觉简洁有力。

(2)风格统一,自然流畅。页面中的元素(插图、文字、照片)的动效呈现是 H5 广告最有特色的部分。例如,一些元素的位移、旋转、翻转、缩放、逐帧、淡入淡出、粒子和3D、照片处理等使得这种页面产生电影般的效果。大众点评的电影推广 H5 就有着统一的复古风格(见图 10-26,下)。富有质感的旧票根、忽闪的霓虹灯,以及围绕"选择"这个关键词用测试题来吸引用户参与互动。该广告的视觉设计延续了怀旧大字报风格,字体、文案、装饰元素等细节处理也十分用心，包括文案措辞和背景音效，无不与整体的戏谑风保持一致，给到用户一个完整统一的互动体验。开脑洞的创意、交互选择题和动画（如剁手）令人叫绝，由此牢牢吸引了用户的眼球。

图 10-26　校招 H5 广告（上）与电影推广 H5 页（下）

（3）自然交互，适度动效。随着技术的发展，如今的 HTML5 拥有众多出彩的特性，让我们能轻松实现绘图、擦除、摇一摇、重力感应、擦除、3D 视图等互动效果。轻松有趣的游戏是吸引用户关注的法宝。相较于塞入各种不同种类的动效导致页面混乱臃肿，合理运用游戏技术与自然的互动，为用户提供流畅的互动体验是优秀设计的关键。例如，安居客的 H5 广告（见图 10-27，上）就巧妙利用了"抓娃娃"的设计，达到吸引用户扫描"天天有礼"活动主题的目的。同样，欧美陶瓷也通过"新品对对碰"游戏（见图 10-27，下）来吸引用户的注意力。

图 10-27　游戏插入式的 H5 广告

（4）故事分享，引发共鸣。不论 H5 的形式如何多变，有价值的内容始终是第一位的。好故事能够引发用户的情感共鸣并会被快速分享传播。例如，腾讯三国手游推送广告《全民主公》（见图 10-28，上）就是以《三国演义》历史和人物典故打造的幽默故事。该广告画面有着传统年画门神的热闹气氛，对联更是激情四射，幽默夸张，令人捧腹。用户不仅体验了动画和故事的魅力，而且从故事、对联中领悟到游戏的乐趣。该广告还通过 Canvas + jQuery 技术实现了擦掉动作片马赛克的互动体验，这更是让大家乐此不疲。此外，如果能够将中国传统创意元素，如波浪、云纹、京剧等和复古漫画风格相结合，就可以产生丰富的视觉表现力。如腾讯游戏《欢乐麻将》产品宣传 H5 广告《中国人集体暴走了！》（见图 10-28，中和下）就是利用混搭元素进行综合创意的样本。因此，在设计 H5 广告时，设计师可以适当考虑借鉴中国传统的故事、典故、传说，同时结合民族化的表现形式，如云纹、海浪或者戏剧舞台效果的装饰风格，这样可以大大增强广告的表现力和文化内涵。

图 10-28　《全民主公》（上）和《中国人集体暴走了！》（中，下）

　　和 Banner 广告设计的方式接近，H5 广告的组成要素也包含文案、商品 / 模特、背景与点缀物，但画幅以纵向设计为主，由此给设计师提供了更大的空间。通常第 1 屏的内容非常重要，是"画龙点睛"之笔，如果设计乏味或者雷同，用户就不会再有兴趣往下滚动。在一个时装发布的 H5 广告中，设计师就用"时尚周刊"的模式，将模特、动感图形、红黑配色、点题文案相结合，在整体风格上统一（见图 10-29，上）。和针对校园女生群体的广告配色不同，前者往往采用漫画、卡通与粉色基调，突出阳光与少女的气质（见图 10-29，下）；时尚类广告则彰显"酷"与"范儿"的特征，如黑色与红色以及与暗色系颜色的搭配使得整体画面显得高端大气，同时为了让画面不那么沉闷，可以通过画面的拼贴与混搭来产生动感和更具设计感的风格。

图 10-29　以红黑配色为基调的 H5 广告

思考与实践10

一、思考题

1. 界面设计师的工作主要包括哪些方面？和交互设计师有何区别？

2. 苹果前总裁乔布斯当年为什么青睐拟物化 UI 设计风格？

3. 从媒介变迁的角度说明扁平化设计风格流行的原因。

4. 瑞士平面设计风格与 UI 设计有何联系？如何创新界面设计风格？

5. 智能手机的页面布局与导航设计分为几种类型？

6. 试比较手机 App 的列表式与陈列馆式设计风格的优缺点。

7. 从信息设计角度上看，瀑布流布局的 App 界面有何优势？

8. H5 手机广告设计有哪些原则？和传统广告设计有何不同？

9. 举例说明 H5 在动图、动画、动效设计和多媒体设计上的优势。

二、实践题

1. 国外博物馆普遍采用更有代入感的 UI 设计（见图 10-30）。这种风格不仅会增强体验感，也更具有视觉冲击力。请调研国内的博物馆网站，如历史博物馆、自然博物馆、美术馆或科技馆，比较中外博物馆网站在设计内容与界面风格上的差异。

图 10-30　法国罗浮宫博物馆网页

2. 瀑布流形式的图片陈列式界面（如 Pinterest、花瓣网）因其高效、简洁的卡片式呈现风格，成为电商、社交、影视、购物和图片展示的相关 App 的 UI 界面设计潮流。请参考上述网站或 App 的设计风格，构建一个以少数民族服饰文化为核心的，集购物、旅游品信息和民俗图片分享为一体的手机服务平台。

第11课 心理学与UI设计

11.1 心理学与界面设计

　　心理学是研究心理现象的科学，主要研究人的认知、动机、情绪、能力和人格等。心理不同于行为但又和行为有着密切的关系。因此，心理学有时又被认为是研究行为和心理过程的科学。用户体验研究离不开对人类行为方式的理解，因此心理学是 UX 及 HI 设计不可或缺的理论基础之一。例如，根据美国心理学家米勒（Miller）在 1956 年发表的论文"神奇的数字 7±2：我们加工信息能力的某些限制"可知，人脑处理信息有一个魔法数字 7±2 的限制。也就是说，人的大脑能够同时处理 5~9 个信息块（Chunks），当超过 9 个信息块后，大脑出现错误的频率会大大提高（见图 11-1，上）。数以百计的实验证明了这种"大脑内存"限制的普遍性。这种心理现象对交互产品设计有着重要的影响，例如，对 App 菜单与栏目的设计。基于信息分类与"区块化"的工具栏设计对减轻记忆负担是非常有用的方法（见图 11-1，下）。米勒认为，信息分类或者"分块"是良好用户体验的关键，而"≥5"的极简主义规则也成为 UI 设计中被广泛采用的设计理念之一。简而言之，由于大脑工作记忆（短期记忆）的局限性，随着数字产品功能越来越丰富，界面不可避免地会变得越来越复杂，也导致用户在操作时必须管理更多信息，这使得"米勒记忆定律"变得至关重要。

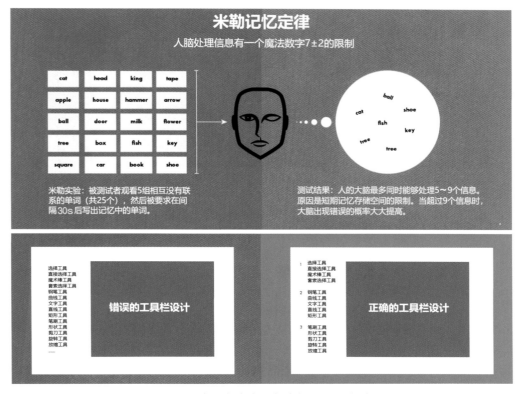

图 11-1　米勒定律或神奇数字"7±2 法则"

　　米勒定律的意义在于：人类可以处理的信息量是有限的，信息过载会导致分散注意力，从而对产品性能或者服务产生负面影响。因为当你向产品添加更多功能时，界面必须能够容纳这些新功能，而同时又不会破坏产品界面的框架和视觉体验。米勒定律同样适用于组织架构设计，如扁平化管理可以有效地提升团队的工作效率。"首因和近因效应"或"信息位置效应"也与米勒定律相关。该定律用来描述信息的顺序对记忆的影响。美国心理学家赫尔曼·艾宾浩斯（Herman Ebbinghaus，著名艾宾浩斯遗忘曲线的发现者）在 1957 年首次提出了"首因效应"现象，即先呈现的信息比后呈现的信息有更大的影响作用。艾宾浩斯等人进一步研究发现，新近获得的信息对用户体验和记忆也有重要的影响，这个现象叫作"近因效应"。人们在背诵单词时，往往会记住开头和结尾处的单词而忘记中间的词汇。同样，传统的购物支付方式非常烦琐，而"扫码支付"可以让用户购物支付快捷简单，从开始就获得了良好的体验（见图 11-2，左）。外出旅游的体验是由一系列服务事件或"触点"组成的，对游客来说，结尾的体验往往更重要。虽然游客常常抱怨迪士尼乐园到处排队、东西很贵、又乏又累，但游览结束时会收到景区赠送的折扣购物卡（见图 11-2，右），这个小礼物会让游客感到意外的惊喜。因此，无论是线上设计还是线下服务，利用"首因和近因效应"设计出"凤头"和"豹尾"的体验至关重要。

图 11-2　交互设计中的首因效应和近因效应

　　此外，由英国心理学家威廉·希克（William Hick）命名的"希克定律"也是与米勒定律相关的心理感知现象并被广泛用于交互设计。其理论指出当有更多选择可供选择时，人们会花费更长的时间做出决定，也就是一个人做出决定所需的时间取决于他或她可以选择的选项数，即希克公式：$RT = a + b \log2(n)$。其中，用户做出决定的响应时间（RT）与选项次数（n）存在正相关的关系。对 UX 师来说，希克定律意味着用户与界面的交互时间与可交互的选项数量直接相关。因此，复杂的界面会导致用户的决策时间更长。当界面过于复杂、信息不够清晰时，用户往往需要大量的脑力或认知负荷才能完成任务，自然体验就不够好。如果我们比较一下"滴滴出行"与"美团"改版前后的 UI 设计，就可以发现界面信息的复杂度带给用户的感受（见图 11-3）。虽然二者改版的初衷都是服务项目（功能）的增加，但从希克定律上看："美团"改版（见图 11-3，右）的 UI 设计明显要比"滴滴出行"的改版（见图 11-3，左）

更为成功。

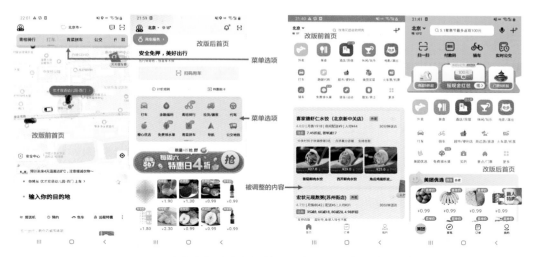

图 11-3　滴滴出行（左）与美团（右）App 改版前后比较

交互设计本质上是一门设计师将对人类行为的预测、洞察或研究应用于信息产品开发的学科。因此，UX 设计师可以说是一位有着各种疑问并带着速写本的心理学家。早在 20 年前，体验设计专家、认知心理学教授唐·诺曼就通过对人类认知的系统研究奠定了交互设计的理论基础。他对各种认知错误以及如何优化计算机系统以减少或消除这些错误提供了一系列指导方针。同样，2020 年，资深设计师乔恩·亚布隆斯基（Jon Yablonski）在其出版的《用户体验法则：运用心理学来设计更好的产品和服务》（*Laws of UX*）一书中，系统总结了 UX 与交互设计经常会用到的，包括米勒定律和希克定律在内的心理学法则和定律。该书不仅为交互设计和服务设计提供了设计指南，同时也为信息设计及企业组织构架设计提供了有益的参考。

11.2　格式塔心理学

20 世纪初，一些德国心理学家试图解释人类视觉感知是如何工作的。他们观察并分类了许多重要的视觉现象，其中重要的发现就是人类的视知觉是整体的：格式塔心理学建立了一个心理模型来解释认知过程。该理论认为人类的视知觉判断有 8 个原则，即整体性原则、组织性原则、具体化原则、恒常性原则、闭合性原则、相似性原则、接近性原则和连续性原则（见图 11-4，上）。德语中"形状"或"图形"一词是格式塔（Gestalt），因此这些理论被称为格式塔的视觉感知原理。现代科学证明，认知心理是通过"模式识别"或"图形匹配"来实现的。人们在进行观察的时候，倾向于将视觉内容理解为常规的、简单的、相连的、对称的或有序的结构。同时，人们在获取视觉感知的时候，会倾向于将事物理解为一个整体，而不是将事物理解为组成该事物所有部分的集合。设计师应该遵循这些原则进行设计。例如，设计师在展示全球碳排放的信息图表中，采用不同面积的泡泡（接近性原则）来表示定量数据（见图 11-4，左下），同时图表颜色和世界各洲的颜色相对应。同样，图 11-4 右下的关于牛的身体各部位标记示意图则是巧妙利用了组织性原则的设计范例。

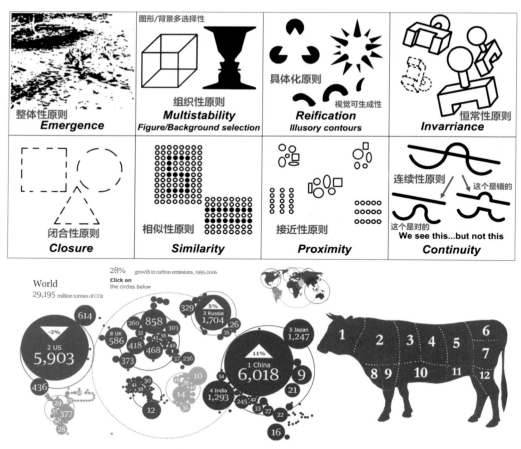

图 11-4　格式塔心理学的 8 个认知规律原则（上）及范例（下）

　　格式塔的视觉感知原理与 8 项原则在 UX 设计与交互设计中同样有着广泛的应用。例如，在一则关于短租民居的网页设计中，首页民宿照片的面积过大，而相对忽略了标题、留白与文字信息的协调一致（见图 11-5，右上）。页面信息过于复杂，用户难以快速把握主要的信息如民宿的特色及服务、环境和价格、房东的亲和力以及交通、网络等因素。根据格式塔图形 / 背景的选择性原则，设计师改版后页面（见图 11-5，左上）简洁清晰，标题与文字的版式视觉统一，照片更有特色和魅力。这个改版不仅突出了主题与特色，而且去掉了原版式中容易混淆的元素①②，背景图裁切掉③的区域，图片 / 背景接近黄金分割比，符合人们的视觉习惯。同样，另一组"我是房东"的界面设计暴露了更多的问题（见图 11-5，右下）。从改版前的页面来看，边框留白太大，标题位置太高（①）、按钮、导航、文字与图片等几种元素的分布较为凌乱（②③④⑤⑥），整体版式不统一，主题与服务特色不够醒目，而且部分链接字体太小，导航不清晰。改版后的页面有效地避免和修正了上述问题，而且更好地体现了格式塔相邻性（接近性）与相似性原则。特别是通栏图像的使用，突出了民宿的主体与特色，标题更清晰，整体版式的风格也更为统一（见图 11-5，左下）。

　　格式塔心理学的另一个应用是在视错觉设计领域。视错觉就是当人观察物体时，基于经验或不当的参照形成的错误的判断和感知。日常生活中的视错觉的例子有很多，如法国国旗红：白：蓝三色的比例为 35：33：37，而我们却感觉三种颜色面积相等。这是因为白色给人

图 11-5　短租民居的网页设计的心理学（改版前后变化）

以扩张感觉，而蓝色则有收缩的感觉。同样，红色会使人有"前进"的感觉，而蓝色会产生
"后退"的体验。保险箱多为黑色或者墨绿色等"沉重"的颜色，而包装纸箱则保持了纸浆
的原色浅褐色，这和心理重量也有着紧密的联系。格式塔心理学认为"知觉选择性"是视错
觉产生的原因之一。视错觉在 UI 设计、图标设计或者插画设计中普遍存在。例如，按照中
心对称将一个三角形置于圆角矩形中，但看起来居中位置总是不对（见图 11-6，右中）。所以，

图 11-6　视错觉在 UI 与图标设计中普遍存在（不对称的设计）

需要调整三角形重心的位置和几何中点重合（见图 11-6,右下）或者调整两边色块的比重（见图 11-6, 右上）才能看上去更符合用户习惯。在需要设计出空间感、层次感的界面中，设计师则可以大胆采用带有凹凸阴影的立体图案（见图 11-7），通过视错觉营造更生动的视觉效果。

图 11-7　带有凹凸阴影的立体图案会产生视错觉效

11.3　设计心理学定律

2020 年，资深设计师乔恩·亚布隆斯基在其出版的《用户体验法则：运用心理学来设计更好的产品和服务》一书中，系统总结了 UX 与交互设计经常会用到的 10 条法则和定律，为体验设计师提供了基于认知心理学的设计原则与方法。除了本章前面介绍过的米勒定律（7±2 魔法数字）、首因效应、近因效应、希克定律和格式塔心理学的相邻性（接近性）与相似性原则外，其他值得研究的法则还包括费茨定律、泰斯勒定律、雅各布定律、雷斯托夫效应和麦肯锡金字塔原理。

1. 费茨定律

费茨定律（Fitts Law）由美国心理学家保罗·费茨（Paul Fitts）于 1954 年提出，用来描述从任意一点到目标中心位置所需的时间。费茨发现：所需时间与该点到目标的距离和目标对象面积大小有关,距离越大时间越长,目标越大时间越短。在体验设计中,该定律的含义是,用户与物体互动所花费的时间与物体的大小和与物体的距离有关。换句话说，随着对象大小的增加，选择对象的时间会减少。此外，选择对象的时间随着用户选择它必须移动的距离的减少而减少。反之亦然：物体越小越远，准确选择它所花费的时间就越多。费茨定律被认为是描述人体运动最成功和最有影响力的数学模型之一，并已广泛用于人机交互之中。费茨定律的核心就是：①触摸目标应该足够大以使用户能够准确地选择它们；②触摸目标之间应该有足够的间距，以保证用户不会混淆。可用性和易用性是良好设计的关键。这意味着界面应该易于理解和方便导航，用户使用智能手机所花费的时间是至关重要的指标。UX 设计师必须适当地设置交互对象的大小和位置,以确保它们易于选择并能够满足用户的需求。2017 年，OFO 推出的共享单车 App 的 UI 设计充分考虑到了费茨定律的影响（见图 11-8）。

图 11-8　费茨定律（左）与共享单车 App 的 UI 设计（右）

2. 泰斯勒定律

泰斯勒定律（Tesler's Law）又称复杂性守恒定律，指的是任何系统都存在其固有的复杂性，且无法被减少，我们要考虑的是怎么样更好地处理它，让用户简单、高效地使用它。泰斯勒定律也称"复杂度守恒定律"，由心理学家莱瑞·泰斯勒（Larry Tesler）于 1984 年提出。该定律认为：每一个过程都有其固有的复杂性并存在一个临界点，超过了这个点过程就不能再简化了，只能将固有的复杂性进行转移。UX 设计师在面对较为复杂的业务、流程、页面的时候，哪些内容可以精简？哪些图片可以删除？哪些内容强调或弱化？这些都需要和业务产品方做反复沟通达成意见一致，找到业务和用户体验之间的权衡点。

例如，抖音、UC 浏览器、淘宝等平台会通过用户平时浏览的时长、点赞、收藏等行为来进行智能推送，从而降低了用户寻找的时间。智能化趋势也使得家用遥控器的界面与功能越来越简洁和清晰。苹果的 Keynote 和微软的 PPT 都是演示软件，但 Keynote 是系统自动保存，用户可以随时关闭，不会担心资料缺失。而 PowerPoint 是手动保存和存档，如遇到问题导致软件自动关闭，就给用户带来麻烦（见图 11-9，右上）。因此，苹果对用户体验的理解显然更胜一筹。泰斯勒定律在 UI 设计中有着广泛的应用。例如，站酷网的顶部导航栏简洁清晰，除了常用的功能外，其他内容都被合并隐藏在首页设计的更多功能模块中（见图 11-9，右下）。在 UI 设计中，常见的复杂性转移方式有"查看更多""查看全部""查看详情""展开 / 收起"等技术。此外，设计师还可以通过删除、组织、重构、隐藏等降噪方法，隐藏或转移那些不常用的功能（见图 11-9，左和中）；随着智能算法技术的进步，数字设备会更"懂"用户，界面更简洁，导航与功能更清晰，并有效降低或转移操作的复杂性。

3. 雅各布定律

雅各布定律（Jakob Law）也称为"互联网 UX 雅各布定律"，是由著名可用性专家、用户体验专家雅各布·尼尔森（Jakob Nielsen）于 2000 年提出的。该定律描述了用户根据他们在其他网站上积累的经验、使用模式和习惯来判断和理解新网站的使用。用户会将他们围绕

图 11-9　泰斯勒定律就是要降低系统的复杂性

一种熟悉的产品建立的期望转移到看起来相似的另一种产品上。通过利用现有的思维模型，可以创建出色的用户体验，使用户专注于自己的任务，而不是学习新的模型。如果要对产品进行升级换代，企业可以授权用户在有限的时间内继续使用熟悉的旧版本，以最大限度地减少不一致性。尼尔森将这种现象描述为人性化规则，它鼓励设计师遵循通用的设计惯例来设计 App，使用户可以轻车熟路，将更多的精力集中在服务内容、信息或产品功能上。而一些别出心裁的设计可能会让用户感到恐慌、困惑和失望并导致更高的认知成本。

例如，在过去 10 年间，为了适应智能移动时代人们的生活方式，苹果 iPhone 的 iOS 系统经过了多次升级换代，从早期的拟物化风格转换成了更简约清晰的扁平化风格。但从界面外观上仍保持了用户已经熟悉的图标风格和布局方式（见图 11-10，左）。同样，2017 年，YouTube 为适应软件在跨媒体平台（手机、平板电脑、游戏机以及电视）的拓展以及内容的多样性，重新对 Logo 与版式进行了调整（见图 11-10，右）。调整后的 Logo 风格更为简约清晰，但网站框架和功能几乎相同，只是 UI 设计顺应了新的准则，如调整字体大小、颜色和栏目间距等。为了保持一致性，YouTube 给用户提供了旧版的选择，让用户有个逐渐适应新版本的过程。雅各布定律要求设计师尊重用户原有的思维模型和操作习惯,并通过敏捷设计的"小

图 11-10　雅各布定律提示 UI 设计的一致性对用户体验的意义

步积累"来逐步提升产品的创新，而不是从零开始，另起炉灶，避免了心智模型的不一致所带来的问题。

4. 雷斯托夫效应

雷斯托夫效应（Restorff Effect）又称隔离效应（Isolation Effect）以及新奇效应（Novelty Effect），1933 年由德国精神病学家和儿科医生冯·雷斯托夫（von Restorff）提出。他们在一项研究中对处于隔离状态的人们展示了一系列相似的项目。该研究结果显示：当存在多个相似的对象时，最有可能记住一个与众不同的对象。雷斯托夫认为，某个元素越是违反常理就越引人注意并会受到更多的关注。比如人生中的很多第一次，高考、初恋、第一份工作等都会留下深刻的印象。科学家证实，人类天生具有发现物体细微差异的能力。从生命进化的角度，这些特征对我们物种的生存具有重要意义。例如，原始人在非洲灌木丛中识别出一只猎豹就是一件与性命攸关的大事。

直到今天，这种能力仍然与我们同在，影响了我们对周围世界的感知和处理方式。人们常说的"万绿丛中一点红"就是知觉选择性的原理。对于体验设计师来说，如果需要突出某个重点内容，就要通过色彩、尺寸、留白、字体粗细等设计手段来实现目标（见图 11-11）。利用对比来凸现重要信息。UX 设计师面临的主要挑战是管理用户将在界面中关注的重点，同时支持他们实现目标。一方面，视觉重点可以通过吸引用户的注意力来引导用户迈向目标。另一方面，太多的视觉重点会相互竞争，使人们更难找到所需的信息。颜色、形状、大小、位置和动作都是吸引用户注意力的因素，在构建界面时必须仔细考虑并平衡这些因素。

图 11-11　在 UI 设计中通过颜色、字体、深浅等突出信息的方法

5. 麦肯锡金字塔

1985 年，麦肯锡国际管理咨询公司顾问、教授巴巴拉·明托（Barbara Minto）出版了《金字塔原理：写作和思维中的逻辑》一书，提出了关于有效沟通的设计原则。明托认为人们应该用金字塔的形式来传达思想或观点。这些观点应该建筑在相关的论据、事实或数据支撑的基础上，这就形成了金字塔的逻辑结构（见图 11-12）。这种思维或写作方式能够让受众在第一时间弄清楚你想谈论的主题，该主题则由数个论据作支撑，而这些一级论据可以继续由数

个二级论据支撑。金字塔原理是一种重点突出、逻辑清晰、层次分明、简单易懂的思维方式和沟通交流方式。该原理的 4 个基本原则是：结论先行，以上统下，归类分组和逻辑递进。设计师首先应该确定主题，设想疑问并推导出答案，随后作者就需要采用金字塔结构的逻辑，进行逻辑推理和归纳总结，并由此得出结论解决悬念。该原理可以广泛用于企业、政府和教育机构，特别是对提升写作与表达能力有着迫切需求的管理者、教师、学生、设计师和产品经理等更为适用。该方法可以指导设计师关注和挖掘受众的意图、需求点、利益点、关注点和兴趣点，想清楚说什么（内容）和怎么说（思路、结构）的技巧。该原理要求作者或演讲者观点鲜明、重点突出、思路清晰、层次分明、简单易懂，让受众有兴趣，能理解，记得住。构建金字塔结构需要自下而上思考，通过结论思考问题，同时需要自上而下的表达，以上统下，层层深入，纵向结构概括，横向归类分组，建立起严密的逻辑结构。通过序言引入主题，借助标题来提炼思想精华。

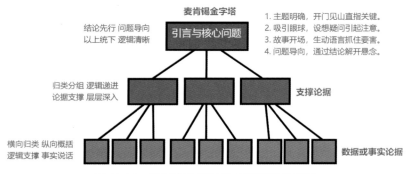

图 11-12　进行有效沟通的金字塔结构模型

金字塔原则就是任何事情都可以归纳出一个中心论点，该中心论点可由 3~7 个论据支持，而这些一级论据本身也可以是个论点，被 3~7 个二级的论据支持，如此延伸状如金字塔。当尝试解决问题时，需要从下到上收集论据，归纳出中心思想，从而建造成坚实的金字塔。金字塔原理要点为：①提炼中心思想，把结论写在前面；②分类组织材料，建立树状层次以降低理解难度；③设定疑问回答沟通，先让读者认可你的设问，然后快速提供回答，节约读者思考时间。

对于作者或者演讲者来说，金字塔结构的顶层就是图书的引言或者 PPT 的首页。该部分吸引受众注意力的方法为：①主题明确，开门见山直指关键问题；②吸引眼球，设想疑问引起观众注意；③故事开场，生动语言抓住问题要害；④问题导向，通过层层深入最终解开悬念。随后的步骤就是通过简明清晰的故事化结构（故事线）来逐步展开作者的思路，这也是 PPT 后续页面的任务。在书面汇报或者 PPT 设计中，作者可以采用多级标题、行首缩进、下画线和数字标号等方式突出重点。在版式设计上，可以采用思维导图、大幅照片、图像文字化、醒目标题、背景色彩等多种手段营造视觉效果（见图 11-13），抓住观众的注意力并有助于阐明作者的观点。

无论是体验设计还是交互设计，设计师都需要掌握金字塔原理，在实践中抓住重点、分清主次，用清晰的视觉引导来吸引用户，将信息或服务的重点优先展示，再根据用户在这个界面上所愿意停留的时间逐级给予更多细节补充。以天猫首页和商品详情页为例：首先，金字塔最上层就是吸引用户"立即购买"的色彩版块（见图 11-14）。该版块以滑动广告 + 链接的方式告知用户商家的活动安排及产品特色，下面则是 5 个子版块，各自用不同的颜色突出

数字媒体艺术的核心问题

什么是数字媒体艺术？
范畴、定义、表现形式、分类、语言、符号、主题、美学、哲学……

为什么要关注数字媒体艺术？
当代性、媒介与设计、体验性、交互性、社会性、文化转型……

数字艺术的表现形式？
时间形态、交互形态、体验形式、娱乐性、游戏性、叙事空间……

如何创作数字媒体艺术？
编程与数据、UI、软件、符号混搭、造型、艺术语言、影像与装置……

数字媒体艺术为谁服务？
传统与创新、设计思维、功能性、可用性、观念性、技术性、时尚性……

对数字媒体专业建设的思考感悟：

❶ 新媒体正在推动艺术设计发生深刻的变革。

❷ 数字媒体艺术是目前艺术设计学的知识前沿。

❸ 交叉学科是新知识、新方法与新工具的生长点。

❹ 基于中国哲学的数字媒体理论有待突破和探索。

❺ 5G引领的数媒艺术仍处于方兴未艾的发展期。

❻ 数媒艺术仍有大量的研究课题有待大家来填补。

思考：2020：新工科、新农科、新医科、新文科(四新) ……"新艺科"？

图 11-13　PPT 设计中采用了麦肯锡金字塔结构模型

图 11-14　天猫在双 11 期间推出的促销网页

显示主题与产品；侧面的目录树则是诱导用户深入了解商品分类的详情，这是专门为资深用户提供的索引条目。在这个过程中，用户在每一层花的时间也在逐级增加。对于设计师来说，活色生香的生活感受是最能吸引眼球的广告要素，网红李子柒代言的火锅产品和牛肉酱的手机淘宝页（见图 11-15）就把这种主题 UI 设计发挥到了极致，由此也生动诠释了金字塔原理。因此，根据手机的三层信息构架，设计师应该把最想传达的信息放在最上层，它称为"主要信息"（首页），主要信息之下是"关键信息"（导航页），再往下一层是"次要信息"（详情页）。三层结构既简略又清晰，不会造成信息负担或者压力。这样 UI 设计的好处有两点，一是整体的逻辑结构在视觉上一目了然，简言之就是见树木也见森林；二是可以直接检查每个层级的信息是否具有统一性，如表现风格、类别和内容等是否一致。

图 11-15　网红李子柒代言的火锅产品和牛肉酱广告页面设计

11.4　界面设计原则

雅各布·尼尔森（Jakob Nielsen）是丹麦技术大学的人机交互博士，也是一家国际用户体验研究、培训和咨询机构——尼尔森诺曼集团（Nielsen Norman Group）的联合创始人及负责人。尼尔森在 2000 年 6 月入选了斯堪的纳维亚互动媒体名人堂，并在 2006 年 4 月加入美国计算机学会人机交互委员会且被赋予人机交互实践终身成就奖。他被《纽约时报》称为"Web 易用性大师"以及被《互联网周刊》称为"易用之王"。通过分析两百多个可用性问题，他于 1995 年发表了"十大可用性原则"，随后成为尼尔森诺曼集团的"启发式可用性评估十原则"（Heuristic Evaluation）的基础。尼尔森的十条可用性原则是产品设计与界面设计的重要参考标准。

（1）状态可见原则：用户在网页上的任何操作，不论是单击、滚动还是按下键盘，页面应即时给出反馈。页面响应时间应小于用户能忍受的等待时间。

（2）环境贴切原则：网页的一切表现和表述，应该尽可能贴近用户所在的环境（年龄、学历、文化、时代背景），还应该使用易懂和约定俗成的表达。隐喻与拟物化 UI 设计就是该原则的体现。

（3）用户可控原则：为了避免用户的误用和误击，网页应提供撤销和重做功能。

（4）一致性原则：同样的情景和环境下，用户进行相同的操作，结果应该一致；不仅功能或操作保持一致，系统或平台的风格、体验也应该保持一致。

（5）防止出错原则：通过网页的设计、重组或特别安排，防止用户出错。

（6）减轻记忆原则：好记性不如烂笔头。应尽可能减少用户记忆负担，如手机的指纹与图案解锁。

（7）灵活易用原则：中级用户的数量远高于初级和高级用户数，设计师应为大多数用户设计。

（8）简约设计原则：又称"易扫原则"。互联网用户浏览网页的行为不是读，而是目光扫描。因此，设计师需要突出重点，弱化和剔除无关信息。

（9）容错原则：帮助用户从错误中恢复，将损失降到最低。如果无法自动挽回，则提供详尽的说明文字和指导方向，而非代码，比如 404 错误。

（10）帮助原则：又称"人性化帮助文档"。该文档最好的呈现方式是：①无须提示；②一次性提示；③常驻提示；④帮助文档。

尼尔森十大原则被称为"启发式原则"，是应用广泛的经验法则，而不是僵化的可用性指导教条，但无论在 Web 端还是移动端设计，掌握了这十项原则，设计师都能够有效提升产品的用户体验。

综合尼尔森可用性原则，我们可以发现好的 UI 设计主要集中在以下方面。

（1）简洁化和清晰化。简洁化的关键在于文字、图片、导航和色彩的设计。近年来，扁平化设计风格的流行就是人们对简洁清晰的信息传达的追求。电商页面普遍采用了网格化和板块式的布局，再加上简洁的图标、大幅面的插图与丰富的色彩，使得手机页面更为人性化。亚马逊的 UI 设计就是其中的范例（见图 11-16）。从导航角度上看，简洁清晰的界面不仅赏心悦目，而且保证用户体验的顺畅与功能透明化。

（2）熟悉感和响应性。人们总是对以前见过的东西有一种熟悉的感觉，雅各布定律指出 UI 设计保持熟悉感有着重要的意义。在导航设计过程中，设计师可以使用一些源于生活的隐喻，如门锁、文件柜等图标，因为现实生活中，我们也是通过文件夹来分类资料的。例如，生活电商 App 往往会采用水果图案来代表不同冰激凌的口味，利用人们对味觉的记忆来促销。响应性代表了交流的效率和顺畅，一个良好的界面不应该让人感觉反应迟缓。通过迅速而清晰的操作反馈可以实现这

图 11-16　亚马逊的简约风格 UI 设计

种高效率。例如，通过结合 App 分栏的左右和上下滑动，不仅可以用来切换相关的页面，还可以使得交互响应方式更加灵活，能够快速实现导航、浏览与下单的流程（见图 11-17）。

图 11-17　手机界面上下左右滑动可以实现高效的信息体验

（3）一致性和美感。在 App 设计中保持界面一致是非常重要的，这能够让用户识别出使用的模式。雅各布定律说明清晰美观的界面会体现出一致性。例如，俄罗斯电商平台 EDA 就是一个界面简约但色彩丰富的应用程序（见图 11-18）。各项列表和栏目安排得赏心悦目。该应用程序采用扁平化、个性化的界面风格，服务分类、目录、订单、购物车等页面都保持了风格一致，简约清晰，色彩鲜明。

图 11-18　简约但色彩丰富的俄罗斯电商平台 EDA

（4）高效性和容错性。高效性和容错性是软件产品可用性的基础。一个精彩的界面应当通过导航和布局设计来帮助用户提高工作效率。例如，著名的图片分享网站、全球最大的图片社交分享网站 Pinterest（见图 11-19）就采用瀑布流的形式，通过清爽的卡片式设计和无边界快速滑动浏览实现了高效率，同时该网站还通过智能联想，将搜索关键词、同类图片和朋友圈分享链接融合在一起，使得任何一项探索都充满了情趣。因为每个人都会犯错，如何处理用户的错误是对软件的一个最好测试。它是否容易撤销操作？是否容易恢复删除的文件？一个好的用户界面不仅需要清晰，而且也提供用户误操作的补救办法，如购物提交清单后，弹出的提醒页面就非常重要。

图 11-19　Pinterest 通过瀑布流的导航实现了高效率

11.5　体验设计UI原则

　　用户的 UI 体验可以分为感官体验、浏览体验、交互体验、阅读体验、情感体验和信息体验。依据近十年来国内外研究者对网站用户体验的调研，并借助"情感化设计"的原则，作者总结了 App 界面设计所需要注意的事项（见图 11-20）。

	No	App 要素	移动媒体交互设计与 App 设计标准
感官体验	1	设计风格	符合用户体验原则和大众审美习惯，并具有一定的引导性
	2	Logo	确保标识和品牌的清晰展示，但不占据过分空间
	3	页面速度	确保页面打开速度，避免使用耗流量、占内存的动画或大图片
	4	页面布局	重点突出，主次分明，图文并茂，将客户最感兴趣的内容放在重要的位置
	5	页面色彩	与品牌整体形象相统一，主色调＋辅助色和谐
	6	动画效果	简洁、自然，与页面相协调，打开速度快，不干扰页面浏览
	7	页面导航	导航条清晰明了、突出，层级分明
	8	页面大小	适合苹果和安卓系统设计规范的智能手机尺寸（跨平台）
	9	图片展示	比例协调、不变形，图片清晰。排列疏密适中，剪裁得当
	10	广告位置	避免干扰视线，广告图片符合整体风格，避免喧宾夺主

图 11-20　根据 App 构成要素总结的设计注意事项

	11	栏目命名	与栏目内容准确相关，简洁清晰
浏览体验	12	栏目层级	导航清晰，收放自如，快速切换，以 3 级菜单为宜
	13	内容分类	同一栏目下，不同分类区隔清晰，不要互相包含或混淆
	14	更新频率	确保稳定的更新频率，以吸引浏览者经常浏览
	15	信息版式	标题醒目，有装饰感，图文混排，便于滑动浏览
	16	新文标记	为新文章提供不同标识（如 new），吸引浏览者查看
交互体验	17	注册申请	注册申请和登录流程简洁规范
	18	按钮设置	交互性的按钮必须清晰突出，确保用户清楚地点击
	19	点击提示	点击过的信息显示为不同的颜色以区分于未阅读内容
	20	错误提示	若表单填写错误，应指明填写错误并保存原有填写内容，减少重复
	21	页面刷新	尽量采用无刷新（如 Ajax 或 Flex）技术，以减少页面的刷新率
	22	新开窗口	尽量减少新开的窗口，设置弹出窗口的关闭功能
	23	资料安全	确保资料的安全保密，对于客户密码和资料加密保存
	24	显示路径	无论用户浏览到哪一层级，都可以看到该页面路径
阅读体验	25	标题导读	滑动式导读标题＋板块式频道（栏目）设计，简洁清晰，色彩明快
	26	精彩推荐	在频道首页或文章左右侧提供精彩内容推荐
	27	内容推荐	在用户浏览文章的左右侧或下部提供相关内容推荐
	28	收藏设置	为用户提供收藏夹，对于喜爱的产品或信息进行收藏
	29	信息搜索	在页面醒目位置提供信息搜索框，便于查找所需内容
	30	文字排列	标题与正文明显区隔，段落清晰
	31	文字字体	采用易于阅读的字体，避免文字过小或过密
	32	页面底色	不能干扰主体页面的阅读
	33	页面长度	设置页面长度，避免页面过长，对于长篇文章进行分页浏览
	34	快速通道	为有明确目的的用户提供快速入口
	35	友好提示	对于每一个操作进行友好提示，以增加浏览者的亲和度
情感体验	36	会员交流	提供便利的会员交流功能（如论坛）或组织活动，增进会员感情
	37	鼓励参与	提供用户评论、投票等功能，让会员更多地参与进来
	38	专家答疑	为用户提出的疑问进行专业解答
	39	导航地图	为用户提供清晰的 GPS 指引或 O2O 服务
	40	搜索引擎	查找相关内容可以显示在搜索引擎前列
信任体验	41	联系方式	准确有效的地址、电话等联系方式，便于查找
	42	服务热线	将公司的服务热线列在醒目的地方，便于客户查找
	43	投诉途径	为客户提供投诉或建议邮箱或在线反馈
	44	帮助中心	对于流程较复杂的服务，帮助中心进行服务介绍

图 11-20 （续）

思考与实践11

一、思考题

1. 什么是"米勒定律"？它对 UI 界面设计有何启示？

2. 交互设计师如何利用"首因效应和近因效应"来增加用户体验？

3. 举例说明如何在 UI 设计中应用"希克定律"。

4. 什么是格式塔视知觉原理与 8 项心理规律？如何将其应用到 UI 设计中？

5. 如何在交互设计实践中应用费茨定律、泰斯勒定律和雅各布定律？

6. 麦肯锡金字塔原理与网站信息结构设计和导航设计有何联系？

7. 符合人性化和情感化的 UI 设计原则有哪些？请结合心理学进行分析。

8. 体验设计 UI 原则可以分成哪几类？对 App 设计有何启示？

9. 举例说明如何在交互设计中利用视错觉心理现象。

二、实践题

1. 苹果公司针对智能手机界面的设计规范制作了一系列组件模板（见图 11-21）。请通过 PS 和 AI 软件根据该模板的界面风格进行一个智能家居管理 App 的设计。要求风格一致，功能标志简洁、清晰、明确、美观、可用性强。

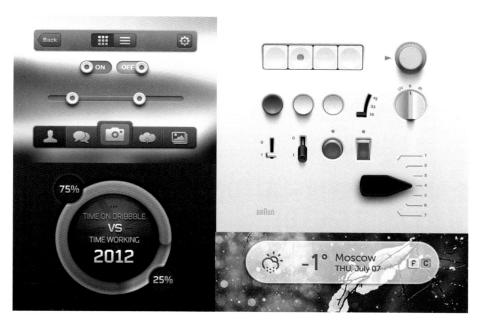

图 11-21　苹果手机界面的 UI 元素模板

2. 有些专家质疑扁平化设计思想源于荷兰风格派（蒙德里安）和抽象主义绘画（康定斯基的点线面），其形式超过内容。如何通过借鉴自然主义和超现实隐喻来摆脱扁平化风格形式单一的局限性？请使用 PS 设计一种"超现实风格"的手机界面。

第12课　服务与服务设计

12.1　服务与社会

　　根据百度百科的定义：服务是指社会成员之间相互提供方便的一类活动，通常可分为有偿的、直接或间接地提供方便的经济性劳动服务。从经济角度来说，服务发生在社会成员之间进行价值交换时，服务提供者通过执行某种活动从而产生可进行交换的价值，如经验或技能（医生、教师或技术人员）或实物如软件（滴滴出行、美团、淘宝）或两者的结合如出租车、网约车等（司机＋车辆）等。服务涵盖了生活的各个方面，如医疗保健或个人护理主要是针对普通老百姓，而军人、警察或消防员则属于保卫国家、服务社区和公共安全的服务。服务是社会的经济基础，但并非一切都是商业交易。父母照顾孩子和子女照顾老人以及邻里相助都是无偿的。社会分工与服务也是经济发展的基础。我国是服务业大国，在全球服务经济中的地位仅次于美国和欧盟（见图 12-1）。在 2020 年全球服务经济因新冠疫情而普遍衰退的情况下，我国也是唯一增长的国家。随着我国数字经济的蓬勃发展，未来增长趋势会进一步加快。

图 12-1　中国是全球服务经济中的重要组成部分（世界银行资料）

　　服务多数是以无形的方式渗透到我们忙碌的日常生活中。我们乘坐公交车、上学、使用信用卡、使用社交媒体、去餐厅、超市买菜、去看牙医等都是在享受他人的劳动或服务。生活中的所有事件几乎都与服务有关，人们通过无数种不同的服务形式相互关联。服务类型多种多样，典型的服务类别包括交通（地铁、公共汽车和出租车）、餐馆、银行、电话和互联网服务、娱乐（如电影、剧院、音乐会、体育赛事）、美甲沙龙、理发店、自助洗衣店以及各种卫生保健和学校等。服务也是公用事业的一部分，如城市自来水和垃圾清洁服务、天然气和电力系统。随着数字科技的普及和深入，今天的数字服务呈现出指数级的增长趋势，如微信、抖音、微博、QQ 和今日头条等社交媒体及传媒平台，以及百度、谷歌、百度网盘和支付宝等通信、金融服务和数据共享平台。此外，还有包括淘宝、京东、美团、天猫、当当、货拉拉等提供购物、餐饮、出行的生活服务平台（见图 12-2）。数字化生活已经渗透到了生活的各个方面，这使得我们的服务意识变得更加敏锐。数字时代的人们离不开互联网，而服务设计也受到了越来越多服务企业的青睐。

图 12-2　日常生活离不开数字平台提供的各种服务

夏威夷大学教授、管理学理论家史蒂芬·瓦戈（Stephen Vargo）认为：人类社会交换的基本单位是服务而不是商品。当人们向他人寻求自己所不具备的知识或身体技能时就产生了价值交换。反过来，人们也可以根据自己的专业知识或身体技能为其他人提供服务。无论是古希腊的陶罐还是今天精密的个人计算机，都是劳动的结晶，也是人类知识与技能的物化。因此，产品的实质是人类知识与技能（服务）的封装，轮子、滑轮、内燃机、集成芯片和智能手机都是封装知识的例子，它们为物质提供信息，进而成为技能应用（即服务）的载体或渠道。即使当我们在星巴克享用一杯浓香四溢的咖啡时，也往往意识不到这杯咖啡之中凝结了多少人的劳动与服务（见图 12-3）。事实上，所有的产品都是人类综合技能和知识的体现，并通过多种信息、材料或媒介来呈现。史蒂芬·瓦戈教授指出：服务是经济的基础，所有的经济都是服务经济。即使是通过商品作为中介，但人们真正交换的是服务。这种"服务主导意识"扩展了服务的概念，让人们重新理解了生产和消费的含义。"产品即服务"不仅凸显了服务的地位，也成为人们认识服务经济与服务设计潜力的出发点。

图 12-3　咖啡消费是产品与服务统一的范例

12.2　交互与服务

服务是人类生活方式的基础。服务是以人为中心的活动，本质上是交互性和社会性的，换句话说，交互是服务的核心。服务交互既可以是人与人之间的，也可以是通过技术设备和数字界面来实现的。服务是一个周期性的过程，也是随时间而展开的服务双方的交互体验活动，无论是乘客与出租车司机、教师与学生、顾客与店员，没有交互与对话行为就无法完成服务（见图 12-4）。同时，服务也是暂时的和易逝的，因为服务主体与客体之间的关系会随着时间发生变化，服务具有不确定性、偶然性和不可预测性。在对服务整体过程的分析中，"接触点"或"触点"是其中最重要的概念之一。触点就是服务对象（客户、用户）和服务提供者（服务商）在行为上相互接触的地方，如商场的服务前台、手机购物的流程等。触点是服务价值形成的时刻，也是服务双方的互动时刻（交易时刻）。触点包括服务双方在实体和虚拟空间的互动，无论是线下服务员的眼神、动作、问答还是线上下单，都是交易的时刻。

轨迹与触点是理解服务流程的关键。一个购买洗衣机的顾客，从需求（欲望）开始，经历了计划、浏览、搜索、货比三家的研究过程。实体购物是一系列互动过程：销售、前台、收款、送货、安装和调试等。最后是服务评价和分享（见图 12-5）。这个旅程就涉及从线上到线下超过 20 个服务触点。从体验角度上看，触点不仅是服务双方的直接互动，而且还包括环境因素，如柜台、背景音乐、声音、灯光、员工制服甚至香水气味等。在某种程度上，服务员在与用户互动时的说话语气、目光、姿势也会影响顾客的体验。线上的服务如流畅性、安全性与 UI 的体验同样必不可少。因此，触点的意义在于它们不仅在物理环境及网络上实现了服务交互（交易），而且还是使服务体验变得更好、更高效、更有意义和更受欢迎的关键点。

图 12-4 交互是所有服务过程中不可或缺的环节（餐饮服务）

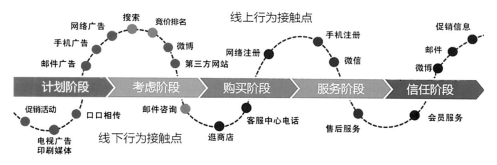

图 12-5 顾客购物中的物理和数字的触点

交互设计资深专家丹·塞弗（Dan Saffer）认为：服务是在消费者和服务企业之间发生的行为或事件，代表了在服务产品中的交互行为。服务过程包含有形和无形的要素，包括物品、流程、环境和行为。我们到超市购买商品，可见的部分就是商品本身，但商品的制造、存储、流通和分销过程对于顾客来说就是不可见的过程。为了让顾客买得放心，吃得放心，我国建立了食品安全追溯的"二维码"服务体系。顾客通过扫描食品标签的"二维码"就可以追溯产品的种植、采收、物流和销售等多个环节，使得服务流程可视化（见图 12-6）。因此，服务设计是关于人、基础设施、信息交流以及物流等相关因素的整合设计，通过技术手段，服务设计可以将"不可见"的流程可视化与透明化，使得人们对产品与服务更放心、更信任。

图 12-6 "食品身份证"制度是食品安全的保证

12.3　服务设计

　　史蒂夫·乔布斯是最早认识到服务设计有着巨大商业潜力的人。他曾经深刻地指出："设计并不仅仅关注你所看到和感受到的东西，而更关注于它是如何工作的。"这番话道出了服务和生态思维在设计中的重要性。2001 年，苹果公司开始推出 iPod 音乐随身听，虽然市场上已存在多种 MP3 播放器，但对于整个音乐生态圈的服务设计却没有人关注。盗版侵权、音质粗糙和廉价竞争成为当时 MP3 播放器市场被人诟病的地方。而乔布斯成功的秘诀不仅是 iPod 音乐随身听产品的设计，更是对寻找、购买、播放音乐以及克服法律问题的整个系统进行简化。他首先高瞻远瞩地通过生态链布局说服了歌手和音乐版权协会提供授权，获取了音乐制造商的许可协议（使获取音乐合法化），使得用户可以通过浏览音乐商店找到所需音乐。同时乔布斯还通过 iTunes 音乐店的数字版权管理系统（DRM）出售带"水印"的歌曲，杜绝了盗版并提高了音质，增强了消费者的用户体验。借助 iPod 和 iTunes 网络音乐店，苹果公司改写了消费电子产品和音乐的产业的游戏规则（见图 12-7）。

图 12-7 史蒂夫·乔布斯是深得服务设计精髓的大师

　　iPod 成功的范例说明了服务设计所蕴含的巨大商业价值。虽然竞争对手从 iPod 中发现了一些新东西，如精致的外观以及出色的音质，但是该产品所依赖的服务设计则是成功的关键，那就是销售音乐的新途径以及与之相匹配的商业模式。这种将 iPod 播放器、版权保护技术和 iTunes 音乐商店整合在一起的商业模式，重新确定了消费电子厂商、唱片公司、计算机制造商和零售商在经销过程中的力量对比。由此看来，竞争对手无法在数字音乐领域与苹果抗衡也就不足为奇。对服务设计的深刻理解也成为苹果公司在 21 世纪能够"长盛不衰"的法宝。

　　关于服务设计必须要涉及几个主要问题：什么是服务设计（Service Design，SD）？什么样的设计是服务设计？服务设计作为一种实践的特征是什么？根据科隆国际设计学院（KISD）服务设计教授伯吉特·玛格（Birgit Mager）的观点，"服务设计是源于用户角度的服务形式与功能。从被服务者的角度看，它的目标是建立一个有用、易用和令人满意的服务界面。从服务供应商的角度，则是建立一个有效、高效和独特的服务体系"。服务设计本质上是一种设计实践，也属于设计学科的一部分。米兰理工大学教授、《服务设计》一书的作者丹妮拉·桑乔吉（Daniela Sangiorgi）指出，服务设计起初仅仅是作为一种学术研究，随后则更多地被企业实践所驱动。服务设计引入了一种来自设计创新的思维模式，即以人的体验为中心，结合了设计思维、组织结构创新、视觉原型以及人类学、心理学等手段，在更多的尺度上，为服务领域提供了创造价值的机会，包括经济价值、社会价值以及环境价值。综合学术界与企业的观点，可以看出：所谓服务设计（Service Design，SD）就是服务商从用户需求的角度，通过跨领域的合作与共创，共同设计出一个有用（Useful）、可用（Usable）和让人想用（Desirable）的服务系统。或者说是一个通过"用户为先 + 追踪体验流程 + 服务触点 + 改善服务体验"的理念实现的综合性设计活动（见图 12-8）。

图 12-8　企业与机构给出的关于服务设计的定义

12.4　服务设计5原则

史蒂夫·乔布斯借助 iPod 和苹果 iTunes 网络音乐店拯救了苹果，也改变了人们对传统产品销售型企业的认识。前互联网时代，除了迪士尼等少数企业外，多数公司是依靠产品打天下，服务体验仅作为售后的环节，并不入公司管理层的法眼。而在互联网时代和全球化经济时代，整个世界的经济格局在快速地变化。以"生产者为中心"的观点开始转向以"用户体验为中心"，体验经济时代已经来临。梅赛德斯、宝马、大众汽车将更多的基于服务的产品投放市场。服务业为欧洲的就业率增长和创造新工作岗位贡献了巨大的价值。人们对绿色生态和可行性生活方式的追求也表明：真正的价值来自于制造和服务的结合。获得了诺贝尔经济学奖的行为经济学家丹尼尔·卡尼曼（Daniel Kahneman）证实了"心理决定经济上的价值"，这也使得用户体验、服务设计、交互设计的地位越来越重要。工业时代的设计以"造物"为先，而互联网时代的设计则从"可见之物"向"不可见之物"转化（见图 12-9）。正如顾

图 12-9　体验经济时代的服务设计：从可见到不可见

客对美味佳肴的体验不仅来自餐厅与服务的品格，而且也与服务后台——厨师、物料、管理、配送与员工的责任心与工作质量息息相关。因此，服务设计的兴起不仅诠释了苹果公司成功的奥秘，而且也成为当代设计对象变迁的标志。

事实上，服务设计就是源于人们的生活，以用户体验为中心，以提供受众与服务提供者双方满意的服务流程的设计。例如，去医院就医是我们都会体验到的一项服务，整套流程包括网上预约、前往医院、排队挂号、化验、就医、缴费、取药等一系列触点，通过科学的设计方法和智能化服务（如手机、触摸屏、自动语音导航等），就可以使医院的服务规范化和简洁化，病人由此可以得到更方便、自然和满意的服务。服务设计存在于我们的生活中，大到城市轨道交通系统，小到银行柜台服务，都充满着服务设计的影子。服务设计同样成为企业的经营理念，知名餐饮企业"海底捞"的经营策略（如顾客等座时提供的免费服务等）就充满了服务设计的智慧和思想。

2011 年，服务设计专家马克·斯迪克多恩（Marc Stickdorn）与雅各布·施耐德（Jakob Schneider）出版了著作《服务设计思维》。该书由数十位服务专家学者集体创作编辑而成，汇集了不同专业背景的服务设计专家的见解，提纲挈领，用大量事例详细阐述了服务设计的基础理论、方法和工具等问题，并同时总结了服务设计的 5 大原则：以用户为中心，共同创造，可视化流程，服务透明化和全局思考原则（见图 12-10）。该书不仅回答了人们关于服务设计的诸多疑问，而且从理论与实践深入探索了服务设计的特征，成为该领域的里程碑之作。从设计角度看，《服务设计思维》还是一本实用型的设计操作指南。该书提供了一系列服务设计方法和案例，包括"顾客旅程地图""情境访谈""文化探测""行为人类学""日常生活中的一天""体验地图""角色""设计情节""故事板""桌上演练""服务原型""服务演出""敏捷式开发""共同创作""说故事""服务蓝图""服务角色扮演""消费者生命周期图表""商业模式草图"等，为设计师提供了实际操作的解决方案。可以说，经过十多年的探索，目前服务设计的理论体系已具雏形，也成为企业服务设计实践的依据和参考。2018 年，

图 12-10　服务设计思维的 5 大原则

服务设计专家，教授劳拉·佩宁（Lara Penin）出版了《服务设计导论：不可见的设计》（*An Introduction to Service Design: Designing the Invisible*）一书，系统总结了服务设计的理论与方法，成为该领域重要的教科书之一。

设计就是通过创意与设想来展望及实现新的生活方式；无论是动画设计师、影视设计师、服装设计师、体验设计师还是产品设计师，设计的核心都是将新想法转化为现实，定义人与产品、服务或交流的新方式（见图 12-11），同时将设想可视化、形象化并通过交流和分享来促进社会的和谐与进步。从根本上说，设计是一种能够为人们提供福祉的创意与实践能力，服务设计正是这种思想的延伸与发展。服务设计资深专家斯蒂芬·莫里茨（Stefan Moritz）指出："服务设计有助于创新或改善现有的服务，对客户来说，服务会更有用、更可用，更能满足需要；而对于组织来说更高效、更有效。服务设计是一个崭新的、全面的、涉及多种学科的综合性的领域。"

图 12-11　设计师的责任就是将创新概念转为现实

《服务设计思维》一书所提出的五大原则可以帮助读者掌握服务设计的本质。

核心原则 1：服务设计必须以人为本

人是设计的核心，也是服务的核心。服务设计以用户为中心，是以人为本设计思想的集中体现。以用户为中心的设计主要出现在工业设计（消费产品）和人机交互系统的背景下，以确保在设计新产品和技术时满足最终用户的需求。随着工业产品和新技术的日益复杂和市场的扩张，以用户为中心的设计（UCD）方法可以避免单凭设计师、经理和工程师的假设和直觉来设计新产品的盲目性。UCD 不仅是一种方法，还是一种在设计界获得广泛关注的哲学。经过多年的探索，UCD 思想已经演变为不仅考虑用户的身体和认知，而且还需要考虑用户的情感、交互情境以及可持续性等多个元素，其特征是以人类（含子孙后代）的整体利益为思考的出发点。

　　以用户为中心的设计方法依赖于对用户的密切和持续考虑，确保他们的需求和观点在新产品、服务或流程的开发中处于核心地位。这意味着不仅要在启动新项目之前进行初步市场调查，还要确保用户的需求和观点是整个过程的一部分，包括从设计研究到产品构思，从原型设计到启动阶段等。UCD 设计方法基于调查研究，特别强调人种学实践和方法，如访谈、观察或涉及用户、一线员工、后台人员和其他人员的共创研讨会。人物角色和场景等方法有助于综合研究结果，并生成需要进一步开发的设计方向和初步概念。UCD 流程的另一个核心是通过与用户检查设计方向、概念和原型来进行迭代循环，并确保理解用户的产品互动情境。因此，从某种意义上看，服务设计也是 UCD 设计思想的延伸。但服务设计不仅从用户角度来思考问题，而是从更大的范围来思考服务关系，如社区、家庭、城市和文化等，需要考虑由这些关系构成的复杂性。此外，服务过程的本身也是由多层次、多环节构成。例如，一个基于生态社区的食品服务体系就包括社区农业与附近农场、电商网络订购与配送、社区公共食品保鲜、食品垃圾回收与处理等多个环节，涉及终端用户、社区、电商、配送、政府部门、农场、超市等多方利益相关者（见图 12-12）。因此，一个完整的服务设计不仅需要考虑服务用户，还需要考虑所有相关利益方的诉求，在更大范围内实现民族志的研究方法。

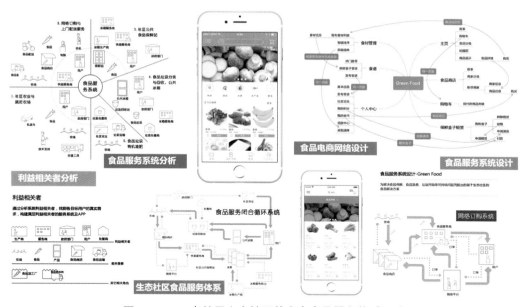

图 12-12　一个基于生态社区的电商食品服务体系设计

核心原则 2：服务设计依赖于参与和协同设计

　　参与式设计实践是服务设计的核心，也是服务设计师的核心能力之一。简而言之，参与式设计是一种将服务双方及利益相关者理解为合作伙伴的方法。因此，他们应该通过持续的对话、主题研讨、访谈、小组磋商、焦点会议等形式参与到整个设计过程。在这个过程中，设计师成为协调、整合与促进上述各方人员达成一致解决方案的专家与组织者。设计师也是实施共创策略、使用设计原型与数字技术来推进参与式设计与协同设计的专家。对于服务设计来说，富有成效的参与式设计最大的挑战就是如何在保持大方向一致的前提下，充分发挥参与者的主观能动性，从而为设计团队带来更有意义的想法。共同创造需要项目参与者之间进行大量的知识共享，以便为制定进一步的计划打造基础。这也是参与式设计面临的众多挑战之一：设计团队成员看问题的角度不同、利益不同，因此各自的观点往往会发生冲突。同理心、对话与共同利益是协同设计的法宝，组织者可以通过求同存异来弥补双方立场的差异。

核心原则 3：服务设计通过可视化方式进行交流

可视化与故事叙事可以帮助我们捕捉人们生活中的所有复杂性。设计不仅是理解事物，最重要的是，它是对未来场景的憧憬，而借助故事板进行视觉叙事是描绘未来的最有效工具。视觉故事可以与他人共享并使人们能够做出决定。因此，服务设计师需要擅长制作故事板（见图 12-13，上）。时间在服务流程中是必不可少的，因为用户对服务的体验可能会随时间的推移而发生变化。设计师会根据设计流程而选择使用不同的视觉叙事工具。例如，记录用户和员工访谈的视频在研究阶段很有用，而用户旅程地图在研究阶段或创意阶段都很有用（见图 12-13，下）。此外，基于表演和即兴创作的故事原型对于交互设计特别有用。服务蓝图（Service Blueprint）也可用作研究或构思工具，尤其是在考虑用户、员工和服务支持系统之间的交互关系时非常有用。

图 12-13　服务流程故事板（上）和服务旅程图（下）

核心原则 4：透明化服务及服务体验设计

丹妮拉·桑乔吉教授指出：服务设计是一种将人们的见解及行为转化为具有审美品质的想法和解决方案的能力。服务设计师有能力围绕用户需求和人们的实际能力进行设计。它融合了以人为本的方法并将其转化为创新实践。例如，新的服务理念、概念和新的服务交互方式，这使得服务创新不仅被技术和市场，而且被用户体验所驱动。我们生活在一个物质世界中，所有服务都有实体环境、产品或接触点，可以通过多种方式让用户在服务旅程中得到某种体验。这些触点可能是健康诊所柔和的色彩、连锁餐厅的醒目 Logo 或是机场内的路牌标志等。触点也是服务载体：一旦体验本身结束，它们就会成为记忆，如过期的电影票、餐厅的收据、机票、音乐会入场券、从酒店带来的小瓶洗发水、旅游景点的纪念品、看病出院后的病历、婴儿出生后的腕带等。触点不仅具有特定的交互功能，而且我们也赋予了它们意义，成为我们经历体验的证明或实物证据。这些小物件能够引起我们温暖的回忆，使服务体验变成有形的实体。

与其他设计实践不同，服务设计的挑战在于设计师需要跨越不同媒体的界限，思考依靠哪些东西来支持和定义某种服务体验，而且在许多情况下可能没有明确的答案或典型的选择。服务触点与服务载体的设计，正如旅游过程中的景点设计或活动设计，需要设计师用敏锐的洞察力和同理心来把握用户（游客）的体验，并通过不断的循环测试和持续的修改完善，形成最终的旅游方案（见图 12-14）。针对服务和体验进行设计需要设计师掌握一套相当复杂的原型设计方法，迪士尼公司为其主题公园单独设置的 CEO 岗位——首席幻想设计官，就说明了其重要性。故事、叙事、表演和道具设计不仅是帮助我们预测事物的美学、功能、隐喻以及意义的关键点，也是服务设计能够抓住用户、打动人心，让用户流连忘返的价值所在。

图 12-14 西双版纳旅游中的景点与活动

核心原则 5：服务设计具有整体性和系统性

服务是复杂和多维的，并可以通过多种渠道体验。例如，目前国内多数银行除了传统的柜台服务外，都陆续开通了网络银行和手机银行，无论是用户亲自到银行、通过电话与银行客服交谈，还是通过网络或手机在线系统进行转账或支付，我们如何期望获得更好的服务体验和收益？手机银行是否具有足够的安全性？如何在特殊情况下，如受到网络诈骗、手机丢失或者网络信号不畅时，还能够得到银行的信任、支持或者服务？因此，设计服务的挑战就是如何建立完整的服务系统、服务流程和服务触点。

服务设计项目书可以是分析性的访谈和研究报告，特别是针对企业战略、流程与实践提出建议。服务设计报告书还通过用户分析、触点分析、用户旅程地图和服务场景分析为企业创新服务体验提供参考。例如，服务设计公司为航空公司做的用户体验分析报告就绘制了旅客飞行过程的服务触点图（见图 12-15），并由此为航空公司提出了一系列改进服务体验的建议或意见。无论是设计餐饮、洗衣、美发、医院、医疗等个人服务或是思考银行、金融、投资、交通、垃圾收集、博物馆、电影院等公共服务，设计师都需要从服务的全链条来思考服务设计的整体性，确保用户能够以一致或熟悉的方式来体验服务。例如，老年人或者来自农村的用户往往不熟悉手机银行、电子支付、扫码挂号或者电子火车票等新型服务方式，服务商能够提供替代的解决方案就尤为重要，如增加人工服务、电话指导或者语音辅助系统就是比较好的选项。虽然这种方式会增加服务成本，但正是"以人为本"的具体体现。整体性和系统性是服务设计超越了包豪斯以来的传统设计的主要特征，由此服务设计站在更高的角度发展了设计创新的思维：为人类的可持续发展和服务体验而不断进行全方位的探索。

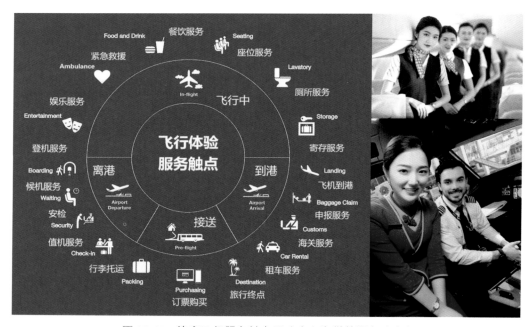

图 12-15　旅客飞行服务触点图（左）和微笑服务（右）

12.5　服务设计简史

服务设计是为了使产品与服务系统能符合用户需求而产生的一个综合性的设计学科，是传统设计领域在后工业时代的发展。服务设计的本体属性是人、物、行为、环境、社会关系的系统设计。20 世纪 90 年代以来，随着信息产业和服务型经济服务的发展，特别是全球化贸易和互联网的发展，为服务设计的观念和理论提供了生长的契机。早在 1982 年，美国金融家兰·肖斯塔克（G. Lann Shostack）就首次提出了将有形的产品与无形的服务相结合的理念。1987 年，他在芝加哥美国市场营销协会召开的年会上提出了"服务蓝图方法"并引起了理论界和实业界的关注。1991 年，德国设计专家和科隆国际设计学院（KISD）教授迈克·恩豪夫（Michael Erlhoff）博士首先在设计学科提出了服务设计的概念。同年，英国著名品牌管理咨询专家比尔·柯林斯（Bill Hollins）博士出版了《完全设计》（*Total Design*）一书，详细论述了服务设计的思想并首次提出"服务设计"一词。在大西洋彼岸，1993 年，心理学家、交互设计专家唐纳德·诺曼在担任苹果公司副总裁时，首次设置了用户体验工程师的职位。

1995 年，科隆国际设计学院（KISD）的伯吉特·玛格（Birgit Mager）成为首个服务设计教授。在 2016 年接受记者访谈时，她回顾了这段历史："我是服务设计领域的第一位教授，在过去的 22 年中，我一直在理论、方法和实践等方面研发服务设计领域。我创立了研究中心和全球网络。当年我开始这个具有挑战性的研究时，还是'前数字化时代'，那时的服务主要是指人与人之间的服务。服务被认为是不能被存储和标准化的，同时服务被定义为第三产业。"玛格进一步指出："当今，时代已经改变，经济的传统分割不再有意义。如今不存在没有服务的产品，也没有不涉及产品的服务。所以今天的设计是面向服务系统和价值的设计。我们必须找到解决个人或组织问题的方法，使人们的生活更加美好，让人们享受实用、愉快的体验。因此，考虑物质及非物质要素的结合对设计的成功是至关重要的。这意味着最终每个工业设计都需要包括服务设计，而每个服务设计都需要包括技术和产品。"

服务设计起源于注重文化和生活体验的欧洲。2000 年，首家服务设计公司 Engine 在英国伦敦成立，该公司至今仍活跃在服务设计领域（见图 12-16）。与此同时，英国 LiveWork 公司和美国 IDEO 设计咨询公司等将服务设计纳入业务范围。2001 年，IDEO 公司提出了"设计思维"并将设计实践延伸到服务领域。2003 年，卡耐基-梅隆大学成立服务设计专业。2003 年，科隆国际设计学院、卡耐基-梅隆大学、米兰理工大学和多莫斯设计学院共同成立了"服务设计网络"（SDN），这也是全球首家服务设计联盟。2005 年，科隆国际设计学院的斯特凡·莫瑞兹（Stefan Moritz）教授对服务设计的发展背景、意义、作用以及一些工具方法进行了详细的探讨，服务设计理论开始形成雏形。2008 年，芬兰阿尔托大学整合了商业、设计和工程技术等，开展了对服务设计全过程学术与设计研究。随着全球服务设计研究的深入，美国纽约帕森斯设计学院（Parsons The New School for Design）在 2010 年举办了首次"全球服务设计论坛"，来自美国和欧洲的大学的设计师和研究专家聚集一堂，集中研讨了服务设计的各种问题。

服务设计的最初思想和观念来自于欧洲，其目标是响应和改善特定的服务部门如医疗保健的需求。而在美国和中国，服务设计则与技术密切相关，特别是与基于互联网、物联网、大数据及人工智能相关，并与交互设计在学科领域有着更多的融合。玛吉尔指出：目前服务设计有两个主要谱系，一个是由设计主导，另一个则由服务科学主导。服务科学更具学术性并以服务开发（如共享单车）和服务创新为理论基础，为改进或创新服务提供更多的支持。与此同时，设计师们也在尝试将服务设计与用户体验设计和交互设计联系起来，在社会创新、新型共享社区、新型金融解决方案等方面进行有益的探索。从服务设计的发展历史上看，

图 12-16　欧洲首家服务设计公司 Engine 成立于 2000 年

可以发现有三个明显不同的谱系树：服务管理，产品服务系统和交互设计。服务设计工具网
就梳理出了这个谱系导图（见图 12-17），即社会科学＋市场营销，设计学和技术（信息与
交互）。

　　作为一种伴随着互联网经济而发展起来的设计思维和美学意识，服务设计的理论、框架
和方法仍在探索之中。但服务设计思想则有着更为悠久的发展历史。正如图 12-17 所示的那样，
服务设计的许多思想、观念、技术与方法都可以从设计学、管理学、营销学和社会科学中找
到渊源和出处。例如，1927 年，迪士尼公司创始人沃尔特·迪士尼首次在制作动画片中采用
了故事板作为电影脚本，该方法随后演变成为交互设计中研究用户行为的情景还原法。美国
社会学家列文（K.Levin）和马尔顿（R.Merton）在 1940 年提出的焦点小组（Focus Group）

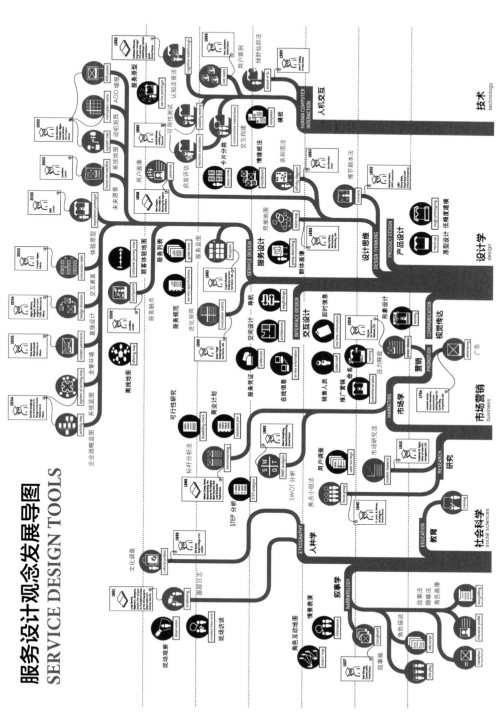

图 12-17　服务设计观念的发展导图（servicedesigntools.org）

的概念，已经成为当代交互与服务设计用户研究的核心方法之一。同样，早在 1960 年，日本文化人类学家川喜田二郎（Jiro Kawakita）提出了"亲和图法"，该方法也成为服务设计中观察和归纳用户行为的手段。从服务设计的观念发展导图中，可以注意到，随着 20 世纪末设计思维理论的发展，服务设计也逐渐开始形成自己的学科雏形和观念体系。一系列基于技术、管理、市场研究和心理学的方法被引入到服务设计体系之中，如顾客旅程地图、服务触点研究、体验原型、用户画像、可用性测试和认知走查等（见图 12-18）。由此，以设计学科为主干的服务设计体系逐步完善。在此期间，服务设计和人机交互、交互设计、用户研究、企业管理学、心理学和市场研究等学科的联系更加紧密。第一批服务设计从业人员和研究人员都在其他学科受过训练，他们不同的学科背景使得服务设计的思想更加丰富多彩。

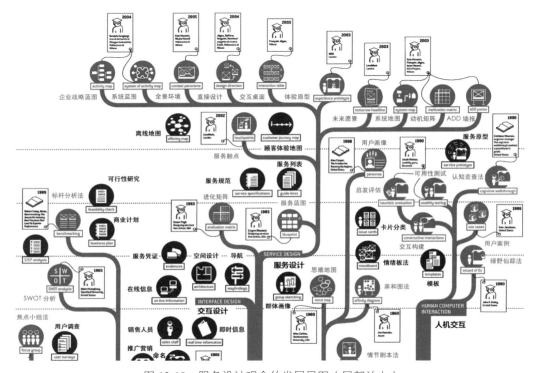

图 12-18　服务设计观念的发展导图（局部放大）

　　2011 年，服务设计专家马克·斯迪克多恩与雅各布·施耐德出版了著作《服务设计思维》，详细阐述了服务设计的理论、方法和工具等问题，是服务设计领域最具权威性的著作。2015 年，该书的中文版(郑军荣译)由江西美术出版社出版。2016 年,北京工业大学胡鸿教授出版了《中国服务设计发展报告》。同年，国务院提出《中国制造 2025》，明确提出积极发展服务型制造和生产性服务业,鼓励制造业向服务业转型。另外,新零售的崛起也使零售与互联网紧密结合。服务设计在中国虽刚刚兴起，却发展迅速。据不完全统计，2018 年，中国新设了五六十家服务设计公司。2019 年 1 月 10 日，商务部、财政部、海关总署公布的《服务外包产业重点发展领域指导目录（2018 年版）》将"服务设计"作为重点发展领域，与信息技术服务、电子商务服务、云计算服务、人工智能服务、文化创意服务、管理咨询服务、大数据等行业并行，描绘着中国经济的未来蓝图。图 12-19 是服务设计历史发展的大事记。

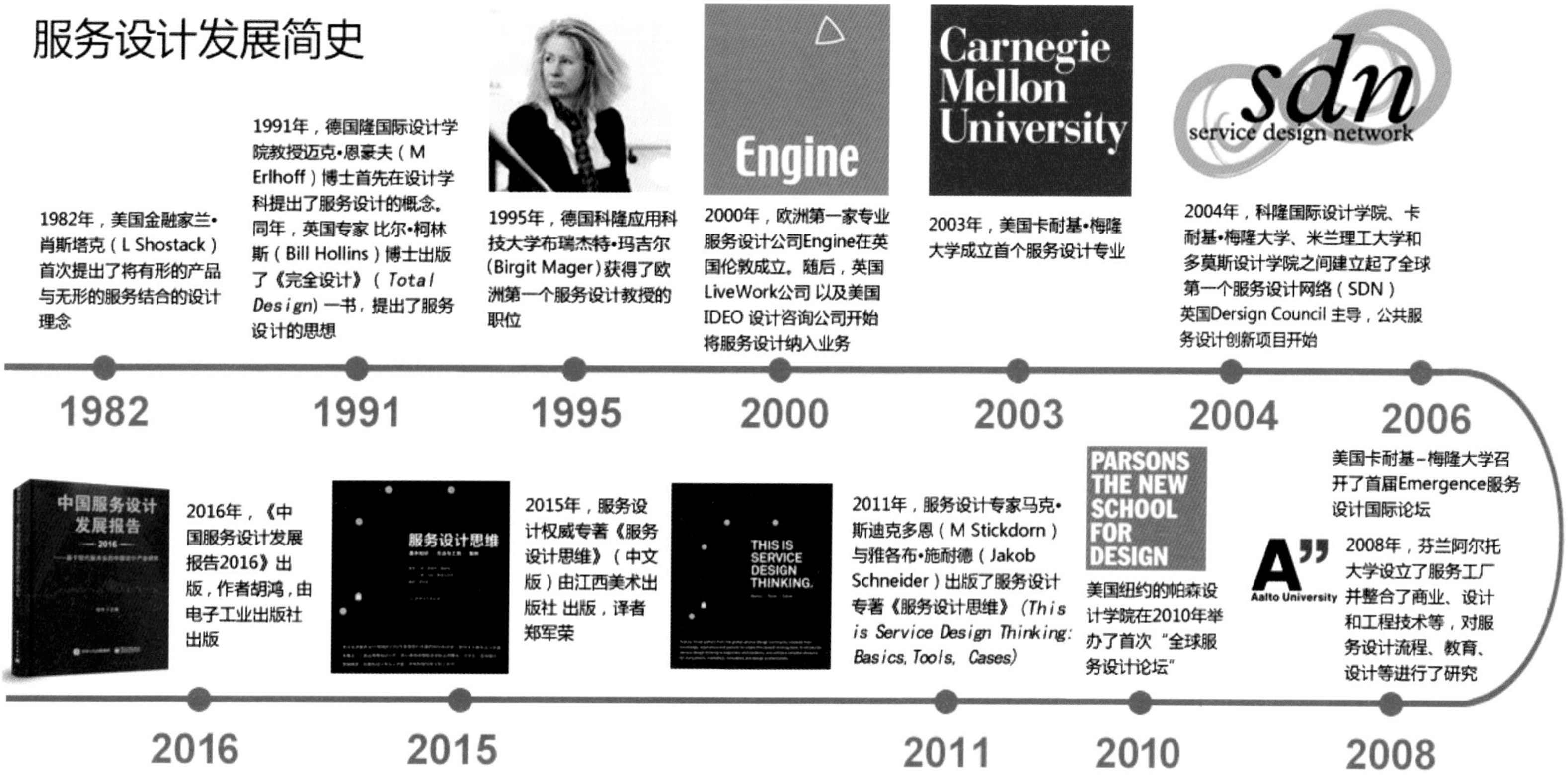
服务设计发展简史
1982年，美国金融家兰•肖斯塔克（L Shostack）首次提出了将有形的产品与无形的服务结合的设计理念
1982
1991年，德国隆国际设计学院教授迈克•恩豪夫（M Erlhoff）博士首先在设计学科提出了服务设计的概念。同年，英国专家 比尔•柯林斯（Bill Hollins）博士出版了《完全设计》（Total Design）一书，提出了服务设计的思想
1991
1995年，德国科隆应用科技大学布瑞杰特•玛吉尔(Birgit Mager)获得了欧洲第一个服务设计教授的职位
1995
Engine
2000年，欧洲第一家专业服务设计公司Engine在英国伦敦成立。随后，英国LiveWork公司 以及美国IDEO 设计咨询公司开始将服务设计纳入业务
2000
Carnegie Mellon University
2003年，美国卡耐基•梅隆大学成立首个服务设计专业
2003
sdn
service design network
2004年，科隆国际设计学院、卡耐基•梅隆大学、米兰理工大学和多莫斯设计学院之间建立起了全球第一个服务设计网络（SDN）
英国Dersign Council 主导，公共服务设计创新项目开始
2004
2006
美国卡耐基-梅隆大学召开了首届Emergence服务设计国际论坛
中国服务设计发展报告
2016
2016年，《中国服务设计发展报告2016》出版，作者胡鸿，由电子工业出版社出版
2016
服务设计思维
2015年，服务设计权威专著《服务设计思维》（中文版）由江西美术出版社 出版，译者郑军荣
2015
THIS IS SERVICE DESIGN THINKING.
2011年，服务设计专家马克•斯迪克多恩（M Stickdorn）与雅各布•施耐德（Jakob Schneider）出版了服务设计专著《服务设计思维》（This is Service Design Thinking: Basics, Tools, Cases）
2011
PARSONS THE NEW SCHOOL FOR DESIGN
美国纽约的帕森设计学院在2010年举办了首次“全球服务设计论坛”
2010
Aalto University
2008年，芬兰阿尔托大学设立了服务工厂并整合了商业、设计和工程技术等，对服务设计流程、教育、设计等进行了研究
2008

图 12-19　服务设计发展的重要历史大事记

思考与实践12

一、思考题

1. 什么是服务设计？以 O2O 为例说明服务设计的意义。

2. 举例说明产品与服务的关系。为什么说"产品即服务"？

3. 服务的主要特征是什么？交互与服务的关系是什么？

4. 欧洲、美国与中国的服务设计在观念上有哪些区别？

5. 为什么服务设计的最初思想和观念来自于欧洲？

6. 服务设计的概念是什么时候提出的？服务设计方法源于哪些学科？

7. 以天猫"双十一"购物节为例，说明线下和线上配合的重要性。

8. 服务设计和交互设计在设计方法上有哪些异同？

9. 服务设计的 5 大原则是什么？如何创新服务体验？

二、实践题

1. 餐饮业是最能体现服务设计思想的领域，除了菜品的价格、品质和服务环境外，顾客文化体验也是其中重要的环节，如海底捞店中员工表演抻面的舞蹈（见图 12-20）。请为某地方特色主题餐厅（如西藏）设计体验式服务环节，可参考的内容包括藏舞表演（定时）、多媒体投影、自助烤肉、iPad 点餐、抽奖游戏。

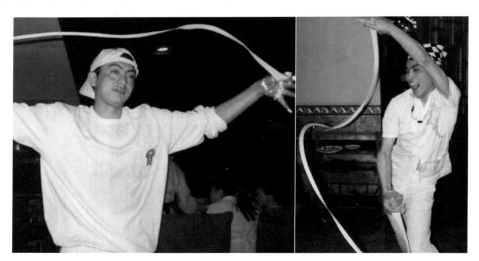

图 12-20　海底捞店中员工为顾客表演抻面的舞蹈

2. 就诊看病的整套流程包括网上预约、前往医院、排队挂号、就医（问诊、化验、确诊、开方）、缴费、取药等一系列触点，往往会让患者在排队和候诊中耗费许多时间。请根据该流程，设计一个可以自动追踪服务进程并提示的手机智能 App。可以参考的方案包括预约时间、提醒服务、远程候诊、刷卡付费、网络支付等。

第13课　服务经济学

13.1　服务业与服务贸易

2015 年，美国的农业人口只剩 1%，工业人口有 19%，占了 80% 的是教师、医生、会计、律师和设计师等。按美国商务部公开的信息，2020 年美国第三产业（即服务业）创造的 GDP 高达 17.065 万亿美元，占 GDP 比重上涨至 81.5%。从 2017 年官方的数据图表（见图 13-1）上可以看出，金融、保险、房地产、专业技术及商业服务，以及医疗、健康及医疗保健已经成为美国经济的支柱。美国服务业的主要贡献为金融和保险、房地产、政府服务、健康和社会保障、信息以及艺术和娱乐。实际上，第二次世界大战以后，服务业是美国经济增长最大的组成部分，现在被认为是服务型经济主导的社会。按照"服务主导逻辑"的观点，商品和服务之间没有真正的区别，因为商品创造的价值实际上是由嵌入其中的设计、工程、制造、营销、物流、销售等服务产生的，服务中必然包含着商品，反之亦然。因此，所有经济都是服务经济。数字经济改变了企业提供产品和服务的方式，由于人们更偏爱租赁、订阅或者共享服务的便利性而无须负担所有权，因此，"一切皆服务"（Anything as a Service，XaaS）的商业模式正在兴起，并由此促进了服务和制造业的融合。

图 13-1　服务业占美国经济的最大比重

服务业是最重要的就业市场之一（见图 13-2）。根据国际劳动组织及世界银行 2020 年的数据，全球劳动力约有 33.9 亿人，其中，50.6% 从事服务业，26.7% 从事农业，22.7% 从事制造业。换句话说，今天大约有二分之一的人从事服务业。美国发达的服务业属于高端定制服务业，主要集中在金融、保险、房地产、专业技术及商业服务领域。例如，英特尔是生产 CPU，但英特尔公司在美国属于服务业，因为英特尔很多工厂在国外，需要更多的人员对CPU 设计进行优化，而这些都属于服务业。类似的如思科、IBM、谷歌、高通、英特尔、苹果、甲骨文、微软等也都是以服务业为主。在美国，服务业雇用了 80% 的劳动力，在服务经济持续增长的同时，服务业之间的工资差距也很大，部分企业提供兼职工作，而另一些企业提供全职工作。一些行业支付低工资如快餐服务、快递服务等，而另一些行业则有较高的报酬，如投资银行家、软件工程师、理财顾问等。美国服务业也存在诸多矛盾并可能会导致收入不平等的扩大和生活水平下降等问题。

图 13-2　服务业是全球最重要的就业市场之一

　　我国的服务业正处于快速增长中，对国民经济发展有着举足轻重的地位。根据国家统计局公开的 2021 年的数据：我国目前服务业占比 58.3%，制造业为 27.47%。如果从发展速度上看，服务业增长趋势更加明显。过去 40 年中国经济结构发生了历史性变化。第一产业对中国 GDP 的贡献从 1978 年的 27.7% 下降到 2017 年的 7.9%，而 2017 年第三产业占 GDP 的比重为 51.6%，比 1978 年提高了 27%，服务业成为国民经济的重要组成部分（见图 13-3）。过去 40 年，我国努力将经济从出口导向型转变为国内消费驱动型，改革开放的重点是扩大内需。2017 年，我国居民最终消费支出对 GDP 增长的贡献率为 58.8%，而 1978 年为 38.3%，其中，个体与民营企业对服务业的增长起到了举足轻重的作用。根据 2018 年 10 月的数据，中国拥有 7137 万个个体户和 3067 万个私营企业，而 1978 年仅为 14 万个个体户，1989 年注册私营企业仅为 9.05 万个。2017 年共有 115 家中国民营企业上榜财富世界 500 强。今天，私营部门在中国经济中发挥着重要作用，它贡献了全国一半以上的税收，占全国 GDP 的 60%，技术创新和新产品的 70%，城镇就业的 80%，创造就业的 90%。

　　服务业的繁荣与发展是服务设计行业存在与增长的前提。随着数字科技与智能技术的普及，基于数字经济的新型服务业，如智慧社区、智能家居、智能交通、智慧城市、体验式旅游、居家养老、远程医疗等创造了服务商业模式的新需求。我国已经连续 8 年由商务部举办"中国国际服务贸易交易会"，这也成为我国服务业发展与繁荣的重要标志（见图 13-4）。数字科技与体验经济创新了服务模式，也改变了娱乐、音乐、零售、媒体和银行等传统服务行业的面貌，如手机银行、远程服务与机器人客服等已经成为各大银行节约成本、减员增效和改善服务的举措。

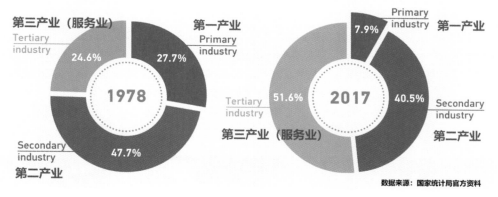

图 13-3　我国第三产业在过去 40 年中得到了快速发展

图 13-4　中国国际服务贸易快速增长

在前数字时代，服务业被定义为不可贸易的行为。因为服务就是一个劳务形态，无论是教育、医疗、音乐还是家政，服务提供方和服务接受方必须同时同地；上课时老师和学生必须同时在场，看病时医生和病人也必须同时在场。所以那时候的服务业是不可贸易的当地化的经济。随着互联网与数字经济的发展，远程提供同步化的服务已经成为数字服务业中发展最快的分支，例如，现在的远程教育、远程医疗、远程会议、软件外包、服务外包（特别是动漫、影视后期及衍生产品等）都在蓬勃发展。数字时代来临，服务业不仅可以有国际贸易，而且还可以进行国际分工，包括生产者服务、消费者服务、研发设计服务、公共服务等都在全球化，都可以远程交易而且全球分工。从全球看，用数字交付式的服务贸易比重已占全球服务贸易的52%，中国数字贸易的比重也接近50%，数字化服务贸易已成为国家重点战略之一。

5G技术为全球化服务的实现搭建了平台。例如，猪八戒网是地处重庆的生产者服务平台，为各企业提供服务对接业务。如要办一个新企业或者要设计一个Logo，只要用户把需求确定好后在平台上发布，平台就可以智能匹配国内国际的服务供应商（见图13-5，左下）。设计全球化分工不仅具有速度优势，而且还能在每个领域集成全球最优秀的设计师共同完成。目前，世界贸易组织（WTO）界定了服务贸易的12大领域，包括商业服务、通信服务、建筑及相关工程服务、金融服务、旅游及旅行相关服务、娱乐文化与体育服务、运输服务、健康与社会服务、教育服务、分销服务、环境服务及其他服务。服务贸易与人们的日常生活息息相关，如旅游服务、体育健身、教育医疗、信息通信等。最重要的是，服务贸易的快速增长为服务设计的发展与繁荣奠定了基础。

图13-5　5G技术推进数字服务平台的建设

全球设计研究和咨询公司——福瑞斯特研究所（Forrester Research）对全球一百多家服务设计机构进行了调查，其发布的报告揭示了全球服务设计行业的发展趋势（见图13-6）。金融服务成为当下服务设计公司的主要客户之一。无论是北美、欧洲还是亚洲太平洋地区，随着高科技的渗透，金融与保险部门对服务设计的需求越来越大。特别是2008年的金融危机与2020年的新型冠状病毒肺炎（Covid-19）的大流行改变了公众对银行的看法，手机银行、点对点借贷系统、小额信贷、互联网金融和加密货币的发展也是改变银行服务模式的最新趋势之一。其次，与高科技相关的产业在北美地区成为服务设计师的新客户。同样，欧洲和亚太地区则对电信领域的服务有着强烈的需求。医疗保健行业一直是北美和欧洲服务设计师的主要客户。公共部门也是欧洲服务设计领域的重要客户，同时在北美和亚太地区也有较大幅度的增长。

该份报告指出，新兴国家和发展中国家可能成为当下服务创新热潮中受益的主要地区。

例如，中国不仅是全球制造业强国，而且通过加入世界贸易组织向外国投资者开放了服务业，这进一步促进了服务业的快速增长。智能手机、物联网和可穿戴设备的普及打造了新的数字服务生态，而国内的服务设计公司与工作室会从中得到更多的项目与提供不同类型的解决方案的机会。

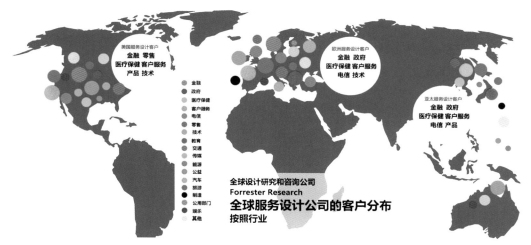

图 13-6　全球服务设计行业及客户所属领域

13.2　体验经济时代

服务设计的出现有着历史的必然性。在以往工业时代，由于经济落后与材料的匮乏，公共机构提供的服务只能满足人们"有用"和"可用"的需求，而关于服务体验的设计在所难免地被忽略。随着时代的发展，以往工业时代沿袭下来的服务并没有追上经济发展的步伐，依然存在诸多的弊病。而人们对生活品质的追求不断提高，对于服务来说，原来的"有用"和"可用"已经不能满足人们的需求，而"好用""常用""乐用"正在成为人们关注的内容。哈佛大学管理策略大师麦可·波特（Michael Porter）曾经指出：未来企业发展的方向将由生产制造商品改为以关心顾客的需求为目标，以能够为人类社会创造价值与分享价值作为主导。因此，体验经济和以人为本的服务经济时代已经来临。正如腾讯 CEO 马化腾在 2015 年 IT 领袖峰会上所指出的：当前各种产业，包括制造业都在从以制造为中心转向以服务为中心，最终都变成以人为中心。根据国家统计局的资料显示，2021 年我国的服务业占 GDP 比重已达到 58.3%。同时我国服务产业的就业比重达到了 44%。我国由工业主导向服务业主导转型的趋势更加明显，但和欧美日韩等发达国家相比仍有不小的差距（见图 13-7）。面对 5G 时代的来临，物联网与数字科技仍有着巨大的发展潜力和增长空间，这也成为服务设计与交互设计的新市场。

体验经济时代的来临推动了许多企业的文化和价值观发生了转变。例如，荷兰著名的咖啡品牌雀巢（Nestlé）公司由传统食品制造商转为关心消费者健康的体验服务型企业。同样，美国运动鞋品牌耐克（Nike）公司也由单一制造商转为计步器、可穿戴智能设备与运动健身整合的制造商＋服务商。国内的产品制造商如联想集团也在转型。联想通过 U 健康应用构建了首个健康生活方式的生态，通过协同手机监测血氧／心跳数据，蓝牙心率耳机、智能体质分析仪等配件的数据连接为用户提供了更多的健康和保健服务。服务设计定位于为用户创造价值，其次才是如何获得商业回报。因为人们越来越意识到前者是后者的源头。服务设计总是与新型商业模式联系在一起，也就是通过创新服务来重组各方面的资源，由此满足用户需求。服务设计强调运用新技术来改善服务流程，并带给用户便捷和贴心的体验。

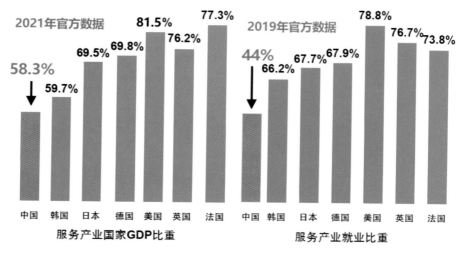

图 13-7　我国服务产业 GDP 和就业比重和发达国家的比较

体验经济奠基人派恩曾经指出："所谓体验就是指人们用一种从本质上说是以个人化的方式来度过一段时间，并从中获得过程中呈现出的一系列可记忆事件。"峰值体验或者心流体验就是当一个人达到情感、情绪、体力和智力的某一特定水平时，意识中产生的美好崇高的感觉，它是主体对客体的刺激产生的内在反映。派恩在其《体验经济》一书中，将体验划分为 4 种：娱乐的、教育的、逃避现实的和审美的体验（见图 13-8）。他采用两个坐标系对体验进行划分。横轴表示人的参与程度，其一端代表消极的参与者，另一端代表积极的参与者；纵轴则描述了体验的类型，或者说是环境上的相关性。这根轴的一端表示吸收，即吸引注意力的体验；而另一端则是沉浸，表明消费者成为真实经历的一部分。这个坐标系说明了体验所具有的复杂性。

当用户看电影、跳舞或读小说的时候，他是正在吸收体验。如果用户玩一个虚拟现实的游戏，那么他就是沉浸在体验之中了，其实这两种体验往往会有所重叠。而让人感觉最丰富的体验，是同时涵盖上述四方面，即处于四方面交叉的"甜蜜地带"的体验。例如，迪士尼乐园旅游就属于最丰富的体验活动之一。当人们在登上泰山顶峰后，看到红日跃出东方地平线的时刻，往往就会产生这种幸福感满满的峰值体验的感觉。同样，当我们在迪士尼乐园乘坐过山车时所经历的胆怯、兴奋、狂喜和巨大的满足感，也代表了体验所具有的丰富性和复杂性。服务设计中最具战略意义的"产品"就是服务本身，也就是服务提供者和服务用户之间共同创造的价值。因此，设计服务产品意味着设计师需要深入了解用户的需求，把握用户体验，并将这些需求或体验转换为某个组织（机构）能够并愿意为用户提供新的价值。

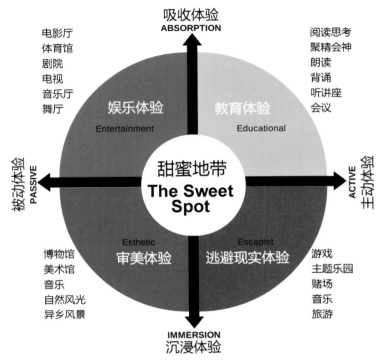

图 13-8　娱乐的、教育的、逃避现实的和审美的体验

13.3　星巴克烘焙工坊

　　1971 年创办的星巴克，一直是行业的成功范本。其打造家和办公室之外"第三空间"的咖啡店商业模式被广为称赞。但随着电商的出现，线下实体店"第三空间"也要与时俱进了。2017 年年初，星巴克创始人霍华德·舒尔茨在清华大学的一次演讲中曾提到："因为有亚马逊、阿里巴巴等，每一家实体店都受到电商威胁。这就意味着零售业的一个大调整，很多实体店会关门，我们必须打造更好的、有情感诉求的、浪漫的实体门店。"所以，2014 年，被称为"咖啡的奇幻乐园"的全球第一家"星巴克臻选烘焙工坊"在美国西雅图开张。这家灵感来源于电影《查理的巧克力工厂》的旗舰店古风典雅，占地 1393m²，将沉浸式体验和多元化产品组合融为一体。舒尔茨将其比作"一张承载咖啡、戏剧和浪漫的魔毯"。该"烘焙工坊"已成为西雅图最受欢迎的旅游景点之一，2018 年，星巴克在上海开的"烘焙工坊"约 2700m²，面积远超西雅图店，而且采用了更多的新技术，为消费者提供了更丰富的选择，成为星巴克在智能时代探索咖啡连锁用户体验的最新试验场（见图 13-9 ）。

　　星巴克负责店铺的消费体验设计，技术产品底层则来自阿里巴巴。最显眼的标志物是一个刻有超过 1000 个篆体中文的巨型铜罐，咖啡豆经过烘焙，会先在这个巨大的铜质桶中静置 7 天，之后会经过头顶的黄色管道进入咖啡烹煮的各个环节。同时，铜质桶也相当于是储货仓，天猫顺势推出专属的臻选咖啡豆月度订购服务，天猫会员可在线上下单，提前预订上海烘焙工坊正式烘焙的第一批臻选咖啡豆，之后按月送达。为了加强数字化沉浸式体验，店内还设置了 AR 体验区，拿手机天猫扫一扫店内随处可见的二维码，该部分的介绍就会在手

图 13-9　星巴克将沉浸体验和多元化产品组合融为一体

机上自动显示，直观了解烘焙设备、咖啡吧台、冲煮器具等的每一处细节。用户也可以通过
AR 技术观看"从一颗咖啡生豆到一杯香醇咖啡"的全过程（见图 13-10）。用户打卡指定工
坊景点，即可获得虚拟徽章，并解锁工坊定制款拍照工具，体验成为星级咖啡师的乐趣。星
巴克所采用的 AR 方案由阿里巴巴人工智能实验室自主研发，是科技创新体验的代表范例。

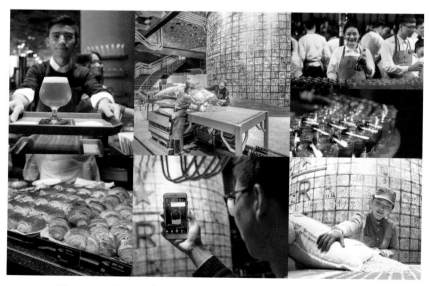

图 13-10　星巴克烘焙工坊利用 AR 技术将科技与工艺相结合

营销体验专家塞胡米特（Sehumitt）从企业体验战略设计入手，将顾客的体验划分为感官体验、情感体验、思考体验、行动体验和关联体验 5 种体验模块。企业采取体验营销活动会直接影响顾客的品牌满意度，进而影响顾客的品牌忠诚和推荐意愿。星巴克的烘焙工坊对上述 5 种体验都进行了有益的探索。想象一下，在巨大的烘焙机器车间，空气中弥漫着浓郁的咖啡香气，环境华丽又雅致，黑围裙的咖啡大师拿着手冲壶，专注而缓缓地冲出一杯咖啡给你……是不是在气势上，已让你折服，这些服务和体验本身和细节设计，是一种对咖啡的功能性需求，上升到全方位的情感体验。在这间全店无餐牌的"咖啡剧场"里，只要拿出手机淘宝"扫一扫"，就可以实现"智慧消费"，这对于年轻人来说无疑有着巨大的吸引力。

对企业来说，良好的用户体验也是服务增值的前提。以星巴克为例，通常收获的咖啡豆价格大约是 10 元 /500 克，根据不同的品牌和地域，可以冲制 10~20 杯咖啡。但在街头咖啡店里买的现磨咖啡，那么这一服务就要卖到将近 15 元一杯了。而在旅游点的星巴克店，这一杯咖啡可能要卖 30~45 元。如果在一家五星级酒店或者高档星巴克咖啡店里提供的同样咖啡，顾客会非常乐意支付 50 元一杯的价格。因为在那里，无论是点单、冲煮，还是每一杯的细细品味，均融入了一种提升的格调或者剧院的氛围。其他的服务包括免费上网、免费充电、舒适的沙发，还有灯光和轻音乐的选择，都为消费者带来不同的体验（见图 13-11 ）。

图 13-11　咖啡作为大宗商品、快消品和体验产品（服务）的附加值曲线

对于消费者来说，对产品或服务的体验是在某种服务场景中进行的。线上和线下实体店的产品和服务的体验一个重要的区别就在于线下实体店提供给顾客一个包括物理要素和社会要素的服务场景。星巴克提出的"第三空间"是线上虚拟环境所无法比拟的。因此，线下实体店往往通过服务场景要素来使顾客获得独特的感官享受和体验。室内设计和温馨气氛的营

造使得最初商品提高了两个层次，但是对于消费者来说，这也意味着费用的提升。目前顶级的经典烘焙坊咖啡更是可能要价高达 65 元。但随着咖啡文化近几年在大陆快速散播，民众对好咖啡和良好服务体验的追求愈来愈高。虽然咖啡可以是大宗产品、零售商品或服务商品，但顾客也为之付出了更高的价格，这就是极致体验与创新服务的奥秘。因此，设计师需要更加关注数字时代人们的多种体验和需求，打造出更贴心的产品和服务。这不仅可以提高产品的附加价值，而且也成为我国提升服务业质量与水平的重要手段之一。

13.4 共享经济模式

早在 2000 年 1 月，共享经济的鼻祖，美国企业家罗宾·蔡斯（Robin Chase）就和伙伴联合创立了全球第一家汽车共享公司——Zipcar，从没有一辆属于自己的汽车成长为如今全球最大的租车公司。从那时起，蔡斯就预言 21 世纪是共享经济的世纪，共享经济将改变人类生活，改变城市和未来。今天，"共同创造"和"共享经济"的理念和实践已经在全球如火如荼地发展起来，而第三方交易、支付平台的出现成为这种模式风靡全球的契机。租房、拼车、拼餐、网约或者买卖二手车等 O2O 交易都是在这个商业模式下发展起来的应用。在共享经济时代，不再像以往的传统商业社会那样，消费者面对的只是商家，现在是人与人互相面对，这也为服务设计打开了一扇新的大门。例如，"共享经济"离不开线上平台的设计与管理和线下的服务（见图 13-12），这个平台也集中了金融服务、交易、信息安全、管理、广告、数字营销甚至社交服务等一系列功能。因此，这种服务需要政府机构、设计师、客服人员、数据支持以及第三方公司的共同合作，才能完成服务流程。

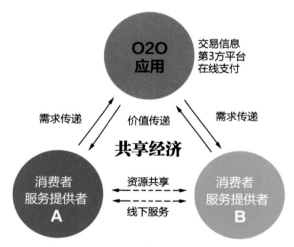

图 13-12 "共享经济"离不开平台的设计与管理和线下的服务

在共享经济模式下，消费者可以通过合作的方式来和他人分享产品和服务，而无须持有产品与服务的所有权。使用但不拥有，分享替代私有，这也成为随后如日中天的优步（Uber）、滴滴出行等分享服务的模板。据美国《时代周刊》统计，全球共享经济中目前活跃着 1 万家公司。如全球知名民宿与短租企业爱彼迎（Airbnb）、实时租车和合乘服务公司优步（Uber）、欧洲知名长途拼车（Blablacar）等。同样，像滴滴出行、小猪短租这些创新企业也在中国取得了相当大的成功，滴滴出行还将市场拓展到巴士、代驾等新的服务领域。同样，全球最大的民宿与酒店预订服务网站之一缤客网（Booking.com）将短租与旅游相结合，将全球美食、表演、民俗民歌、特色建筑和自然景观通过网络提供给短租游客（见图 13-13）。与传统的酒店或汽车租赁业不同，这些共享经济平台通过撮合交易获得佣金，利用移动设备、评价系统、支付、LBS 等技术手段将供需方进行最优匹配，达到双方收益的最大化，其本质就是整合线下资源或服务者，让他们以较低的价格提供产品或服务（见图 13-14）。

图 13-13　缤客网通过将旅游与短租相结合开拓服务市场

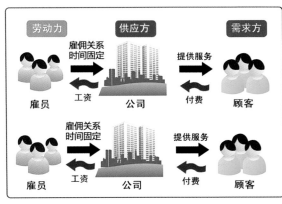
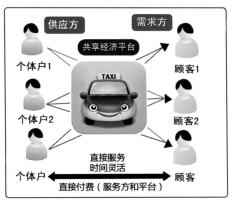

图 13-14　共享经济就是整合线下资源来提供更灵活的服务

　　共享经济的核心就是传统的服务商 / 顾客模式的变迁，自助型服务正在悄悄改变着服务业。例如，随着共享经济时代的到来，一种没有服务员的自助式酒店应运而生。2015 年年末，一家由两位荷兰年轻创业者专门为年轻人设计的自助式酒店 CityHub 在荷兰首都阿姆斯特丹正式开张营业。每一个游客都可以通过位于大堂里的触摸屏来启动住店自助式登录程序，为自己办理入住和退房手续（见图 13-15）。大厅内还有一个搭配地图导游等多种与旅游相关的专用 App 可供使用。它将"数字社区"与"自助旅游"紧密结合，让旅客能够实惠和舒适地出行，同时促进旅客愿意更加深入地探索这座城市的欲望，而不只是为他们提供一个住宿的地方。

图 13-15　共享酒店 CityHub 的服务大厅与客房

CityHub 的概念是由两个荷兰大学生山姆·施恩克斯（Sem Schuurkes）和彼得·范·迪博格（Pieter Van Tilburg）提出的，他们以自己的亲身经历了解到了现在世界各地为数众多的学生群体和年轻旅行者的需求，决定打造一个与传统酒店业不同的适合当今社会年轻人需要的新型酒店。他们采用了数字智能技术将线上与线下体验相融合。施恩克斯在谈到其创意时说道："我们在学生时代自己也经常背起行囊外出去旅行，既开阔了眼界又锻炼了身体。为了减轻旅行负担，我们有时会住在青年旅馆。旅馆的好处是它有一个相对自由宽松的环境和一个互动社区，缺点是你要与素不相识的陌生人共用一个房间。另一方面，如果你想保护自己的个人隐私，提高住宿的舒适度，那么通常在房间上的花费就会过于昂贵。CityHub 可将酒店的互动社区功能和住客的私密性、舒适性结合起来，并进一步整合了智能和有趣的互联网解决方案，为所有的客人提供既舒适有趣又方便快捷的住宿体验。"

CityHub 酒店坐落在阿姆斯特丹市西部地区一个约六百平方米的工厂仓库里，酒店提供给旅客休息的房间称为"HUB"。酒店为四面八方远道而来的旅行者提供了 50 间经过精心布置的胶囊客房（见图 13-16）。内部的布局和 HUB 的设计是由荷兰 Uberdutch 工作室制作完成的，所有房间小巧而雅致、舒适而温馨，这里虽然没有五星级酒店豪华的设施，也不在著名旅游景点附近，但是却通过一个个充满个性化的住店体验与多样化、时尚化的服务内容吸引了众多年轻一族的目光。干净整洁的双人床和无线网络以及柔和的灯光和音乐流媒体系统，客人可以依据自己的喜好和感受进行个性化设置。酒店里设有宽敞明亮的客人休息大厅，充满活力的年轻人可以在此认识来自五湖四海的新朋友，使用酒店配给每个住店客人使用的个人 RFID 腕带，除了用来方便地进出自己的迷你房间外，还可以用它在酒吧里进行自助消费。

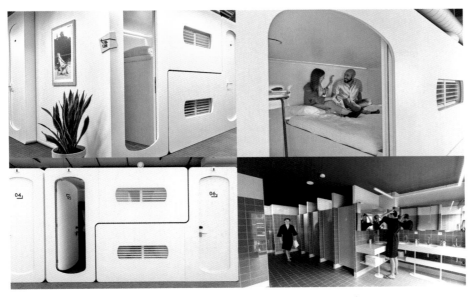

图 13-16　自助酒店 CityHub 里的胶囊房间与公共洗澡间

为了消除不必要的漫游费和推广酒店内的应用 App，CityHub 酒店联手互联网运营商 T-Mobile 公司共同合作，为住在店里的客人们提供他们自己专属的 Wi-Fi。有了这个功能，住在酒店里的客人就不必担心漫游费的问题了。除了借助网站登录外，客人们还可以下载酒店 App，该客户端是一个智慧导航指南。除了地图导游外，它还提供了附近正在进行的表演或活动信息，如舞会或时装秀等的详细时间提示，并为客人想去哪里逛街提供一些合理化建议。该 App 还提供了一个可以谈天说地的聊天室，让客人们之间可以相互联系，分享他们在旅行过程中发现的新热点及旅游心得，为所有客人打造个性化旅游体验提供了方便。与此同时，该应用还可以用于控制房间内的灯光明暗，设定闹钟和控制房间内睡眠环境必要的空气流通。自助式酒店的出现不是偶然的，而是智能信息服务和"共享经济"发展到一定阶段的产物。无论是酒店、咖啡厅还是银行，由于移动媒体、服务机器人和智能化科技的出现，自助式服务将成为未来服务业发展的一股潮流。从服务设计思考的原则上，自助式服务不仅降低了服务成本，简化了服务流程，实现了服务触点的全程可视化，而且将选择权、知情权交给了用户，从而形成了全新的服务模式。

13.5　迪士尼的体验文化

1955 年，建于美国洛杉矶的迪士尼乐园（DisneyLand）是世界上最早的主题游乐园。而在美国佛罗里达州奥兰多（Orlando）的迪士尼世界（DisneyWorld）则是全球最大的主题游乐园，也是全球主题最多和娱乐项目最多的主题公园。迪士尼公司创始人沃尔特·迪士尼是一位具有丰富想象力和创意的企业家。他将以往制作动画电影所运用的色彩、魔幻、刺激和娱乐与游乐园的特性相融合，使游乐形态以一种戏剧性和舞台化的方式表现出来。乐园用主题情节暗示和贯穿各个游乐项目，使游客成了游乐项目中的角色。老迪士尼凭借睿智的眼光，将体验文化与"顾客为先"的理念融入公园的建设与管理中，使得迪士尼乐园成为全球最早、最成功的服务设计的案例之一（见图 13-17）。

图 13-17　迪士尼乐园是全球最早、最成功的服务设计的典范

　　沃尔特·迪士尼的"游乐园之梦"可以追溯到 20 世纪 40 年代，很少有人知道，在电影界叱咤风云的迪士尼，日常生活中还是一位尽职的好丈夫和好父亲。几乎每个周末，沃尔特都会带着自己的妻子和女儿外出郊游。迪士尼发觉在公园里游玩的孩子们总是一副无精打采的样子。而且公园的设施陈旧，员工的服务态度恶劣，卫生状况也很糟糕。他感受到了美国普通休闲公园的无聊乏味和种种弊端，也就萌生了自己建立一个主题娱乐公园的构想。乐园建成后，为了掌握游客对乐园的真实感受，迪士尼不仅白天到乐园来，而且晚上也常常在乐园中走来走去。他不仅观察游客玩乐，倾听他们的意见，而且还向各部门工作人员询问有关改进的方案并制订了一系列员工服务手册。这些管理规范帮助该主题乐园成长为体验文化的典范（见图 13-18）。

图 13-18　迪士尼本人对顾客体验的重视成就了迪士尼乐园

对用户体验的重视成为迪士尼的"传家宝"。迪士尼前任副总裁，被誉为"客户体验领域最权威专家"的李·科克雷尔（Lee Cockerell）曾经写了一本《卖什么都是卖体验》（见图 13-19）。他曾多年担任迪士尼乐园、希尔顿酒店和万豪酒店的高管，该书对他积累的客户服务经验进行了总结，并融汇成 39 条基本法则。科克雷尔通过一个个真实、生动的案例，为我们展示了怎样赢得客户、留住客户、怎样把忠实顾客转变为企业的铁杆粉丝。因此，理解体验文化对于服务设计师来说无疑有着重要的意义。

图 13-19　迪士尼乐园游览花车（左）和《卖什么都是卖体验》（右）

对于迪士尼来说，所有的优质体验都是来自人与人之间最真诚的相互关系。互联网颠覆的是人与人的沟通渠道和方式，而优质体验的本质并未改变。随着 O2O 浪潮席卷互联网商业时代，回归对用户体验基本原则的遵循是所有平台、产品和服务的必修课。正如迪士尼前CEO 迈克尔·艾斯纳所说："我们的演职员们多年来的热情和责任心，以及游客们对我们的待客方式的满意，是迪士尼公园最突出的特点。"迪士尼主题公园的雇员同时也是"演员"，永远面带笑容的迪士尼雇员已经成了乐园的一种典型形象。对迪士尼来说，培养这样的行为和印象是迪士尼"服务主题"的一个非常重要的部分，这个主题就是"为所有地方的所有年龄段的人创造快乐"。作为培训内容，迪士尼新雇员们要学习各种表演技巧，除了花车游行表演和卡通装扮表演（见图 13-20）的技巧外，还要研究"姿势、手势和面部表情对来宾体验的影响"，这也是培训手册的一部分。迪士尼的雇员在小朋友问话时，也都要蹲下来，微笑着和他们说话。蹲下后员工的眼睛要和小孩的眼睛保持在同一高度，不能让小孩子抬着头和员工说话，因为他们是迪士尼现在和未来的顾客，需要特别的重视。

迪士尼的服务设计渗透到了公园管理的每一个角落。从人工服务的软件到物质设施的硬件都完美体现了人性的关怀。在这里，每一个简单的动作都有严格的标准。所有可能的"服务触点"都有清晰的手册指南（见图 13-21）。例如，迪士尼乐园的服务除了借车、导览、银行服务、取款机、失物招领、住宿联系等以外，还提供婴儿换尿布和宠物存放服务；如果购物游客手上提的东西太沉，公园 3 小时内可以把游客所购的物品送到出口或客人下榻的酒店。如果大人和孩子要分开玩，园内提供沟通联络服务或替代照看。乐园还提供了不同款式的智

图 13-20　迪士尼员工将微笑、角色、表演和服务融为一体

能手环，配合智能手机 App，这个手环可以帮助游客预约要游览的场馆，还可以直接刷卡，减少排队和等候的时间（见图 13-22）。公园内的厕所不仅分布合理，而且还设置了带孩子的父母专用的厕所和残疾人专用厕所。公园还备有婴儿推车、自助电瓶车和残疾人轮椅，以方便老人、儿童和特殊人士的出行。这种周全的服务设施为迪士尼的客源提供了最可靠的保证。统计表明，迪士尼公园的回头客超过 70%，堪称优质服务的典范。目前迪士尼集团已经在全球建立了 6 所主题乐园，包括东京、巴黎、中国香港和上海的迪士尼乐园。而迪士尼对体验文化和游乐服务的经验的探索已经在全球各个主题公园开花结果，如珠海长隆海洋主题乐园、北京欢乐谷等都得益于迪士尼的文化。

图 13-21　迪士尼所有可能的"服务触点"都有清晰的手册指南

图 13-22　迪士尼乐园还提供了用于游客导航和预约时间的智能手环

13.6　公共服务设计

由于用户本身的多样性和复杂性，服务设计必须多视角思考用户的需求。以城市中最为常见的公共交通（如地铁）的服务来说，一些人们司空见惯的轨道交通导航与服务设施对普通人来说应该没有问题，但对于特殊群体，如老人、精神障碍者、肢体残疾人、盲人、孕妇、哺乳期带婴儿的年轻妈妈等来说，往往就会成为障碍。2015 年年末，一位年轻母亲在北京地铁上哺乳的照片被网友拍照并上传到微博一事曾经引发了热议，这也引起了很多人对城市服务设计的反思。而北京市新修订的《城市轨道交通无障碍设施设计规程》就据此提出了更精细化、人性化的设计要求。因此，任何一项服务的设计要尽可能考虑到其包容性。

其他一些国家的范例可以给我们的公共交通的服务设计提供很好的思考角度。例如，在日本，肢体残疾人不但可以拄着拐杖进百货公司，而且可以坐着轮椅逛街和坐地铁。各个公共场所和机构都为残疾人预先设置了各种便利的专用通道和标识，所有路面都有残疾人黄色通道。坐地铁时，残疾人只要把轮椅开到地铁进口处的垂直电梯即可。垂直电梯有两排按钮，一排在高处，是给正常人使用的；另一排在低处，是供残疾人使用的。为了照顾残疾人和老年人，电梯关门的间隔时间很长，所以不用担心电梯门会夹住人。在日本地铁站，残疾人上车会得到工作人员特别的照顾。在一些没有垂直电梯的地铁站，滚梯旁边还会专门备用供残疾人和轮椅乘坐的"阶梯运送车"（见图 13-23），工作人员通过这个"阶梯运送车"从阶梯通道将乘客送到站台。

此外，日本的列车上通常有供轮椅停靠的位置，在车厢外面绘有显著的标志。而站台的工作人员会提前将乘客安排在特定车厢停靠点等候列车。由于列车和站台之间是有缝隙的，为了方便残疾人士上车，工作人员会准备一块专用的塑料板，让残疾乘客更加顺畅地上车而

图 13-23　日本地铁站专门服务于残疾人下楼的设施

完全没有后顾之忧（见图 13-24）。如果是乘坐轮椅，工作人员会全程帮助将坐轮椅的乘客推上车。列车到站后，乘务人员会提前出现在乘客身边，帮忙拿好行李并推着轮椅缓缓行至车门，车上所有人会自觉地让该乘客先下车，没有人会抢道。门开后，站台的工作人员已将专用的塑料板铺好，方便乘客的轮椅顺利出车门。抵达站台会有工作人员亲自通过轮椅专用阶梯运送车将乘客送至出站口，确保乘客全程安全。日本政府还规定：残疾人上下班如果有家属陪同，则电车和地铁一律对陪同的家属免票。同样，美国几乎所有的城市公交车都提供了残疾人轮椅上车的自动踏板（见图 13-25）和专用靠位（有地锁和安全带帮助固定轮椅），这种通用型设计也都体现了服务设计的细微之处。

图 13-24　日本火车站专门辅助残疾人上车的工作人员和轮椅踏板

　　服务设计的高低不仅会影响大众的体验和满意度，甚至也会成为国家之间竞争的标准之一。据联合国儿童基金会和日本国立社会保障及人口问题研究所的调查显示，日本的儿童“幸福度”在 31 个先进国家中位居第 6 位（第 1 位为荷兰）。英国 BBC 和日本的《读卖新闻》等 24 个国家的媒体共同进行的舆论调查显示，认为日本给世界带来了良好影响的回答

图 13-25　美国城市公交车的残疾人轮椅自动踏板

占 49%，排名第 5 位，非常接近排名第 4 的法国（50%）。由于战后日本出生率持续走低，"少子化"已经成为日本最为严重的社会问题，这也导致了日本服务业普遍雇佣退休老人从事出租车司机、保洁和零售服务等工作。日本 65 岁的老年人中有一半人还在工作，有的超市还贴出了招募最大年龄为 70 岁的服务员的启事。这些都创下了世界各国的最高纪录。日本政府还提出了"健康医疗战略"，力争以世界最先进的医疗技术打造健康长寿型社会。该战略提出，到 2020 年把不需日常护理便可正常生活的"健康寿命"延长 1 岁以上，并使代谢综合征患者数量与 2008 年度相比减少 25%。这些说明良好的健康保障可以延长人们的工作年限，使老年人有更好的生活体验。同时，如今"老龄化社会"已经成为全球普遍现象，针对特殊人群（如行动迟缓的老人和需要借助轮椅、拐杖出行的人）的公共服务设计（见图 13-26），不仅需要设计者提供贴心的产品，而且要求政府增强社会保障和公众服务意识，才能创造出一个温馨舒适的和谐环境，使社会生活更加人性化。

图 13-26　国外轻轨上针对老人和残疾人的轮椅车位（带固定装置）

思考与实践13

一、思考题

1. 什么是体验经济？顾客体验可以分为哪四种？

2. 什么是体验的"甜蜜地带"？如何设计丰富的体验？

3. 迪士尼公园的体验文化和服务设计有何特点？

4. 共享经济的特点是什么？共享经济和移动互联网有何联系？

5. 以"滴滴出行"为例分析其商业模式。与图书借阅服务有何区别？

6. 自助式酒店如何解决结账、安全、清洁和身份验证的问题？

7. 共享拼车如何解决安全、可靠和双赢（司机与乘客）的问题？

8. 为什么说美国的服务业是高端定制服务业？我国与其相比有哪些差距？

9. 星巴克烘焙工坊的理念是什么？如何提升服务体验？

二、实践题

1. 许多公共服务设施和旅游景点都开始关注残疾人和特殊人群服务，但标识往往不能确切说明是哪些人群可以享受特殊服务（如残障人专座）。请参考图 13-27 国外服务设施上的标识，设计一套针对假肢、孕妇和老人的服务标识。

图 13-27 特殊人群服务标识

2. 如何利用数字科技为盲人提供一个智能导航方式如导航鞋、导航帽或智能拐杖？如何将这个概念转化成一个具有实用性、便捷性和可靠性的产品？请利用设计思维和同理心（盲人出行）来思考与优化该产品的创意。

第14课　服务设计理论

14.1　服务设计思维

　　服务设计在我国的兴起，适逢我国经历了 30 年快速发展之后所面临的新形势：人口红利逐步消失，传统制造业转型，互联网经济快速发展，特别是政府大力倡导"民生服务"的政策语境。2017 年 10 月，习近平总书记在十九大报告中指出："中国社会主要矛盾已经转化为人民日益增长的美好生活需要和不平衡不充分的发展之间的矛盾。"习总书记指出：在新形势下必须"坚持在发展中保障和改善民生"，并进一步强调："增进民生福祉是发展的根本目的。必须多谋民生之利、多解民生之忧，在发展中补齐民生短板、促进社会公平正义，在幼有所育、学有所教、劳有所得、病有所医、老有所养、住有所居、弱有所扶上不断取得新进展"。因此，我国经济发展的目标，已经从追求 GDP 到更加关注生活质量和民生，这无疑是一个重大的政策转变。中国的设计发展需结合新的语境，为服务型社会的成长探索方向。体验经济时代的到来，当下人们对高质量生活的追求，都会成为推动服务设计走向深入的引擎。这些改变预示着服务业的腾飞并成为我们理解服务设计意义的出发点。例如，汉唐长安因丝绸之路而伟大，而国家"一带一路"的发展战略开启了西安这座千年古都新的机遇，创新服务模式与旅游经济无疑是西安最有特色的部分（见图 14-1）。

图 14-1　西安借助传统文化实现游客的文化体验并创新旅游服务

　　在体验经济时代，设计是皮肤，服务是骨架，而有意义的体验则是灵魂。也就是说，服务是通过体验而产生意义，并带给顾客以安全、舒适、贴心和幸福的感觉。星巴克是一家开遍全世界的连锁咖啡公司，在《财富》杂志评选的最受赞誉公司的榜单上，星巴克和苹果、谷歌、亚马逊一道成为常客。一家卖咖啡的企业为何倍受赞誉？或许并不是因为它咖啡做得好，而是该企业将"人"这一元素贯穿在企业文化之中，不论是团队文化还是营销文化，都体现了与用户体验有关的理念。星巴克通过温馨的环境和店员细微周到的服务（见图 14-2），诠释了服务设计的意义。星巴克的咖啡杯、制服、灯光、座椅、菜单，甚至洗手间的标识都充满了设计文化，甚至有针对不同的季节或节日推出各种独具特色的咖啡杯（见图 14-3）。这家1972 年成立的公司还与时俱进，不仅提供手机无线充电设备、支持 Wi-Fi 上网，还可以推送新闻和音乐，支持预订下单以及各种充满个性的服务。

图 14-2　星巴克温馨的环境和店员细微周到的服务

图 14-3　星巴克针对圣诞节推出的独具特色的咖啡杯

近年来，随着电子商务的火爆，电商们都纷纷开始和线下的服务相结合，将购物、旅游、餐饮、外卖、演出、电影等消费活动捆绑在一起。数字化生活已经成为当下年轻人的生活方式（见图 14-4）。如美团网将旅游服务不断完善，从星级酒店到客栈、民宿，从团购到手机选房，都成为服务特色。因此，服务设计是最"接地气"的设计。例如，去医院的就诊和看病流程就充分体现了服务设计的重要性。该流程包括网上预约、前往医院、取号、就医、化验、缴费、取药等一系列触点，通过科学的设计方法和智能化服务（如手机、触摸屏、自动语音导航等），就可以使医院的服务规范化和简洁化,病人由此可以得到更方便、自然和满意的服务。事实上,我们每天经历的方方面面都是服务设计范畴内的东西。大到城市轨道交通系统的设计,小到餐饮店的柜台都充满着服务设计的影子,线上＋线下的用户体验就是服务设计的舞台。我国工业设计前辈柳冠中教授指出:真正的服务创新并不是把一个产品变成一个服务体系,设计主战场不再是企业,而是进行全社会,也就是进行社会设计,把设计的目标放在社会。设计应该靠近人的本质需求,而且不仅是以人为本,更应该是以生态为本。服务设计正是从系统和生态着眼,提倡使用,不提倡占有,它能让社会转型、让企业转型、让经济转型。因此,服务设计不仅是一个思维方法,它实际上是一个观念的转换。从这个角度看问题,就会理解服务设计出现的深刻意义。

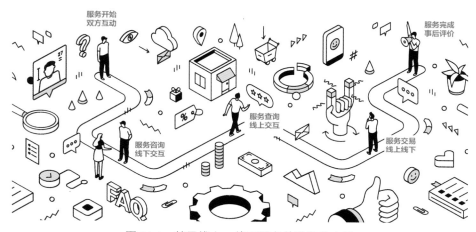

图 14-4　基于线上＋线下服务的数字化生活

对于设计师来说,服务设计更深刻的意义不仅在于改善服务和解决实际的问题,而且是为设计实践提供理论与方法,成为一种超越传统设计学科分类的"哲学形式"。以往人们在谈论设计时,第一个维度是基于实践的设计,这种设计和职业紧密相关。这是由传统的市场定位和劳动分工发展而来的,例如建筑师、产品设计师、景观设计师、平面设计师等职业都是如此。这些职业来自于传统的行业活动,并通过公司或个人的形式为客户提供概念和产品的服务。它们也为设计学科打下了实践基础:即把实践者所知转化为系统的理论,从而建立起各种基本的设计专业。从这个角度出发就不难发现,设计是相当有技术性的一个工作,设计师们必须掌握产品的材料、形式与功能;同样,设计也是服务于产业的,尤其是制造业与服务产业。

设计的第二个维度即基于价值观分类的专门类别设计。它是设计实践的理论和伦理基础。如绿色设计、可持续设计、人本设计、包容性设计和开放设计都是驱动设计概念背后的各种伦理与准则。设计的第三个维度则是基于方法的设计。它主要为设计开拓方法论、过程、手段和工具,扮演着实践与认知的双重角色。服务设计、参数化设计和系统设计等就是其中的代表。例如,瑞典的免费学校组织维特拉(Vittra)高度重视开发教学和互动的新方法,以此作为教育发展的基础。在斯德哥尔摩的新学校的整个空间设计本身就是教育(见图 14-5)。忘记装满桌子、椅子和黑板的经典教室,这个开放的空间有斜坡、实验室、电影院和各种稀奇古怪的东西如"冰山""浇水洞""炫耀""篝火"等体验空间,以刺激小孩子们的学习和创意。这种创新型校园的设计显然是多学科共同参与的结果,需要包括建筑空间、产品设计、环境艺术、室内设计、数字媒体等多个专业的共同努力，所以必须要有系统设计的哲学思想指导。面对未来的挑战，斯德哥尔摩维特拉学校生动诠释了服务设计的意义和价值。

图 14-5　斯德哥尔摩维特拉学校的校园景观

伯吉特·玛格教授指出："服务设计提供了在许多不同尺度上创造价值的机会，包括经济价值、社会价值或环境价值。服务设计强调共创，与他人一起设计是个很有趣的想法！"参与式设计实践是服务设计的核心，也是最重要的方法论。通过对话和协商，乙方和甲方成为朋友和共同创造者。在设计过程中，用户和利益各方以主人翁感的态度来参与对话，并将他们的各自愿望融入设计师的图纸和方案，并由此实现共赢和协同创新，这正是服务设计区别于传统设计的独特之处。

14.2　未来趋势与挑战

2016 年，著名的"硅谷预言家"凯文·凯利（Kevin Kelly，见图 14-6）在成都进行了一个名为《回到未来》的主题演讲。他认为在今后 25 年，科技的发展将给世界各地带来一些必然的趋势，其中最重要的技术发展趋势之一就是人工智能，它是机器感知并让产品更为智能的技术。凯文·凯利指出：人工智能早已来临，只是我们还没有感受到。未来人工智能系统解读 X 光片的本领已经比医生更高；查阅法律证据的能力也比律师要高；带有人工智能技术的刹车系统比人的判断更好，而且车载 GPS 导航设备要比人对空间的认知要好很多……凯文·凯利预言：因此，随着智能时代的到来，追求速度和效率的工作，如流水线装配等，应该更多地让机器完成，而不追求效率的工作以及注重体验和创造性的工作，如艺术与科学，则归于人类。同时，人类需要与智能产品进行更多的交流，虚拟现实带来的不是知识，而是情感体验。

图 14-6 凯文·凯利对未来趋势的判断（《回到未来》的主题演讲现场）

2020 年，随着智能语音、智能图像、自然语言处理、深度学习等技术越来越成熟，人类正进入万物智慧互联（AIoT+5G）的超级互联网时代。现在雨后春笋般出现的智能语音产品如"天猫精灵"、小米智能音箱"小爱同学"等就是范例（见图 14-7）。AI 包含 AI 技术、大数据、云计算，IoT 包含传感器、端与边缘计算，AI 与 IoT 的结合是 AIoT，也就是万物互联的超级互联网。听觉体验是人类仅次于视觉的第二大信息输入来源，语音交互（Voice User Interface，VUI）相对于图形交互界面（Graphic User Interface，GUI）有着更广泛的发展前景。人工智能与深度学习让自然语言理解得到了长足的发展，智能语音产品得到了快速的发展，进一步推动了智能驾驶、智能家居、智能医疗等服务的创新，并带给消费者更丰富的用户体验。通过 5G 可以想象到 VR/AR、实时远程医疗、远程教育、游戏、高清视频直播、沉浸式体验等领域。

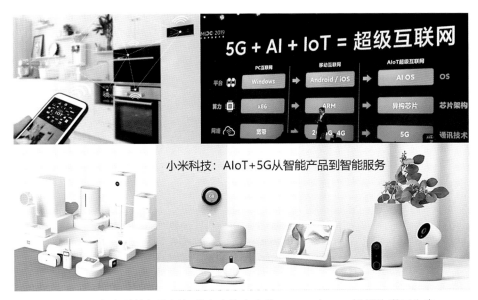

图 14-7 小米科技打造以智慧家庭为中心的 5G+AI 与 IoT 智能物联网生态

20 世纪 90 年代，随着苹果 Macintosh 计算机和微软 Windows 系统的推出，图形交互界面代替了字符用户界面（CUI）并成为信息时代的标志之一。今天，触控交互、人脸识别和智能语音已经成为智能时代的标志之一。除了听觉和视觉外，人的感官还有嗅觉、味觉、触觉和体感，未来的多模态交互设计会是所有感官的一个结合，这个界面称为可拓展交互界面（Extensible User Interface，XUI）。随着 AIoT+5G 的快速发展，万物互联的超级互联网正在形成，5G 将会赋能整个 IoT 并真正实现万物智慧互联。在 PC 时代，互联网可连接的设备在 10 亿数量级，在移动互联的时代，它的连接设备到了 50 亿的数量级，未来在 AIoT 时代，预计将实现 500 亿连接规模。所以人机交互与用户体验的边界更广阔，XUI 成为"无处不在的计算"的窗口（见图 14-8）。

图 14-8　可拓展交互界面（XUI）将会成为智能时代 UI 的发展趋势

我们已经开始迈入人工智能的新时代，那么作为服务 / 用户体验设计师，重新思考人与机器的关系并且可以在实践中加以应用，是在未来设计中必不可少的一个环节。人工智能的快速发展不仅带来人类社会的进步，而且严重威胁许多人的生计。根据 2017 年年底著名咨询公司麦肯锡发布的一份报告《未来的工作对就业、技能与薪资意味着什么》显示：到 2030 年，全球将有多达 8 亿人的工作岗位可能被自动化的机器人取代，相当于当今全球劳动力的 1/5。即使机器人的崛起速度不那么快，保守估计，未来 13 年里仍有 4 亿人可能会因自动化寻找新的工作。工业革命把手工工匠的工作转化成大量常规工作（如生产线工作），但是人工智能革命将彻底取代这些生产线工作。未来 20 年，包括驾驶、电话销售、卡车司机甚至是放射科医生等类似工作和事务也将被人工智能取而代之，在线客服、银行和保险公司业务员、装配线工人、餐饮服务员等职业都会受到较大的影响（见图 14-9）。从长远来看，人工智能肯定会极大地改变现有的服务市场。经济学家预测：到 2030 年，人工智能将为全球经济带来 15.7 万亿美元的财富。很多收益来自于自动化取代大量人工的工作。而在人工智能世界，服务 / 用户体验设计师会和工程师、技术研发师一样，占据着重要的位置。

智能时代设计师的意义在于保证人们与人工智能之间的交互及体验是以人为本的、吸引人的，而且是有意义的。除此之外，设计师还必须考虑整个系统以及生态，使其创造出积极且具有影响力的社会价值。人工智能擅长于通过数据库采集信息从而处理复杂的计算，也擅长于处理重复的机械式工作以及计算。但计算机很难从复杂的信息资源中分析并提取一些有价值的信息，无法结合上下文做出细微的推断，且无法使用人类的情感天赋以及所谓的"常识"去做一些判断，而人类在优化、商讨、解释、情感、协同、领导力、同理心甚至幽默等方面则占有非常大的优势。

图 14-9 智能机器人已经成为服务业的新兴力量

2018 年，创新工场董事长兼首席执行官李开复博士在 TED 演讲台上，做了《AI 如何拯救人性》的报告（见图 14-10，上）。他指出：常规工作性、重复性的工作会被人工智能取代，

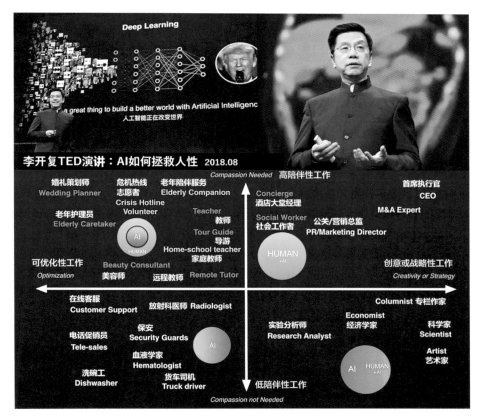

图 14-10 李开复博士的《AI 如何拯救人性》的报告

但我们可以创造出许多关爱型工作。"在人工智能时代，你们难道不认为我们需要更多社会工作者来帮助人们平稳过渡吗？你们难道不认为我们需要更多富有同情心的护理人员吗？他们虽然还是使用人工智能进行医疗诊断和治疗，但却可以用人性之爱的温暖包裹冷冰冰的机器。你们难道不认为我们需要数以十倍计的教师，来手把手帮助孩子们在这个美丽新世界中生存和发展吗？"李开复博士在会上分享了未来人工智能与人类服务的"四象限图"（见图14-10，下）并说明了四种人类与人工智能共事的方式：第一，人工智能将代替我们承担重复性工作。第二，人工智能工具将帮助科学家和艺术家提升创造力。第三，对于非创造性、关爱型工作，人工智能将进行分析思考，人类以温暖和同情心相辅相成。最后，人类将以其独一无二的头脑和心灵，做着只有人类擅长、以人类创造力和同情心取胜的工作。这就是人工智能和人类共生的蓝图。服务/用户体验设计师需要重点挖掘"四象限图"左上区域中的人机交互的商机，分析"关爱型"领域服务工作的特点，并结合"以人为本"来构建一个和谐的交互系统（如智能老年护理等），让人与机器都能够发挥出更大的潜力。

14.3　智能化服务设计

说起智能家居，你第一个想到的是什么？是让小爱同学帮你在冬夜睡前关掉所有灯光，还是喊 Siri 替你在出门前打点好家里所有的电器？无论是哪一种，不可否认的是，随着智能家居越来越深入普通家庭，人们对于它的认知也不再只局限于"远程开关"，更多的自动化设计以及它带来的生活上的便利，都给人们的日常生活带来新的体验和新的感动。智能家居设计领域当仁不让的老大还是苹果公司。早在 2014 年，苹果就发布了 HomeKit 智能家居平台，2015 年推出了来自 5 家厂商的智能家居产品。随后，苹果 iOS 10 增加了"家庭"应用，以管理控制支持 HomeKit 框架的智能家居设备，也就是可以通过 iPhone、iPad 或 iPod Touch 控制灯光、室温、风扇以及其他家用电器。2016 年以后，建筑商开始支持 HomeKit 的门锁、各类灯光、插座、家居摄像头、窗帘、空气质量检测仪等。这些智能家居配件不仅可以通过 iPhone 或 iPad 统一控制，也可以借助 Apple TV 唤出 Siri 语音操作。还可以预设常用的场景：清晨叫早，启动窗帘开关；步入门厅，屋内各处的灯光同时点亮，空气净化器风扇悠然转起……苹果 HomeKit 智能家居平台能够实现多种自动化功能和实现远程控制，成为体验设计的典范。2018 年，小米生态链企业绿米联创，即国内全屋智能品牌 Aqara 加入到苹果生态之中，是目前国内支持 HomeKit 设备数量最多的品牌，涵盖智能插座、调光系统、窗帘电机、智能摄像机、智能门锁、空调伴侣、门窗及人体传感器等众多品类，提供基于苹果 HomeKit 的全屋智能体验（见图 14-11）。

作为带有高科技属性的设计公司，苹果公司的最大优势就是通过智能科技来开发能够丰富用户生活体验的设备或工具。因此，家庭被视为使用这些宝贵资源的重要场所。在智能家居方面，苹果依靠 HomeKit 和第三方硬件建立起了完整的智能家居生态系统，如 iPhone、iPad、智能音箱 HomePod、智能电视机、智能眼镜、Apple TV、iWatch 智能手表等设备，将个人、家庭、建筑紧密连接在一起（见图 14-12）。苹果公司充分利用了智能手机与可穿戴设备来推动数字家庭理念的发展。哪些智能家居设备能够进一步促进和丰富用户体验？随着时间的推移，在增加功能和性能方面，哪些设备有很长的路要走？上述问题最有可能由苹果的设计师和工程师来解决。

图 14-11　绿米联创提供了苹果全屋智能体验产品

图 14-12　苹果 HomeKit 智能家居生态系统

　　国内智能家居的领跑者无疑是小米科技。早在 2017 年，小米科技发布了第一款智能音箱"小爱"。后来"小爱同学"被移植到手机等设备。2019 年，小米正式对外宣布小米的"双引擎战略"即万物智慧互联（AIoT）与智能手机，AIoT 第一次被提到和手机一样的战略地位。AI 智能语言会带来一些革命性的变革，"小爱同学"远远不是一个智能语音助理，而是小米的 AIoT 战略的核心。类似苹果的智能音箱 HomePod 以及家庭智能中控 Apple TV，"小爱同学"不仅是智能语音助理，更是一个开放平台和生态系统。很多设备都可以通过内置与外联的方式接入"小爱同学"，目前随着智能家居产品的日益丰富，这两种设备都在一天天地成长。

　　因此，"小爱同学"是一个数字家庭控制中心（见图 14-13），周围层是内置"小爱同学"的设备，是小米自研或者合作公司生产的智能设备（30+ 品类），更大的外围层是支持"小爱同学"控制的设备（共计34个品类）。"小爱同学"指的是"小米的AI"，不仅包括语音和自然语言，还包括视觉系统。未来通过视觉交互，"小爱同学"可以带来很多让人惊艳的用户体验。目前，小米智能家居产品已经在生活中无处不在，"小爱同学"也随着小米的AI战略也将不断发展。从未来发展上看，智能家居将从GUI到VUI。其中，GUI代表的是图形交互，同时也是手势交互（Gesture）。VUI不仅是语音控制，也是视觉的交互，因此，万物智慧互联增加了人和设备之间的互动。智能家居中所有的设备，包括温度、湿度、门窗、人体、水浸、烟雾、燃气、光照和睡眠等各类传感器以及智能开关、插座、窗帘电机、空调控制器、调光器、门锁等各类智能控制器，都可以通过一句话、一个手势或一个眼神和人进行交互。周围所有的智能设备或家电产品在"小爱同学"的控制下，形成了用户直接接触的环境，包括智能空间的感知和智能设备的唤醒，由此实现贴心的服务。

图 14-13　小米科技借助"小爱同学"建立起智能数字家庭的生态系统

　　5G时代的大数据、云计算和人工智能推动了智能家居兴起。苹果与小米科技正是这个浪潮中的佼佼者。5G代表了高速率、大连接、低功耗和短时延的连接，这对需要瞬时反应的信息传输非常关键。通过5G可以想象到VR/AR、实时远程医疗、远程教育、游戏、高清视频直播和沉浸式体验等领域。智能家居、智慧工业、智慧农业、智慧医疗与智慧社区等都是万物智慧互联（AIoT）大显身手的战场。

14.4　服务设计的定位

21 世纪服务设计的出现并不是一个偶然的事件，而是以互联网为代表的技术革命、全球化和服务贸易的必然产物。同时,服务设计也是对传统设计思维、体系和学科分类的一个挑战。美国著名学者思想家丹尼尔·贝尔（Daniel Bell）把技术作为中轴，将人类社会划分为前工业社会、工业社会、后工业社会三种形态。从产品生产型经济到服务型经济，恰恰是后工业社会经济方面的特征。过去，我们用产品来解决用户的痛点：冰箱用于储存食物，空调用于调节室温，电话用于交流沟通——然而，随着移动互联网和物联网的到来，用户的需求不再是单一的功能性需求，而是全方位的、更复杂多变的体验需求，如多感官互动需求、情感需求、认同需求或文化需求等。随之而来的是，产品作为解决单点问题的方案，已经不足以满足用户全方位的需求，而服务则替代成为一个更好的解决方案。因此，后产品时代服务为王，这已经成为当下推动我国经济发展转型升级的共识。

新经济时代的来临促使服务产业进入一个新的快速发展阶段。日本产品设计师平岛廉久在 20 世纪末有一句名言："物质时代结束,感觉时代来临"。服务设计与用户体验能够为社会、企业、用户的发展带来巨大的价值，逐渐成为设计的重要目标之一。体验经济也推动了传统设计范式的变迁，包括 UX 设计、交互与服务设计、社会创新设计等一系列新思维打开了人们的眼界（见图 14-14）。我国由工业主导向服务业主导转型的趋势已经成为推动经济发展的动力。服务设计不只是设计服务，更是设计与服务相关的整个商业系统，为后产品时代创新商业模式打开新思维。从长远看，服务设计对社会经济的影响还远远没有发挥出来，未来的发展前景会更加广阔。

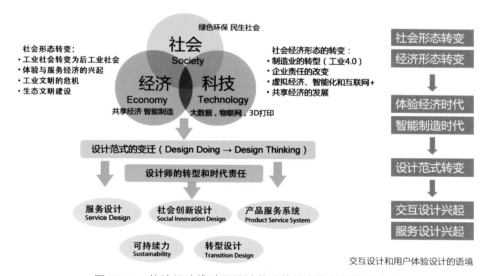

图 14-14　体验经济推动了设计范式的转变和新语境的产生

作为方兴未艾的新型设计形态，服务设计诞生于 20 世纪 80 年代中期。虽然至今仅有不到 40 年的时间，但对设计理论的创新也具有重要的贡献。现代设计教育开始于 1919 年建立的德国包豪斯（Bauhaus）学校，通常也被视为现代教育中的设计学科开始的标志。包豪斯的意义在于创始人将其视为一门重要的学科进行系统的规划、组织并实施的教学体系。其系

241

统性表现在教学的过程上，由此确立了迄今为止世界大多数设计院校都继续沿用的设计教学"基础课＋专业课"的模式。包豪斯所倡导的"教室＋工作室"的教学体系也被多数艺术院校沿用至今。随着智能手机、分享经济和电子商务的普及，商业环境日趋复杂，涉及的利益相关者也越来越多，这就要求设计师必须从全局化的角度看问题，而传统的设计领域（视觉传达、包装、产品及品牌设计等）则相对较少涉及这种复杂性。以"滴滴出行"为例，设计师的工作范畴包括用户研究、界面设计、功能创新设计（如微信支付）和营销广告等。但由于"滴滴出行"的线下服务会涉及司机、乘客和管理方的不同诉求，有包括安全、价格、税收、城管等一系列利益相关者，这对设计师的知识与能力提出了挑战。服务设计是生态设计，通过服务全程多环节的"触点分析"和"服务追踪"可以更好地发现问题，平衡各方的权利与利益，并通过综合设计来解决线上与线下的衔接问题。由此来看，传统设计和新型设计的区别就一目了然（见图14-15）了，这些对象与方法的差别会对未来的设计学科建设产生深刻的影响。

传统设计和新型设计

设计对象	传统设计方法	新型设计方法
设计主体	专家，设计师，天才	全部利益相关者 设计师，客户，工程师，投资商……
什么时期	包豪斯运动以来	21世纪初（2000年以后……）
工作场所	工作室（有形产品）	现场工作（服务设计）
工作内容	产品设计，视觉传达，包装……	体验、服务、触点、综合系统
流程与方法	可视化、创意、灵感	可视化、观察、参与、合作
设计目标	促销，提升市场占有率	提升用户体验，持续可能性
设计定位	现实目标（增长，业绩，魅力度）	长期目标（绿色，环保，可持续）

图 14-15　传统设计思维和新型设计观念上的区别

随着数字时代的到来,共享经济、互联网＋、工业 4.0、智慧农业、智慧家庭等成为热门词汇,这也意味着今天的服务越来越多地依赖技术支持。但由于数字技术带有"神秘性"与"黑箱性"的特征，多数普通用户无法理解编程、代码、智能硬件以及数控电子设备的工作原理，所以对很多新型的数字服务抱有怀疑的态度。例如，虽然手机支付便捷省事，但也有独居老人因为不熟悉电子支付的流程而频频遭遇电信诈骗（手机转账）；此外，诸如网络钓鱼、数据窃取、黑客攻击等盗用用户账户牟利的事件也不是新闻。服务设计作为沟通技术与服务的桥梁，可以通过用户体验的视角，向银行或反诈骗安全部门提供 App 的防诈骗解决方案，并协助工程师实现网络支付的安全保障设计。

中国首家设计咨询管理公司"桥中"的创始人黄蔚指出：理解服务设计首先要明白设计是一种有目的性的创造行为，而服务设计正是为了提高用户体验和服务质量，将服务中所涉及的人、事、物等相关因素重新进行组织和规划的行为。它聚焦于整个服务生态系统的设计，重点在于通过追踪用户体验流程来寻找可能的商机。因此，服务设计是一种战略设计。"它从目的出发，用旅程图系统化的全局观看待服务体验，能够让决策者看到整体的东西，指导每个触点的深化设计。这也是一种 CEO 思维"（见图 14-16）。服务设计之所以受到关注，是因为它不仅致力于解决各个触点的问题，同时也通过对流程的管理优化，有效地疏通组织、整合资源。服务设计是战略设计，设计师协同消费者、公司内部员工、同行或合作伙伴等人一起营造整体的服务体验。通过用户旅程地图，服务设计师会从特定用户的视角出发，记录和分析用户接触产品或服务全过程的感受，包括触点、行为、痛点、爽点和想法。由此将传统非量化的、隐藏的、不透明的服务过程可视化，从而通过技术与管理创新来推动高质量服务体系的构建。

图 14-16　传统设计思维和新型设计观念上的区别

由此来看，服务设计是一个全新设计领域，具有综合性和多学科的特点。要针对每个服务接触环节进行设计，不仅涉及空间、建筑、展示、交互、流程设计等知识，还涉及管理学、信息技术、社会科学等诸多领域，包括心理学、社会学、管理学、市场营销和组织理论。从产品与服务上看，信息技术、交互设计、UI 设计、视觉传达设计等必不可少。而从服务环境考虑，服务设计与建筑、市政规划、环境和产品设计密切相关。因此，服务设计有着多学科的构架就不足为奇了（见图 14-17）。服务设计建立在以人为本的设计方法上，注重参与式设计、组织管理学、市场营销和产品开发以及与社会科学的联系。近年来，设计界不断质疑各种设计专业之间的差异，鼓励跨界融合与学科交叉，由此推进服务设计理论与实践进一步拓展。

服务设计与交互设计几乎有着相同的渊源和理念，那么服务设计与交互设计或用户体验（UX）设计有何不同？卡耐基－梅隆大学人机交互研究所的乔迪·弗利兹（Jodi Forlizzi）教授指出：从起源上，服务设计来自于管理学的研究，而体验和交互设计来自于用户研究和认知心理学。服务设计具有参与式设计的特征，其所解决的是一项复杂的问题。因此，服务设计师和使用者、利益相关方协同创造是其最重要的工作方法。相比之下，用户体验设计师更专注于理解用户体验的本质，并将体验原型作为一种方法来帮助预测问题的解决方案。因此，无论是项目规模、复杂程度、参与单位，还是最终的产出物，UX 设计或交互设计均与服务

图 14-17　服务设计与管理学、信息技术、社会科学等诸多领域有关

设计有所不同。从业务和管理角度来看，UX 设计或交互设计也与服务设计存在方法与流程上的重叠。例如，服务设计师会经常与客户进行交流，并尽可能掌握第一手资料，此时基于民族志的用户研究方法就是可以借鉴的手段。随着服务的不断发展，设计师需要有更综合的分析与创意能力，如 UX 或 UI 设计相关的技术背景。但服务设计工作往往更侧重于社交互动、美学和意义等方面，交互设计师则更偏向产品设计、界面设计及用户体验的研究。尽管如此，服务设计师也需要考虑服务的经济和商业影响，并在技术方面具备足够的能力，以便能够通过新技术、新媒体和新型商业模式来创新服务体验。

14.5　服务设计的价值

　　传统的经济模式遵循"获取、制造和处置"的线性轨迹，但这对企业或环境来说都不是可持续的或长期的方法。但在循环经济中，产品、材料、能源和数据可以不断被重新利用，而服务设计将成为实现这一愿景的主要力量之一。国际著名设计公司 IDEO 总裁蒂姆·布朗指出："将循环经济转变为主流将是我们这个时代最大的创造性挑战之一。我们相信设计思维是应对这一复杂、系统、雄心勃勃的挑战的理想方法。"简而言之，循环经济专注于设计对人类、地球和企业有益的产品、服务和企业。IDEO 的目标就是帮助创新者和企业家从线性经济的短期思维转变为"循环的、恢复性和再生性的商业方法，一种创造新价值并带来长期经济、社会和生态繁荣的方法。"服务设计的终极价值正是体现了由"产品思维"向"服务意识"转化的意识。

　　服务设计对传统设计观念最大的挑战就是将设计从"造物"转变为"事人"，将产品设计视作完整的服务活动的一部分。服务设计着重通过无形和有形的媒介，从体验的角度创造概念。从系统和过程入手，为用户提供整体的服务。正如清华大学美术学院教授柳冠中先生所强调的那样，从"物"的设计发展到"事"的设计；从简单的对单个的系统"要素"的设计发展到对系统"关系"的总体设计，从对系统"内部因素"的设计转向对"外部因素"的整合设计。这种设计思维跨越了技术、人的因素和经济活动三大领域，"设计事理学"作为协调"关系"的设计思维方式，从"造物"转为"谋事"，正是服务设计核心思想的体现（见图14-18）。柳冠中先生指出：从古代哲学开始，中国就有自己的设计方法论：老子曾经在《道德经》中说到"人法地，地法天，天法道，道法自然。"师法造化，实事求是，审时度势，这就是中国特色的设计方法论，设计不仅是满足需求，而且还要定义需求、引领需求和创造需求。因此，服务设计所提倡的共赢、共享、节制、协作和整体等理念是与中国古代哲学的思想不谋而合，也是坚持绿色可持续发展和谐社会的价值核心。

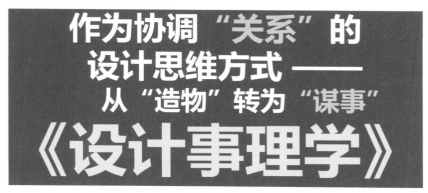

图 14-18　《设计事理学》是服务设计思想的体现

2016年，柳冠中教授在"服务设计国际论坛暨服务设计教育研讨会"上发表了"耳听为虚，眼见为实吗？"的主旨演讲，对服务设计的意义与价值进行了精彩的论述（见图14-19）。柳教授认为"服务设计"诠释了"设计"最根本的宗旨是"创造人类社会健康、合理、共享、公平的生存方式"。但是当前世界领域的"服务设计"基本仍局限于工具、技术层面的探讨，至多是策略层次的研究，仍以商业牟利为目的，忽略了"服务设计"最根本的价值观——提倡使用的分享、公平的生存方式！柳教授指出："服务设计思维"在全球虽然仅有二十多年的发展历程，但在全球产业服务化的大背景下，服务设计作为一门新兴的跨专业学科方向，已

图 14-19　柳冠中教授呼吁关注分享型服务设计

经或正在成为个人和组织在服务战略、价值创新和用户体验创新等层面迫在眉睫的需求。柳教授认为"分享型"的服务设计开启了人类可持续发展的希望之门。当前既要发挥服务设计创造和拉动中国市场和社会进步的新的力量，也要运用服务设计联合现代科技创新，成为实现共创共赢的新的有力工具。柳教授认为服务设计将为中国乃至世界的经济模式创新和人类文明的发展注入新的活力。柳教授还特别呼吁："我们倡导中国设计界、学术界和产业界以及具有共识的组织和个人，结合中国社会发展的实践，共同建构中国特色的服务创新理论和方法，以'为人民服务'为宗旨，共同开启中国服务设计的新纪元。"

心理学家和交互设计专家唐纳德·诺曼指出：用户对产品的完整体验远超过产品本身，这与我们的期望有关，它包含顾客与产品公司互动的所有层面：从刚开始接触、体验，到公司如何与顾客维持关系。而服务设计就是对用户"完整体验"的设计。意大利特伦托大学（Università di Trento）的美学教授雷纳托·特隆康（Renato Troncon）指出：服务设计的美学超越了基于传统康德美学关于艺术品的把握认知、想象力和信念。19 世纪德国美学家康德坚信：美丽证明了物体的无用，而功利主义者也漠视美丽的事物。这个想法把美学特性局限于交响乐厅、画廊和诗集里，也使设计师在很大程度上受到了功能主义和功利主义的支配。而服务设计通过聚集"触点"来考察整体的服务活动设计的合理性。由此，服务设计代表了崭新的设计美学：关注设计与服务流程中"至关重要的次序"，并且它不能从"媒介"——人工制品或其他事物的多样性中被分离出来。雷纳托·特隆康教授进一步指出：这种类型的设计是"积极向上的哲学思想"。它致力于为生活创造空间。因此，"服务设计"代表了一种"负责任的"哲学。换句话说，要响应每个人和每个事物，如年轻人和老人、富人和穷人、美丽的人和丑陋的人，并把知识的"响应"与这个世界紧密结合起来。这种热爱生命，关注生活就是服务设计的美学基础。

14.6　服务设计模式

从实践上看，服务设计是一种交叉性极强的学科，它融合了社会学、经济学、人类学、管理学，等等。服务设计也从各个学科中提取并再设计了很多实用高效方法与工具。数字时代的设计对象正在从产品向生活方式转变；设计目标从产品导向扩大到为金融、商业、旅游、保险、娱乐等第三产业服务，设计的内容从物质产品发展到非物质的产品，由有形产品的设计扩展到服务、体验、情感等无形产品，设计目标也从"顾客"群体向"利益相关者"转变；在整合创新的驱动下，服务设计融合了科技、商业、文化、社会、用户等要素，渗透到社区、政府部门和企事业单位，形成不同侧重的服务设计模式。根据北京服装学院崔艺铭和张帆的研究，目前主要的服务设计模式有社会创新、科技创新以及商业战略三个层面（见图 14-20）。

1. 社会创新服务设计模式

社会创新服务设计模式的核心是文化、社会与设计，重点是以本地化的文化习俗、生活方式、自然地理与民族特征等为基础，开展针对性的设计。社会创新实践更多来自于社区、社会团体、公益组织、个人以及政府的扶植，体现了"以人为本"的特征。例如，为解决三农问题，国家从战略高度相继提出美丽乡村建设、乡村振兴发展、精准扶贫等相关战略及政策，促进城乡一体化快速、稳步、健康地发展。许多设计团队也参与到乡村振兴发展中，从社会

图 14-20　服务设计模式：社会创新、科技创新和商业战略

创新的视角探索乡村未来发展的价值取向。

2014 年，由腾讯基金会发起的"贵州黎平县铜关村旅游扶贫项目"就是一个从交互、品牌和视觉角度，从用户需求到运营管理的完整的服务设计案例。铜关村是侗族大歌发源地之一，因为历史渊源和民族文化，在这里哪怕是耄耋之年的老妇老汉，也能唱出动人的情歌。因此，该方案以侗族大歌生态博物馆设计为核心，结合了文化遗产保护、民族表演、旅游观光、旅游纪念品及土特产销售等全方位的策划，成为面向农村、精准扶贫的社会创新服务设计的典范（见图 14-21）。侗族大歌生态博物馆由 19 栋木质吊脚楼组成，包括侗族大歌音乐厅、花桥、戏台、客房、办公楼、长廊、民俗文化展示厅等区域。博物馆开馆以来，当地社区招纳组建了一支侗歌艺术团，村民在音乐厅唱歌，有工资还能分红。生态博物馆区别于传统博物馆，而是将保护对象扩大到文化遗产，强调社区居民是文化的真正主人，让他们自己管理，依照可持续发展的原则创造社区发展的机会，从而较完整地保留社会自然风貌、生产生活用品、风俗习惯等文化因素。该博物馆不仅成为乡民的公共精神寄托空间，成为接待游客来看铜关的展示窗，也成为铜关村村民们社交与文化知识学习的重要场所。

2. 科技创新服务设计模式

科技创新服务设计模式的核心是科技、用户与设计，核心是以互联网、大数据与数字智能为基础，打造完整的用户体验服务链与数字服务项目。交互设计、UX 设计与媒体设计、绿色设计为该模式的重点。例如，腾讯公益设计团队为铜关村开发的"铜关市集"在线销售平台就是"科技扶贫"的范例（见图 14-22）。该网店里不仅有香禾糯、生态红米、生态白米、有牛黑米、黑洞白米，还有产自当地的侗家土布、雀舌茶等特产，成为当地特色农产品的销售窗口。由设计师包装的"侗乡茶语""侗乡有米""侗乡布艺"系列产品畅销网络，给当地农民带来了实实在在的收益，同时也更好地反哺了当地村级公共事业建设。实践证明，线上 + 线下的科技创新服务设计能够拓展服务渠道，增强社区连接，推动乡村借助移动互联网实现跨越式发展。

3. 商业战略服务设计模式

商业模式离不开管理与营销。企业运用服务蓝图等工具能够梳理各部门之间的关系与合作方式，改进商业战略服务设计模式。共享经济可以集中闲置的人力和物质资源，让人们在交通、住房、生活、办公等各个领域都有了更多不同的选择。例如，在爱彼迎（Airbnb）的经营模式中就不难看出服务设计的战略思维。爱彼迎的服务战略不仅为用户提供居住空间，而是打造了一个多元化生态系统，为用户创造体验价值和情感价值。首先，共享经济的双方即房东和住客使用爱彼迎平台的过程中体验到了产品与服务；随后，双方通过平台线上交流

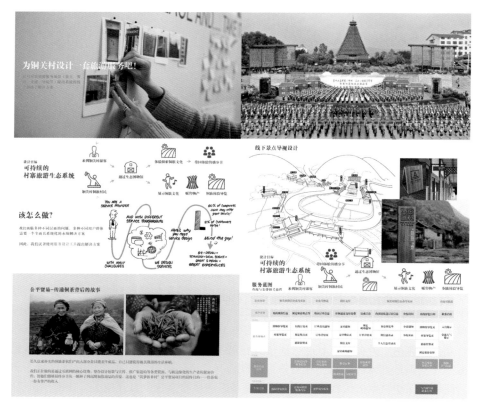

图 14-21　以乡村旅游和生态博物馆为核心的服务设计

图 14-22　"乡村旅社"和"铜关市集"在线销售服务平台

方式促进了相互理解与情感沟通，并形成了独特的人文关怀；最后，爱彼迎通过线上＋线下地域性文化活动的方式来创造社区文化，协助构建个性化的多元社区甚至是生态系统。从这个角度看，服务设计就是一种面向全局的战略设计，是对传统商业模式的重塑。

思考与实践14

一、思考题

1. 什么是服务设计思维？与体验文化有何关系？

2. 简述服务设计的价值并说明其对设计学理论的贡献。

3. 什么是万物智慧互联（AIoT+5G）？对服务设计有何意义？

4. 李开复博士提出的人工智能与人类服务的"四象限图"说明了什么问题？

5. 服务设计理论从横向和纵向研究有哪些可探索的领域？

6. 什么是智能化服务设计？小米是如何打造智能家居生态的？

7. 传统设计与新型设计有哪些不同？交互与服务设计有哪些方法的创新？

8. 从"设计事理学"角度简述服务设计的价值。

9. 什么是服务设计模式？在哪些领域可以推进服务创新？

二、实践题

1. 对于大学生来说，身边的服务体验是最直接和感同身受的。如大学宿舍双人铁架床就因为种种不方便、不实用和不安全被许多新生吐槽（见图 14-23）。请从安全性、隐私性、美观性、实用性和舒适性几个角度对该床进行综合服务设计。

图 14-23　大学宿舍双人铁架床有各种安全性与舒适性问题

2. 按照柳教授的观点：设计应该从"物"转到"事"，即关注人—环境—事件。请针对"游泳"的互动体验展开联想，设计一个"探索""健身""游戏"一体化的游乐项目（产品和服务），如冰桶挑战、与鱼同乐、水下探险、美人鱼、双人冲浪等。

第15课 服务设计方法

15.1 服务触点

　　服务设计关注人或系统的交互关系并从中创造服务，具体的、可视化的、可触摸的流程是服务设计思维的核心。服务设计研究学者、科隆国际设计学院玛吉尔教授认为：服务设计师的主要工作是对设计方案进行视觉化。他们需要观察并解读用户的需求和行为，并将它们转化成为潜在的服务产品。例如，汽车属于出行服务，手机属于通信服务，购买和后期的增值服务是环环相扣的生态设计。因此，任何一种产品，都带有服务触点（Touch Point，TP）的属性。触点就是服务对象（客户、用户）和服务提供者（服务商）在行为上相互接触的地方，如商场的服务前台、手机购物的流程等。通过对触点的选取和设计，可以提供给消费者最好的体验。为了视觉化服务触点和用户行为，2002 年，英国 LiveWork 服务设计咨询公司首次提出了用户体验地图（user experience map）和服务触点的分析方法。用户体验地图是一种用于描述用户对产品、服务或体系使用体验的模型（见图 15-1）。它主要呈现用户从一点到另一点一步步实现目标或满足需求的过程。对服务流程中的触点进行研究，可以发现用户的消费习惯、消费心理和消费行为。同时，触点不仅是服务环节的关键点，而且也是用户的痛点，触点分析往往可以提供改善服务的思路、方案和设想。

图 15-1　用户体验地图是一种用于描述产品、服务或体系使用体验的模型

　　用户体验地图可以分为三部分：任务分析 + 用户行为构建 + 产品体验分析。首先需要分解用户在使用过程中的任务流程，找出触点，再逐步建立用户行为模型，随后进一步描述交互过程中的问题。最后结合产品所提供的服务，比较产品使用过程在哪些地方未能满足用户预期，在哪些地方体验良好。以旅客出行服务为例，其行为顺序为：查询和计划→挑选机票服务机构→订票→订票后、出行前→出行（或计划变更）→出行后。这个过程涉及一系列前后衔接的轨迹和服务触点（见图 15-2），用图形化方式对这些轨迹和触点进行记录、整理和表现就成为服务设计最重要的用户研究的依据，也是产品制胜的法宝。

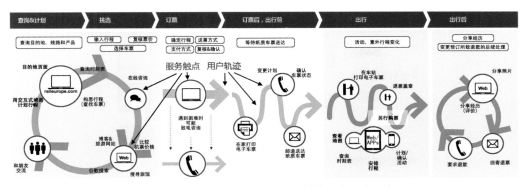

图 15-2　旅客出行服务前后衔接的轨迹和服务触点

在数字接触界面中完成的行为，无论是手机广告还是电商购物，无论是鼠标点击还是触屏交互，都是数字触点。国内交互设计师大部分工作都是在这个范围工作的。实体购物流程意味着从线上到线下，如店面的档次，服务的热情，购物的便捷，售后的贴心……所有这些都涉及实体服务的触点，也就是人与人的互动环节。这也是情感接触发生的地方。情感触点也称为人际触点，如五星级酒店的登记环节，服务员先给客人递上一杯高档咖啡，在登记环节中，服务员说话的语气、与客人的距离，包括蹲下来的高度都经过了标准化的设计，其中的每一个细节都会让用户感受到自己的尊贵，都体现了情感触点的价值。情感触点是顾客记忆的重要部分，也是用户体验地图最后阶段（信任阶段）的核心。对优质服务的体验是用户再次光顾和分享、点赞的基础，而反面的体验则会使得用户懊悔不已、退避三舍。如果用户将自己的坎坷经历发帖传播，还会导致舆论哗然。无论是青岛的天价大虾（宰客）还是云南旅游的强制消费（导游的恶语相加），都对当地的旅游形象造成了负面影响。所以相对网上宣传来说，线下的服务设计更琐碎，更困难，也更重要。

15.2　服务蓝图

从"连接人与信息"到"连接人与服务"，用户体验在产品设计中扮演着越来越重要的角色。那么如何精准地优化服务体验？如何捕捉到遍布产品和服务流程中的每个用户体验痛点？为了解决这个棘手的问题，20 世纪 80 年代，美国金融家兰·肖斯塔克（G. Lann Shostack）将工业设计、管理学和计算机图形学等知识应用到服务设计方面，发明了服务蓝图（Service BluePrint，SBP，见图 15-3）。服务蓝图包括顾客行为、前台员工行为、后台员工行为和支持过程。顾客行为是顾客在购买和消费过程中的步骤、选择、行动和互动。与顾客行为平行的部分是服务人员行为，包括前台和后台员工（如饭店的厨师）。前台和后台员工间有一条可视分界线，把顾客能看到的服务与顾客看不到的服务分开。例如，在医疗诊断时，医生既进行诊断和回答病人问题的可视或前台工作，也进行事先阅读病历、事后记录病情的不可视或后台工作。蓝图中的支持过程包括内部服务和后勤系统，如餐厅的后厨和采购、管理机构。蓝图中的外部互动线表示顾客与服务方的交互。竖向的线表明顾客开始与服务方接触。内部互动线用以区分服务员和其他员工（如采购经理）。如果竖向的线穿过内部互动线，就表示发生了内部接触（如顾客直接到厨房接触厨师的行为）。蓝图的最上面是服务的有形展示（如购买产品、点餐或将车开入停车场）。

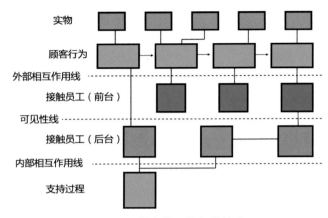

图15-3　服务蓝图的标准格式

相比用户体验地图来说，服务蓝图更具体，涉及的因素更全面，更准确。服务往往涉及一连串的互动行为，以旅店住宿为例，典型的顾客行为就可以拆分为网上搜索→选房→下订单→网银支付→前台确认→付押金→住店→清洁服务→退房→退押金→开具发票等，可能还包括残疾人（轮椅）、会员、取消订单、换房、提前退房、餐饮、叫车、娱乐和投诉等更多的服务环节。因此，最典型的方法就是在服务蓝图中的每一个触点上方都列出服务的有形展示，让隐形的服务变得可视化。例如，酒店的清洁服务属于隐形服务（清洁时旅客往往不在房间内），但欧美很多酒店在服务员清洁旅客房间时给客人留下一些小礼品，让顾客在惊喜中把无形的服务（清洁）转化为温馨的记忆。服务蓝图不仅可以描述服务提供过程、服务行为、员工和顾客角色以及服务证据等来直观地展示整个客户体验的过程，更可以全面体现整个流程中的客户体验过程，从而使设计者更好地改善服务设计。

例如，美国麦当劳餐厅是大型的连锁快餐集团，主要售卖汉堡包、薯条、炸鸡、汽水和沙拉等。作为餐饮业文化翘楚，麦当劳服务蓝图的控制点在四方面：质量（Quality）、服务（Service）、清洁（Cleanliness）和价值（Value），即QSCV原则。从麦当劳餐厅的服务蓝图（见图15-4）可以看出，从顾客进门开始到顾客离开的一系列连续服务都体现了该餐厅高效的服务效率。前台服务、后台服务分工明确，餐厅支持过程严谨流畅。但就餐者的用户体验是否因此就很完善了呢？图中的红色、绿色和黄色圆圈分别代表了在服务的不同环节可以进一步改善用户体验的方式。例如，在客户排队等待的过程中，时间就被浪费了。如果借鉴海底捞的服务模式，就可以通过一系列的排队附加服务来减轻食客们等待时的烦躁、焦虑情绪。

服务蓝图不仅是服务流程中的顾客和企业行为的参考，也成为改善服务的参考，其意义在于：

（1）提供了一个全局性视角来把握用户需求；

（2）外部互动线阐明了客户与员工的触点，这是顾客行为分析的依据；

（3）可视分界线说明了服务具有可见性和不可见性；

（4）内部互动线显示了部门之间的界面，它可加强持续不断的质量改进；

（5）为计算企业服务成本和收入提供依据；

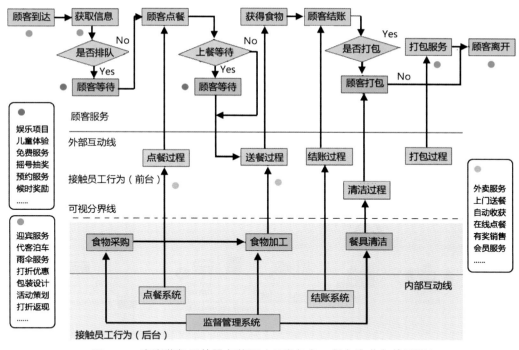

图 15-4　麦当劳餐厅的服务蓝图（示意红色、绿色和黄色的圆圈）

（6）为实现外部营销和内部营销构建合理的基础，使其易于选择沟通的渠道；

（7）提供了一种质量管理途径，可以快速识别和分析服务环节的问题。

2014 年，英特尔公司专门举办了一个创新设计工作营，向研究生介绍创新设计的思维方法。其中的一个创意项目是"如何通过智能产品和物联网来改善生态环境"，研究生小组在导师的指导下，设计了一个类似"龙猫"的桌面智能玩具——科比（Coby，见图 15-5）。这个小家伙能够"吃掉"用户每次去超市购物的收据，并通过扫描计算其中各商品的"碳排放量"。这些数据可以显示到智能手机，使得大家可以有意识地多购买"低碳产品"。顾客还可以把自己的"碳足迹"或"碳记录"通过政府的税务部门进行交易，一些低碳生活的人（如素食主义者）可以把他们每年用不完的碳指标作为信用账户转给"高碳生活"（如喜欢奢侈品、大排量汽车）的人士，从而获得政府的退税鼓励。这个涉及多项服务的智能产品需要一个清

图 15-5　类似"龙猫"的桌面玩具（中）可以计算碳排放量

晰的服务流程来展示，而该小组给出的服务蓝图（见图15-6）就通过一个虚拟用户的行为链，即"信息获取→购买→试用→持续关注→服务完成"的流程，将顾客、前台与后台服务行为清晰地展示在地图上。最重要的是，该服务蓝图还将涉及的各种隐性服务，如政府退税、碳交易、物联网支持的碳足迹计算、手机App和个人碳信用账户等都通过"后台"的形式呈现出来，形成了从产品（Coby）到服务（低碳生活）的整体生态圈。

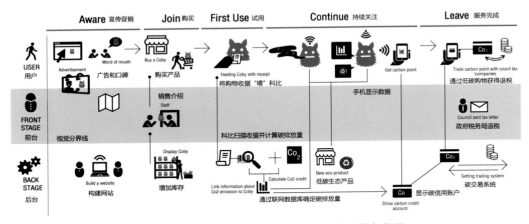

图15-6　以智能玩具为基础的"低碳生活"服务蓝图

15.3　用户体验地图

用户体验地图又称为顾客旅程地图（Customer Journal Map）。和服务蓝图的思想一样，该地图也是将服务过程中的用户需求和体验通过可视化流程图表的形式来展示。但是和服务蓝图不同的是，该地图最关注的是用户的"行为触点"以及用户的心理感受，由此反映出服务过程中用户的"痛点"并提出改进措施。该地图通过四个步骤来发现用户需求并设计服务（见图15-7）：①通过行为触点和各种媒介或设备（如网络媒体、手机等）来研究用户行为；②综合各种研究数据绘制行为地图；③建立可视化的流程故事来理解和感受用户的体验；④利用行为地图来设计更好的服务。触点是指人与人（如顾客与服务员）、人与设备（如手机、ATM机、汽车等）的交互时刻。如启动开车就涉及"遥控开门→接触方向盘→踩住离合器→点火→松开离合器给油→观察后视镜→挂挡倒车（出库）→换挡给油→按喇叭上路"的一

顾客体验地图：通过四个步骤来掌握顾客的行为特征

图15-7　通过四个步骤来发现用户需求并设计创新服务

系列人车触点（含手、眼、脚和耳的配合）。行为触点的特征是时空明确，前后连贯，目的性强。绘制该地图的四个步骤是绘图、记录、分析和创意（见图 15-8）。

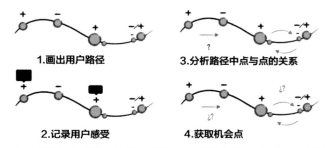

图 15-8　采用四个步骤：绘图、记录、分析和创意来完成用户体验地图

　　用户体验地图可以为服务设计提供生动而有组织的视觉表现。该地图提供一个全面的视角让设计师了解整个项目的情况。很多关键触点都能在用户体验地图上一目了然地展现。用户体验地图可以清楚地展示出每个关键触点的人、行为、情绪，从而更容易了解到哪些地方做得不错，哪些地方还有创新的空间。如何发现并列出整项服务的触点是制作用户体验地图的关键。定义触点可以用很多方式进行，例如，与旅行社和游客面对面交流，记录他们在体验服务或者提供服务中所接触的关键流程。记录方式可以采用快速笔记，也可以通过录音、录像的方式完成。定义好触点后，就可以把触点写在纸上，并且用连线的方式把触点之间的关系理清，需要时，可以在触点上补充一些必要的说明，例如，参与该触点的场景、人物、他们的情绪等。由于触点是基于场景和人物的，所以场景需要描述清楚，人物也可以用"角色模型"或者"用户画像"来描述。由于触点是整项服务流程的总结，所以用户体验地图已经把整项服务细分为多个部分，这些部分的划分有助于设计师的后续工作。

　　用户体验地图也是百度、腾讯等知名 IT 企业进行用户研究和服务设计所依靠的工具。传统的交互设计师很习惯通过一些线上的方式去设计服务，如预约酒店、客房、打折服务、免交押金等环节，这些都是在线上触点和场景结合的设计，而设计师可能会忽略实体酒店的服务触点。事实上，用户在真正到酒店之后才能发现所遇到的各种问题，如在餐饮、洗澡、卫生或环境等方面不尽人意。因此，触点就不仅包括线上，也包括线下实际环境中的一切体验，综合体验才能反映出服务系统的水准。因此，设计师深入实际环境，才能体验到服务设计的意义。例如，腾讯 CDC 公益团队就深入到贵州省黎平县铜关村，为当地发展旅游进行服务设计（见图 15-9）。该团队借助智能手机、微信和 App 设计，将旅游、短租、博物馆、社区

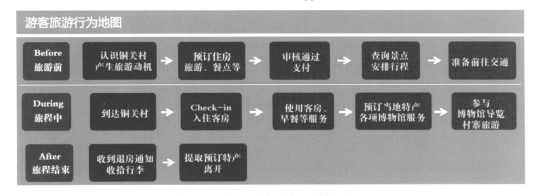

图 15-9　铜关村旅游的顾客旅程地图

服务、品牌设计、旅游品开发等融合在一起。在短租服务设计中，设计师们深入现场，悉心感受，将旅游前、旅游中和旅程结束的所有触点都标示在一张图上（见图 15-10）。为了表现游客"从订房到入住"和"确定旅程到开始游览"的全部服务环节，该团队用了两个相互对应的用户体验地图来呈现顾客和服务提供方（旅行社）的不同行为轨迹。

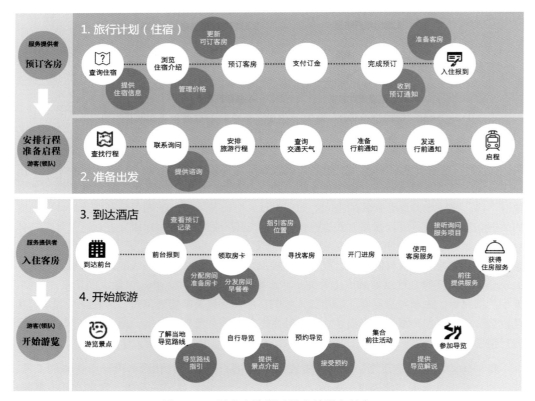

图 15-10　游客在旅游过程中的服务触点

　　绘制用户体验地图的最终目的是为了改善服务，要求设计师能够通过地图分析出服务系统中的"行为接触点"和"问题点"，分析影响顾客感知服务质量的关键所在，如游客对乡村旅店房间设施、清洁服务的担心，对景点服务和价格的疑虑等。因此，腾讯 CDC 的设计师们通过亲身体验，将这些实际遇到的"问题点"——标示在用户体验地图中（见图 15-11），并通过游客和旅行社的不同视角，探索问题的产生原因和改进方法，将用户体验地图的作用落到了实处。

　　除了旅游业，用户体验地图也被广泛用于医疗服务、金融服务和电子商务等领域。它是一个非常有用的用户研究工具，可以帮助交互和服务设计师分析和描述产品（设备）或者机构（旅行社、医院、银行等）在与顾客的交流过程中所发生的故事。用户体验地图的核心是根据用户需求，在特定的时间段（如从 A 点到 B 点）建立用户目标行为模式。该流程图可以将用户、服务方、利益相关方等不同的对象纳入系统，由此可以整体呈现服务过程的全貌，并进一步通过"问题点"或"失败点"的分析来改善服务机制。服务设计同传统的产品设计和交互设计有着密切的关系。因为这两者有着比较成熟的理论、方法和工具，而且服务的交互性和体验性特点也非常鲜明，体验地图就是交互设计、视觉设计与用户研究的综合体现。

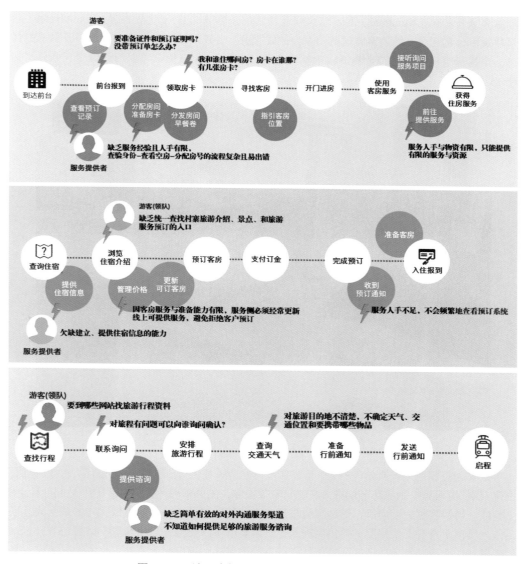

图 15-11　地图中标明了"问题点"和"责任方"

15.4　服务设计因素

美国南加州大学教授、生产运营管理专家理查德·B.蔡斯（Richard B. Chase）针对服务流程进行了大量有关认知心理学、社会行为学的研究。他给出了服务设计的首要原则，主要包括以下三点。

1. 让顾客控制服务过程

研究表明，当顾客自己控制服务过程的时候，他们的抱怨会大大减少。即使是自助式的服务，当顾客的服务使用过程操作不当时，也不会对自助系统产生过多抱怨。例如，位于

交互与服务设计：创新实践二十课（第 2 版）

加拿大蒙特利尔（Montreal）麦吉尔大学老城区的乐客 A 连锁自助型酒店（LikeAHotel）就是将短租公寓完全交给游客管理的新型自助式服务。公寓简洁而设备齐全，设有开放式的休息、用餐和厨房区，配有全套不锈钢家用电器和电视、Wi-Fi 等，可以自己做饭和娱乐（见图 15-12）。

图 15-12　乐客 A 连锁自助型酒店客房标准间

乐客 A 连锁酒店最具特色的是：该酒店没有前台服务人员。游客的身份验证、入住、登记、密码获取、退房等一系列环节均在大堂的一个带摄像头的屏幕和旁边的电话（见图 15-13，上）上完成。当游客到达酒店时，借助直拨电话就可以接通服务生，借助摄像头向屏幕上的远程工作人员出示身份证（护照）并拍照确认后，游客就可以获得房门钥匙盒（见图 15-13，下）的密码，从而通过数字按键打开盒子并取得房间的钥匙。退房时，借助同样的远程操作，可以将钥匙放回密码盒中。所有的订房和结账都通过网络完成。由此，游客完全掌控了服务过程，也就最大限度地减少了抱怨。

2. 分割愉快，整合不满

蔡斯的研究表明：如果一段经历被分割为几段，那么在人们印象中整个过程就要比实际时间显得更长。因此可以利用这一结论，将使顾客感到愉快的过程分割成不同的部分，而将顾客不满的部分组成一个单一的过程，这样有利于实现更高的服务质量。如知名餐饮企业"海底捞"为等座顾客提供免费娱乐服务，就最大限度地化解了顾客等座过程中的焦虑和无助感。同样，在机场登机时，过长时间的排队等候将大大影响顾客的满意度，而飞机晚点更是旅游中的大忌。虽然这些情况旅行社和航空公司一般都控制不了，但如果有各种应急预案（如及时提供免费的餐饮和休息设施，透明化信息服务以及服务人员的耐心和体贴等）就可以及时化解矛盾，避免顾客情绪失控，值机人员的耐心与及时疏导的服务就是"整合不满"的过程。

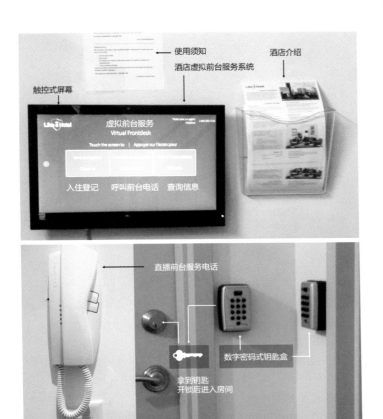

图 15-13　乐客 A 连锁酒店客房的交互视频、电话和自助式门禁

　　除了贴心服务外，自助式服务，无论是餐厅的屏幕点餐系统还是机场的自助值机，也是解决等候、排队的技术手段。这些"自动化前台"不仅有效降低了企业人力成本，而且成为"机器人时代"提高工作效率的有效手段，甚至很多国家的海关也采用了护照扫描的自动边检程序。例如，2018 年年初，杭州五芳斋就开了世界上第一家 24 小时营业无人粽子店，店里几乎看不到服务员，从点餐、支付再到取餐，顾客都可自主完成（见图 15-14）。这种全新的运营模式，为不少传统餐饮品牌提供了新的发展方向。该餐厅依靠"口碑无人餐饮"技术，用数字驱动经营的新零售餐厅。整个用餐过程，不管是排队、点餐，还是取餐、结账，全靠消费者用支付宝或者口碑自助完成，就连菜品推荐、营销方案也都由系统基于大数据自主完成。

3. 强有力的结束

　　这是顾客行为学中的一个普遍结论。因此在服务过程中，相对于服务开始，往往是服务结束时的表现决定了顾客的满意度。因此在服务设计中，服务结束的内容和方式应当作为重点考虑的问题。例如，博物馆或艺术馆的游览，特别是以图片展示为主的大型展馆，游客在即将结束时往往感到身心疲惫，兴趣大减。如何解决这个问题？位于美国纽约曼哈顿的库珀·赫维特史密斯设计博物馆就提供了一种不寻常的解决思路。当游客来到该博物馆前台，

图 15-14　杭州五芳斋的顾客自助式 24 小时无人粽子店

工作人员除了提供导游图、胸牌和带有唯一标识码的门票外，还提供给游客一只特定的光笔（见图 15-15）。几乎所有的展品旁边都有带有"+"字标签的标牌，游客只要把笔的末端对准标牌按住，就可以把这件展品"存入"该博物馆网站的"个人空间"，包括图片、文字、影像、声音等文件。结束游览的游客在回家以后，输入门票的标识密码文字，就可以进入自己的空间，欣赏自己在该博物馆留下的足迹和保存下来的感兴趣的展品资料。这种服务结束的内容和方式超越了传统游客借助相机保存资料的体验，成为更具创意的服务设计。

图 15-15　博物馆为游客提供的供收藏和记录展品信息的光笔

15.5　IDEO 设计工具箱

IDEO 设计公司在三十多年的服务与交互设计实践中总结了一系列的创意方法。随着公司规模的扩大和公司业务不断向多领域拓展，无论是新职员的培训还是与跨地域、跨文化领域的客户沟通，都需要有一套携带方便、简洁易行、图文并茂的设计规范。因此，20 世纪

90 年代，在比尔·莫格里奇（Bill Moggridge）的倡议下，IDEO 设计公司就设计了这样一套如扑克牌样式的创意卡片（见图 15-16）。这套卡片的每一张都有关于调查方式与时机的文字解说，并简单叙述它可以应用于哪个项目中。除了卡片正面图像，有时背面还会有些令人感兴趣的图像。IDEO 公司将其区分为分析（学习）、观察、咨询（访谈）和尝试 4 个类别的卡片。分析类的重点在于收集信息并获得洞察；观察类则侧重行为（动作）研究，即人们是怎么做的；咨询（访谈）类则是争取人们的参与，并引导他们表达与项目相关的信息；最后是尝试类，也就是亲身参与制作一个产品或服务的原型，以便更好地与用户沟通和评估设计方案。这 50 张卡片，从定性到定量，从主观到客观，几乎涵盖了当前所有的交互与服务设计方法，可以说是 IDEO 设计公司多年实战经验的积累和总结。下面简述这些卡片的应用范围（见图 15-17~ 图 15-24）。

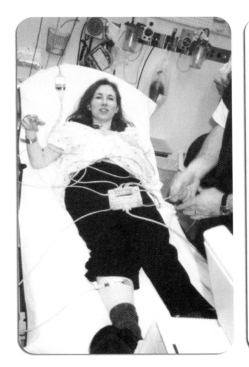

图 15-16　IDEO 设计公司的创意卡片（示例）

人体测量法：采用人机工程学数据去检查产品对目标人群的有效性、适用性。益处：这种方法能帮助选取有代表性的人群去测试设计概念，同时有效地评估产品细节是否符合通用的可用性准则。案例：IDEO 团队在设计鼠标时，邀请不同手型的用户去评估该鼠标原型是否符合通用设计原则。

故障分析法：列出所有使用产品时可能产生的故障点并分析导致故障产生的原因。益处：该方法可以让使设计师了解产品在哪些方面可能会造成不可避免的错误或可能会导致失败的因素。案例：IDEO 团队运用该方法分析概念阶段的遥控器设计，由此确定每个功能按键的尺寸、形状和结构。

相关资料法：从已发表的报纸杂志、论文及其他合适的资料中获取有根据或有价值的设计主题。益处：这是一种为观察和研究提供背景资料的有效方法，也能为研究者提供新的思路或创意。案例：掌握可能出现的社会和科技发展趋势，这帮助 IDEO 团队产生与时尚趋势相关的产品概念。

前景预测法：撰写一个关于社会和科技变革如何影响人们的生活方式的故事，说明该趋势对产品、服务或环境的影响。益处：对用户行为、产业或科技变化的预测，能帮助客户了解该设计的意义。案例：为设计未来办公环境,IDEO 团队深入研究了科技对办公环境的影响。

流程分析法：用信息流程图或行为流程图的方式表现一个系统或流程中所有的步骤。益处：辨别关键问题找到替代方案。案例：在设计网站时，流程图帮助 IDEO 团队实现更好的用户体验。

认知分析法：列表并总结与用户认知有关的感受、决策点和相关动作。益处：该方法有助于了解用户的感知、注意力和信息层面的需求，并能辨别出可能导致错误的瓶颈之处。案例：该方法帮助 IDEO 团队确定遥控车用户所遇到的问题，如操作键间距太小及定向障碍等。

图 15-17 IDEO 设计公司的创意卡片（一）

竞品研究法：收集、比较和评估竞争产品。益处：这是一个建立产品指标的好方式。案例：

在开发新的饮料时，IDEO 研究了竞争产品的功能和外观等因素。

亲和图表法：将各种设计元素根据外观、顺序、相互关系等进行分类并找出其规律性。益处：该方法能帮助识别不同事物之间的联系并发现创新机会。案例：通过制作与家庭出行相关的因素的亲和图表，IDEO 团队发现了婴儿车和童车设计的机会。

历史研究法：比较一个产业、组织、群体、产品在不同发展阶段的特征。益处：这种方法能帮助明确产品使用的趋势、周期和用户行为的变化趋势，同时推测未来。案例：通过研究椅子的设计历史，IDEO 界定了椅子设计的基本原则和标准。

活动研究法：详细地列举或描绘一个流程中所有的任务、行动、对象、执行者以及彼此间的互动关系。益处：这能帮助确定用户访谈的利益人（如投资人）和访谈的内容设计。案例：通过研究刷牙过程，IDEO 发现了新的用户需求。

图 15-18　IDEO 设计公司的创意卡片（二）

跨文化研究法：通过访谈或资料来揭示国家间或文化间的行为与产品的差异。益处：项目团队在为全球市场设计产品时，能够更好地领会不同的文化因素对项目的影响。案例：在为国外客户设计通信设备时，IDEO 团队比较了跨文化的信息交流方式。

用户画像法：制作虚拟人物角色来代表目标人群的行为习惯和生活方式。益处：这种方可以使得用户形象更为生动典型，也便于针对特定的目标用户群来展开概念设计的交流和讨论。案例：IDEO 团队为一家药品公司制作了四个典型的用户画像，用来帮助他们定位男士护肤品市场的目标用户群。

物品清单法：请用户按照重要性列出物品清单。益处：这对于揭示用户的行为、认知和价值观非常有用，并可以帮助确认用户类型。案例：在手机 App 设计中，IDEO 请用户描述自己每天携带和使用的物品。

田野调查法：多花时间与用户相处并与他们建立信任关系，观察和参与到他们的生活中并了解他们的习惯和活动。益处：这是深入获得用户第一手资料的好方法。可以就此了解用户的生活习惯、仪式、常用语言以及物品或活动。案例：在电视机顶盒设计项目时，IDEO 团队花了大量的时间与不同背景（民族、收入或教育程度）的用户家庭相处并了解他们的日常生活习惯。

日志记录法：借助影像、照片和文字记录下用户一天经历的活动和场景。益处：该方法揭示出用户每天的日程和环境。案例：IDEO 调查了一些佩戴缓释药物贴片的病人，请他们记录下自己每天的行为，并由此发现药物贴片的可用性问题（如打湿或刮破）。

行为地图法：借助 GPS 等追踪用户在特定时间段内的行动轨迹。益处：用户轨迹可以帮助我们识别和掌握用户行为（如顾客在超市购物的轨迹）。案例：IDEO 对博物馆大厅的访客进行路线跟踪，以便了解哪些区域是参观者的高峰点（聚集点），哪些是空白点或是未被充分利用的区域。

图 15-19　IDEO 设计公司的创意卡片（三）

行为考古法：寻找用户行为背后隐藏的因果关系，如工作环境、着装风格、家居环境布置和物品摆设等。益处：这个方法有效地揭示出产品和环境在用户生活中占据着什么地位，反映出用户的生活方式、习惯和价值观方面的信息。案例：通过观察人们工作时堆放在桌面的各种文件，IDEO 团队设计了一系列全新的家具元素，以便帮助用户更好、更高效地完成任务。

录像记录法：通过摄像机连续记录用户一段时间的行为和运动轨迹。益处：此方法可以给设计师提供用户连续的行为记录。案例：IDEO 记录下了连续几天的博物馆参观者录像，以此为依据来改进博物馆的空间设计。

旁观记录法：在真实环境下观察和记录用户的行为和情境。益处：可以客观和有效地发现用户在真实环境中的行为模式。案例：IDEO 团队在手术室中观察外科医生手术，然后将该信息用到相关医疗设备的设计中。

向导游览法：引导用户参与到项目设计过程中。益处：使用户能够放松地表达他们的想法和观点。案例：IDEO 团队成员跟随用户在他们家中进行参观，以便更好地了解用户的想法和动机。

如影随形法：跟随研究对象，观察以及理解他们的日常生活及所处环境。益处：该方法能够展示一个产品对用户的影响，并启发设计师。案例：IDEO 团队通过陪伴卡车司机的出车来设计一个防止疲劳驾驶的"瞌睡提醒"的产品。

图 15-20　IDEO 设计公司的创意卡片（四）

照相记录法：通过设置自动相机来记录用户使用产品的动作（行为）。益处：借助这些照片来了解用户在使用产品或服务时的感觉或行为。这些照片也可以激发新的设计想法或创意。案例：一个负责水龙头设计的研究团队用相机记录了用户利用塑料瓶接水的行为。

文化探针法：将一整套影像日记的装备（包括相机、胶卷、笔记本等）分发给不同文化背景的用户。益处：用于收集不同文化背景的用户的观点和行为来评估产品。案例：IDEO 在一个口腔护理产品设计中运用此方法，调研不同文化背景用户如何护理牙齿并进行相互比较。

两极用户法：挑选新手（菜鸟）或者资深用户对产品给出评价。益处：此类用户往往能指出设计中的关键问题并能改进设计的痛点。案例：通过了解孩子的观点，IDEO 团队在进行家庭清洁产品设计时有了新的想法。

集思广益法：背景不同的人士一起进行头脑风暴或创意。益处：鼓励差异化的想法和创意。案例：IDEO 小组邀请了画家、足部按摩师、医生和其他相关用户一起工作，以此来探索和完成新款流行凉鞋的设计理念。

刨根问底法：连续问用户 5 个问题以获得更有深度的答案。益处：该方法可以让用户表达出深层次的想法。案例：调查减肥的动机"为什么你要锻炼？因为它会让我更健康。为什么会健康？因为锻炼可以提高我的心率。为什么这个事情你觉得重要？因为锻炼可以消耗掉更多的热量（卡路里）。为什么你要减肥？因为怕别人的议论，好有压力。"

问卷调查法：通过询问一系列有针对性的问题来掌握用户的想法。益处：这是一种获得大样本人群数据的方式。案例：为了开发一种新的包装纸，IDEO 团队通过网络问卷调查了全球众多消费者。

集思广益法　　　刨根问底法　　　问卷调查法　　　用户自述法

图 15-21　IDEO 设计公司的创意卡片（五）

用户自述法：当研究对象完成一项任务时，让他们来谈谈体会。益处：这是一种获得用户体验（动机、想法、原因或者痛点）的常用方法。案例：为了了解用户日常饮食习惯，IDEO 团队让他们描述各自的早餐。

词汇联想法：给用户一些描述性词汇卡片（如温馨的、可爱的、粗糙的或前卫的），让他们评价一些设计模型，由此可以了解用户对这些产品或服务的看法。益处：这是一种掌握用户心理，帮助评价产品设计的方法。案例：IDEO 团队通过让用户将不同的容器与特定词汇相联系，由此了解用户的看法。

视觉日志法：让研究对象通过文字或者日记的方式来记录他们在使用产品时的印象、感受和情景。益处：这种生动和直观的描述可以更清晰地揭示用户行为。案例：IDEO 团队通过调查家庭自驾游来设计车载旅游信息系统。

拼贴创意法：给研究对象一些图片让他们拼贴在一起并解释其原因。益处：通过这种方法可以掌握用户心理。案例：为了理解人们对应用新技术的风险和挑战的看法，IDEO 团队给用户一些图片，让他们通过拼贴来表现特定的主题（如环境问题）。

卡片分类法：提供给研究对象一些卡片，上面写有一些产品或服务的关键词，要求用户按照他们认为的重要性进行排列或分类。益处：这种方法对于了解一个产品或服务的用户心理模型很有帮助。案例：为了开发一款手机 App，IDEO 团队让用户归纳出他们心目中最重要的功能（菜单）。

概念地图法：图表、手绘草图或插图有助于描述抽象的现象或者社会行为。益处：可以帮助掌握用户心理模型并有助于产品设计。案例：为了设计在线教育的模式，IDEO 团队通过草图表现了人们的不同动机、目的和价值观。

跨境研究法：跨文化团队一起合作有助于产品设计与开发。益处：在设计跨地域或文化产品时，该方法可以帮助理解多样性文化环境对产品的影响。案例：IDEO 团队通过对国际记者的问卷调查，了解了不同文化对个人隐私的观点。

认知绘图法：用手绘草图来表现一个已知或虚拟的旅程。益处：通过研究图中标注的元素和路径，研究者可以理解用户的行为特征。案例：为了研究城市骑行者的路线，IDEO 团队要求他们标注终点和路线图。

图 15-22　IDEO 设计公司的创意卡片（六）

行为视觉法：要求参与者用手绘草图的形式来表达他们的经历。益处：这是一种可以表现用户心理的工具。案例：IDEO 团队借助该方法来识别用户对于钱币和财产的概念。

快速原型法：用能获得的材料快速作一个可以表达概念的原型。益处：该方法可以用于发现以前未曾考虑到的用户需求或发现问题。案例：IDEO 设计团队为一个数码相机产品作了交互原型，探寻不同交互解决方案的用户体验差异。

粗模测试法：手绘草图或简易材料的设计原型。益处：团队间交流设计概念，同时也便于评估和完善该设计。案例：IDEO 团队成员设计超市的购物车时，通过快速建模来评估产品概念设计，如承重、尺寸和方向控制等元素。

移情工具法：使用一些辅助工具，如尝试戴上充满雾气的眼镜或过重的手套来体验特殊用户的感受。益处：帮助设计师理解残障人士或特殊用户需求。案例：IDEO 设计师在设计一款家庭健康监控设备时，模仿和感受那些身体灵敏度较低的用户来评估产品的可用性。

等比模型法：使用等比缩小的模型去展示空间设计。益处：这种原型设计可以帮助发现问题并且便于沟通。案例：在设计家庭办公产品时，IDEO 设计师用了等比模型让人们展示他们的各种使用情境。

情景故事法：通过一个情景故事来描绘用户使用产品或接受服务的场景。益处：此方法有助于交流、评测特定情境下的产品或服务。案例：在为一个社区进行网站设计时，IDEO

团队画出了一系列情景故事来展示不同类型用户的需求。

未来预测法：邀请客户预测他们企业的发展前景，由此来了解他们对未来的想法。益处：站在客户需求角度看待产品设计。案例：在为一个公司设计网站时，IDEO设计师与客户一起座谈，明确他们的短期和长期商业目标。

快速原型法　　　粗模测试法　　　移情工具法　　　等比模型法

情景故事法　　　未来预测法　　　身体风暴法　　　行为取样法

图 15-23　IDEO 设计公司的创意卡片（七）

身体风暴法：设置情景、扮演角色，重点观察用户的本能行为。益处：该方法可以进行快速和有效的交互产品测试（如扮演急诊室急需输液的病人的体验）。案例：通过亲身体验长途飞行时的旅客睡姿，IDEO团队产生了许多关于飞机内舱的设计概念。

行为取样法：提供用户产品并让他记录和评价使用该产品的感受。益处：发现产品和服务是如何融入人们的日常生活。案例：为了开发一种可移植式的心脏除颤器设备，IDEO团队为客户团队分发了呼叫装置，用于记录除颤器的每一次震动。

亲身体验法：自己使用自己设计的产品或者原型或样机。益处：尝试亲身体验自己设计的产品促使团队获得真实用户的使用经历。案例：通过在日常的活动中穿着设计的一个医疗器械的样机，IDEO项目团队感受到可能。

场景测试法：给用户展示一系列产品使用场景的卡片并了解他们的想法。益处：产品与情境统一，用户可以快速理解设计的概念。案例：在拍照手机概念阶段，IDEO团队使用该方法来了解用户的评价和反馈。

自由扮演法：通过角色扮演来展示产品的应用情境。益处：这是一个与用户相互沟通交流并了解他人观点的好方法，同时也有助于建立共同语言。案例：IDEO使用表演的方法来改进超市的用户体验。

　　社交地图法：通过谱系图来表达用户群成员之间的社会关系。益处：对于理解人际关系非常有用，有助于掌握团队成员的关系。案例：IDEO 应用该方法来明确成员的相互关系。

　　顾客扮演法：让客户代理描述顾客的体验。益处：这是了解客户代理如何看待顾客的方法。案例：IDEO 团队在设计桌面打印机时，借助该方法来了解顾客购买的动机。

图 15-24　IDEO 设计公司的创意卡片（八）

　　纸上原型法：通过快速手绘草图来评估交互设计概念及可用性。益处：这是一种快速表达和视觉化交互概念模型的常用方法。案例：IDEO 团队使用该方法建立了一个超市存货的数据库系统模型。IDEO 这套创意卡片涉及人类学、市场学、管理学等多个学科，对用户研究者来说是必不可少的参考工具和立竿见影的"锦囊妙计"。

思考与实践15

一、思考题

1. 什么是用户体验地图？如何判断用户对服务的满意度？

2. 什么是服务蓝图？服务蓝图可以分为哪几部分？

3. 服务触点有几种形式？如何通过触点交互发现用户需求？

4. 腾讯 CDC 公益团队是如何为铜关村进行服务设计的？

5. 顾客旅程地图可以被应用在哪些服务领域？

6. 研究顾客行为轨迹和触点有哪些方法？旅程图包含哪些部分？

7. IDEO 设计公司的 50 张创意卡是用来做什么的？是如何分类的？

8. 自助式的服务为什么能够获得用户的青睐？其中，服务企业的责任是什么？

9. 以连锁餐饮企业海底捞为例，说明如何提升顾客的服务体验。

二、实践题

1. 根据艾瑞咨询 2015 年的调查，中国网民购车以 80 后男性为多数，偏爱新车、小型车和 SUV（见图 15-25）。请到当地 4S 店调研购车一族的用户画像并绘制用户体验地图。试比较 80 后和 90 后的偏好并对国产汽车的品牌、价格、性能进行排行，为经销商提供一份关于本地购车人群的服务设计研究报告。

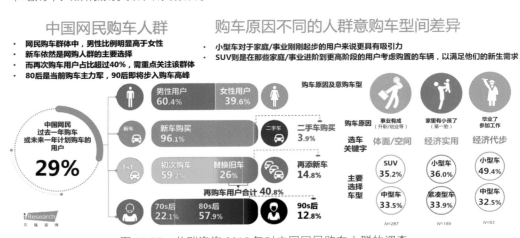

图 15-25　艾瑞咨询 2015 年对中国网民购车人群的调查

2. 顾客旅程地图是基于观察、记录、思考，对服务流程的可视化归纳和总结。请组成 3~5 人的研究小组，去附近的购物超市（家乐福、物美或永辉），观察和手绘主力购物人群（家庭主妇）的购物路线、购物时间、停留频率、高峰时间流量等信息，汇总制作一幅"超市顾客旅程地图"并作为超市货架与流程设计改造的依据。

第16课　服务设计流程

16.1　创新性设计战略

2015 年 4 月，全球顶尖的设计与创新公司 IDEO 有 5 个设计项目获得国际数字艺术与科学学院颁发的威比奖（Webby Awards）。这个奖项被誉为互联网界的奥斯卡，颇受业界关注。2015 年 8 月，IDEO 再接再厉，一举获得美国工业设计协会颁发的 4 项国际设计卓越奖。自创立以来，IDEO 已获各类设计大奖数百项，包括 38 项享有盛誉的红点大奖（Red Dot）。它同时还拥有数千个专利，其卓越表现超过任何一家设计公司。正因为此，IDEO 在波士顿咨询集团的调查中都曾被评为全球最具创新力的公司之一，并赢得创意工场的美誉。IDEO 公司的理念是：运用以人为本的方式，通过设计帮助企事业单位进行创新并取得发展。观察人们的行为，揭示潜在需求，以全新的方式提供服务。设计商务模式、产品、服务和体验，呈现企业发展的新方向并提升品牌。帮助企业打造创新文化，培养创新能力。IDEO 认为设计和创意是每个人的天性，而并非天才或者创意型人才的专利（见图 16-1）。它提倡每个人都应该找到自己创意的自信心（Creative Confidence），解除对新事物和变化的恐惧。传统上，创意性活动被视为神秘的灵光一现后便一步到位的活动，而 IDEO 用 "设计思维" 证明创意不是单纯的灵感，每一个人的灵感都可以转变为创意。这个设计思维的方法，IDEO 在自己的产品设计中运用，也在斯坦福的 d.school 的教育中成功运用。它不仅深受设计界人士的信赖，也被商业、科技界和社会创新界人士所使用。

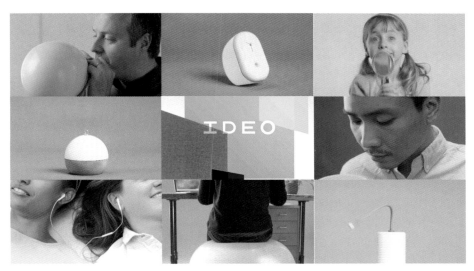

图 16-1　IDEO 是国际创意与创新设计的大本营之一

IDEO 的成功秘诀在于，它所做的每一个项目都是从关注消费者体验开始的，无论是设计手机、可穿戴设备、数字终端、游戏、玩具还是互联网服务，都有消费者的参与和互动。IDEO 更引领时代潮流，发起了一场关于设计理念的革命（Design Thinking）。斯坦福大学与硅谷源源不断地为 IDEO 提供了智力支持与客户资源。2004 年，斯坦福大学与 IDEO 合作成立了设计学院。在戴维·凯利等人的大力推动下，设计已不单纯是关乎产品的外观，而是一种具有更为广泛影响力的思维方式，可以用于解决各类商业和社会问题。也就是说，设计早已超越单一产品的层面，而是着眼于整个商业生态系统，甚至社会结构的创新和变革。目前，IDEO 定位于全球商业服务设计，并开始致力于一些社会问题的研究和解决，如世界上低收入人群的可持续发展、社区设计、有机农业、青少年教育、健康、保健以及工作机会等。目前，IDEO 已成长为全球最大的设计咨询机构之一，员工约六千余人，在纽约、伦敦、上海、慕尼黑和东京等地均设有办公室（见图 16-2）。它的客户包括一些全球最大的企业，如消费产品巨擘可口可乐、宝洁、麦当劳、福特、三星、沃达丰等。

图 16-2　IDEO 是全球领先的商业创新咨询机构

　　IDEO 公司成立于 20 世纪 80 年代末硅谷的繁荣期，最初的定位是工业产品，特别是计算机相关产品的设计。IDEO 曾经设计了诸多传奇产品，如苹果的第一款鼠标、第一代笔记本电脑、Palm V 的个人数字助理（PDA）和宝丽来（Polaroid）一次性相机等，成为硅谷的传奇公司。1991 年，毕业于斯坦福大学产品设计系的戴维·凯利将自己的设计室（DKD）和毕业于英国皇家美术学院的比尔·莫格里奇（Bill Moggridge）的公司合并后成立了 IDEO。莫格里奇从单词"思想"（ideology）中取名 IDEO，意味着该公司主要以"概念设计"和"创意"为根本。随着全球化服务设计的兴起，IDEO 公司也从 20 世纪 90 年代的产品设计、交互设计公司转型为服务设计和商业创新咨询公司。他们提供给客户的不只是设计，还包括企业战略和新的服务模式等，如为德国汉莎航空公司设计长途飞行的服务体验和为华尔街英语设计社交型学习环境等（见图 16-3）。IDEO 不是将客户视为买主，而是视为合作伙伴，通过项目、培训课程和工作交流会，向客户传授自己的创新方法，在进行技术转移的过程中实现共同创新。例如，宝洁公司就是 IDEO 这种开明创新方法的受益者。宝洁前任总裁拉夫利曾带领他的核心团队两次前往 IDEO 总部观摩学习。随后，IDEO 为宝洁公司设立了一个创新中心用于员工培训和企业转型，由此大大提升了保洁公司的业务能力。从 2001 年开始，IDEO 承接了一系列服务设计的业务并取得了优异的成绩。目前，服务设计已成为该公司主要的收入来源之一，政府和事业单位已成为 IDEO 迅速增长的服务对象。

图 16-3　IDEO 为汉莎航空公司（上）和华尔街英语（下）提供设计与咨询

　　什么是创新？怎样创新？创新是依靠人才还是方法？这些问题已经成为企业家和创业者都共同关注的问题。相信"天才论"的人有很多，例如，皮克斯（Pixar）的创始人埃德·卡特穆尔（Ed Catmull）在《哈佛商业评论》上发表过一篇文章《皮克斯如何打造集体创造力》。他坚定地认为人才是原创点子的催化剂，并且相信"天才是罕见的"。"天才论"支持者认为天才只存在于像建筑师、设计师或者音乐家这样创造性思考者的群体当中。但 IDEO 设计公司则有另外一番想法，该公司联合创始人戴维·凯利和汤姆·凯利两兄弟联合撰写了一本书《创新自信力》。他们认为所有人都有创造的潜能。戴维·凯利还编著了《创新的艺术》一书，大力倡导设计思维、头脑风暴方法论和快速原型法等，并且引起了企业和学术界的广泛关注。IDEO 的经验在于以下几方面。

　　（1）市场洞察力。创新源于对市场的深刻洞察。这种洞察来自消费者、商业和技术三个并行的领域的交汇点。当商业模式、市场愿景和可控的技术产业相互之间进行组合并满足了消费者的需求时，新的创意就产生了。IDEO 长期通过设计帮助新技术进入主流市场。例如，过去 5 年来，IDEO 公司重点关注并投资了加密资产和区块链网络的初创公司。IDEO 公司认为：分布式网络技术与其他重要的技术创新如智能计算、互联网、移动网络、大数据一样，将为我们的世界带来全新的体验、服务和商业模式。它们最终会改变人们的生活，如可编程和点对点的数字货币；开放金融平台和创新服务；用户拥有的市场和数字资产。所有这些都代表着数十亿甚至数万亿美元的机会，可以重塑人们的交易、交流、工作、生活和娱乐方式。

　　从过去几十年网络中心化和去中心化的历史曲线上看，目前该行业正处于发展的关键时刻（见图 16-4）。虽然分布式网络技术对于普通人来说仍然遥远，但由于金融危机、新冠病毒的大流行，人们对世界中心化机构的信任正在下降，因此对更开放、自由和公平的人类协调与合作系统的需求快速增长。越来越多的人才和经验丰富的企业家涌入分布式网络初创公司，可用性、交互、钱包、密钥管理、数字保管、匿名身份、不可替代资产、分发机制等领域的服务创新模式层出不穷。因此，IDEO看好分布式网络的未来潜力并认为现在就是投资的最佳时机。

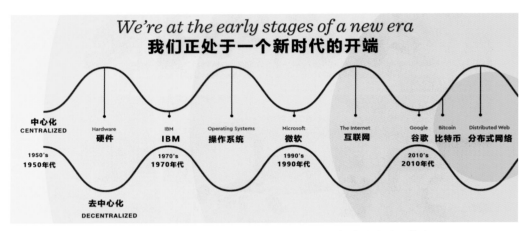

图16-4　IDEO立足科技前沿洞察市场先机（投资分布式网络）

（2）创新性思考。IDEO认为要给人们一种尝试服务的理由，提供与当下市场众多服务有所不同的体验，使消费者感受到体验新事物的价值。突破性的服务往往不是跟随市场，而是改变和主导市场，这需要管理人员和一线人员的共同参与不断改进服务原型，不断深入挖掘可行性和可用性的价值。

（3）创造性服务模式。重新定义市场的创新通常源自于产业、技术和客户需求之中的根本变化。创新的解决方案对于提供可行的新服务是必要的，并且常常会产生组织内部的根本性变革，但最终还是要满足商业视角和技术层面的可行性。

（4）创新始于实践。创新过程的一部分是从失败中学习。服务设计团队需要确保能够接受并去尝试一些还存在许多问题的新概念。对失败的恐惧有碍于突破性的服务创新，而创新需要从尝试、检验的结果中获得帮助或反思。早期突破性的服务概念往往具有模糊性，而新的准则是关注用户的价值、情感和体验。

（5）不断尝试改进设计。突破性创新往往伴随着内在风险，而化解风险的最佳方式是设计团队控制服务范围。用户行为和市场趋势都处在不停的变化中，设计者要在可控的范围内进行小规模的实验，为大规模服务推广做好准备。

汤姆·凯利曾经说道："创新自信力是关于两件事情，这两件事情同样重要。第一件是每个人与生俱来的去创造新事物的能力，另外一个就是如何将这种想法付诸实践以及这样做的勇气。创新自信力就像是一块肌肉，它可以通过锻炼和不断的体验而增强。"IDEO公司特别注重对整个团队创意精神的培养。为了鼓励创意性思维和天马行空的想法，IDEO开设"暑期创意营"让学员们通过轻松的心态重新设计生活用品如闹钟、日历等。为了让设计找回童真和快乐，设计小组采访了宠物治疗师和瑜伽教师等，最后设计的创意包括可以触摸产生气泡的提醒装置，还有通过手指触控就可以"笑"的闹钟（见图16-5）。这些设计不仅是童心未泯的快乐玩具，而且也是 IDEO "在快乐中思考和创意" 理念的成果。IDEO 公司还注重面向未来的设计，组织学生针对未来交通工具进行大胆的创意与设计。

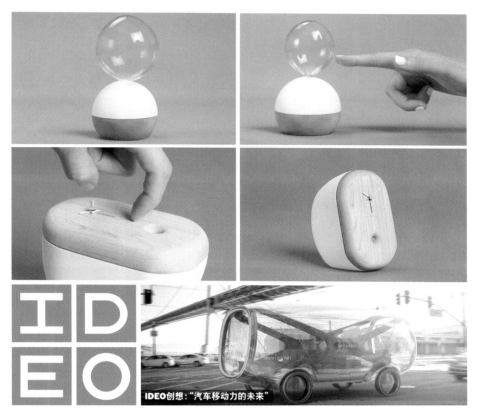

图 16-5　IDEO 公司的创意装置和创意设计

16.2　创意思维环境

　　作为以 "创意" 为核心的产品与服务设计公司，IDEO 对人才的重视远远超过其他公司。该公司有着一群能够 "触类旁通" 的 "怪才"（见图 16-6）。除了有传统的工业设计、艺术家外，还有心理学家、语言学家、计算机专家、建筑师和商务管理学家等。他们爱好广泛，登山攀岩、去亚马逊捕鸟、骑车环绕阿尔卑斯山等大量古怪的经历与爱好成为创意和分享的财富，IDEO 的各个工作室都有其 "魔术盒"，收集了各种各样有趣的东西，如新式材料、奇异装置等，这些物品都是员工们收集后共享在工作室以给大家提供灵感或带来快乐（见图 16-7）。公司典型的项目团队是由设计调研人员、产品设计师、用户体验设计师、商业设计师、工程师和建模师等构成。团队成员的背景和专业截然不同。在设计的验证过程中，真正有相关行业背景的设计师不超过 2 名，更多的专家则是来自其他行业。这样的安排就是为了让团队不要被所谓的 "经验" 所束缚，而是集思广益，从多方获取设计的灵感，从而达到创新的突破。IDEO 特别鼓励跨学科和多面性。传统设计学院各个专业泾渭分明，而 IDEO 首开跨学科合作的先河，让大家可以各取所长。跨学科交流不仅可以避免固执和钻牛角尖，而且让每一个队员面对共同的问题，跨出自己的舒适区，挑战自己的创意和思维，这对团队的打造和长期运作也是非常必要的。

图 16-6　IDEO 公司有着一群能够"触类旁通"的"怪才"

图 16-7　工作室的"魔术盒"收集有各种新奇有趣的东西

　　跨学科交流为什么能激发创新思维？其理由有这几个方面：一是联想反应。联想是产生新观念的基本条件之一。跨学科交流的新想法，往往能引发他人的联想，并产生连锁反应。二是热情感染。从不同的角度思考问题最能激发人的热情。自由发言、相互影响、相互感染、触类旁通，能形成热潮并突破固有观念的束缚，最大限度地释放创造力。三是竞争意识。人都有争强好胜的心理。在竞争环境中，人的心理活动效率可增加50%或更多。组员的竞相发言，可以不断地开动思维机器。四是个人欲望。在宽松的讨论或辩论过程中，个人可以充分表达自己的观点。创意需要环境，如果没有一定的自由和乐趣，员工是不可能有创造性的。因此，在 IDEO 公司，工作就是娱乐，集体讨论就是科学，而最重要的规则就是打破规则。该公司处处是琳琅满目的新产品设计图。在计算机屏幕上展示着各种设计图，涂鸦墙上也有各种即时贴和创意小工具（见图 16-8）。桌上堆满了设计底稿、厚纸板和泡沫板，而木块和塑料制作的设计原型更是随处可见。这看似混乱的场景，却闪现着创造性的一切。IDEO 允许它的每一间工作室空间都拥有自己独有的特色布置，都有其团队的象征物，都能讲述关于这个工作室的员工和这个工作室的故事。

图 16-8　个性工作室的环境有助于各种创新实践

16.3　快速迭代设计

创新的出彩往往需要颠覆所谓的专家意见，抛开所谓熟悉的行业知识。曾经有一家大型公立医院找到 IDEO 公司，希望重新设计急诊室的流程。按照一般的思路，设计公司可能会找到几家医疗行业内的标杆企业进行竞品分析，但是 IDEO 设计师却独辟蹊径，拿到课题后他们借助头脑风暴进行思考：急诊室的流程有何特殊性？人命关天，分秒必争。那么，有没有任何其他的行业也会有同样的需要呢？设计团队随后从 F1 赛场维修站得到灵感，最终急诊室的流程设计获得了成功。因此，在 IDEO 公司的工作中，经常会看到"不务正业"的情景：原本是家居照明的体验设计，设计师却在电视机专柜找寻设计灵感；在国际时尚品牌的体验设计中，设计团队带着客户转得最多的不是大型高端商场，而是晨练时间的公园。正如凯利所说，我们不太关注传统的市场调研，而是直接面向源泉本身进行思考和创意。当聆听完设计委托方的意见后，设计师们并不直接以委托方提供的意见为依据，而是走进用户使用产品的场所，真实地观察用户是如何使用产品的，自己再进行深入的研究。例如，为了开发儿童智能玩具，IDEO 专门建立了针对不同年龄的玩具实验室（Toy Lab），设计师可以在项目实验室内与儿童一起玩耍来构思和测试自己的作品（见图 16-9）。

IDEO 不认为失败是声誉受损。相反，该公司将失败视为共同学习和成长的机会。事实上，从失败中学习是公司的核心价值观之一。IDEO 将设计过程中的尝试、失败与成功作为"实验状态设计"，或者快速迭代设计的正常现象。"我们不追求完美主义。"大卫·凯利说过：在 IDEO，我们没有时间做细致的科学研究。我们对成百上千精选出来的用户所填写的详细

图 16-9　IDEO 专门建立了针对不同年龄的玩具实验室

表格或进行群体调查不感兴趣。相反，我们通常只要跟踪调查几个有趣的人，与他们交流并观察他们使用某种产品或服务的情况。同时试图深入人们的内心世界，推测他们在想什么、打算做什么及其原因。这就是观察和创意的源泉所在。大卫·凯利把 IDEO 比作"活生生的工作场所实验室"。他说："IDEO 永远都处于'实验状态'。无论是在我们的项目中、我们的工作空间中甚至在我们的企业文化中，我们时时刻刻都在尝试新思想。"

　　大卫·凯利认为 IDEO 主要的"创新引擎"就是它的多学科背景的集体讨论方式，这也是该公司唯一一受严格纪律约束的东西（见图 16-10）。会议上大家集思广益、踊跃发言，一旦确定后就会迅速采取行动。设计师们会在尽可能短的时间内，将自己的创意原型制作成模型（可以用泡沫或纸板这样简单的材料）。如果创意确实相当出色，设计师便可以在机械加工车

图 16-10　IDEO 公司的创意团队集体讨论

间制造模型。3D 打印和电数控机床可以在几小时之内就制作出模型。IDEO 公司的理念是：创造贵在动手尝试，从尝试中吸取经验教训，而不在于精心筹划。故事化设计也是 IDEO 公司的撒手锏。公司有鼓励创意的即时贴小模型可以快速构建流程。设计小组通过日常的观察、事例以及运用各种素材使得创意细节化、清晰化又便于修改和管理，为创意降低许多门槛。

16.4　创新设计3I原则

IDEO 对创新的关注点是商业的可持续性、技术的可行性以及用户的需求这三个领域的交集。IDEO 现任总裁兼首席执行官蒂姆·布朗就曾明确说道："设计思维是一种以人为本的创新方式，它提炼自设计师积累的方法和工具，将人的需求、技术可能性以及对商业成功的需求整合在一起。"为了得到真实的用户诉求，设计师必须深入到客户环境中，甚至扮演"客户"来找到同理心。大卫·凯利曾经写道"我们在人们使用的水槽中亲手为他们洗衣服，在住房项目中以客人身份入住，在手术室里站在外科医生旁边，在机场警戒线安抚焦虑的乘客——这一切都是为了培养同理心。同理心策略就是让我们始终记住自己是在为活生生的人做设计，它推动了我们的工作进程，为真正有创意的解决方案找到了灵感和机会。我们认为，成功的创新源自以人为本的设计调研（人的因素），并且平衡了另外两种因素。在考虑消费者真正的需要与期望时，寻找技术可行性、商业可行性和人的需求之间的'甜蜜地带'，这就是我们在 IDEO 和设计学院所说的'设计思维'的部分内容，它是我们为了创意与创新所经过的流程。"

IDEO 实现创新的理念已经形成了规范化的设计流程。斯坦福设计学院的"五步创意法"就是源自 IDEO 公司的实践总结。公司的许多成功项目都是这几个步骤的变体：研究与思考、创意与方案、执行与制作。这个过程也被归纳为"发现—解释—创意—实验—推进"5 个迭代步骤，并分别对应于 5 个问题（见图 16-11）。这个过程也是二次思维发散与聚焦的过程，因形似龙尾，故也被称为"龙形设计"模型。

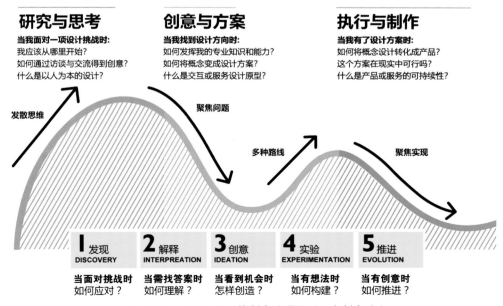

图 16-11　IDEO 公司的创意流程图（5 步创意法）

　　IDEO 公司对三星公司的创新转型的咨询就是一个很好的商业案例。1993 年，三星电子的董事长李健熙在洛杉矶的一家电子产品商店考察时发现，三星的电视机被摆放在了无人关注的角落。对李健熙来说，这显示了三星在全球市场上的糟糕表现。李健熙下令高层管理人员调整努力方向：从力求节约成本转变为创造出独特的、客户必须拥有的产品。1994 年，三星开始与 IDEO 设计公司合作并成立设计研究院（见图 16-12）。由此，三星是当时少数几家设立"首席设计官"职位的家电企业之一。时过境迁，今天的三星早已从一家二线的韩国电视制造商转变为全球最大的消费数字产品制造公司之一，IDEO 公司在其中发挥的作用不容忽视。

图 16-12　三星设计研究院的科学博物馆大厅

　　通过观察以 IDEO 为代表的全球顶尖设计公司的工作流程，欧洲工商管理学院的曼纽·苏萨（Manuel Sosa）教授总结了这些公司成功创新的三步流程，同时也是三项核心的组织创新技能（简称为 3I 原则）：以用户为中心（UED）的需求洞察（Insighting）、深层而多样的创意激发（Ideating）、快速且低成本的反复验证（Iterating）。如何从复杂的用户体验中发现需求并提炼出有价值的信息是关键。虽然用户调查和焦点小组通常有助于简化这一流程，但这些举措往往掩盖了人们对市场的真实反应。相比之下，设计师们更喜欢采用观察和询问的方式，通过同理心来辨识那些用户没有阐明甚至是没有意识到的潜在需求（见图 16-13）。

图 16-13　IDEO 是实践 3I 原则的典型企业

　　乔布斯曾经指出："设计 = 产品 + 服务。在大多数人的字典中，设计意味着华而不实，认为设计就是指室内装潢，是指窗帘和沙发用什么面料。对我来说，这样的解读实在大错特错。设计是人类发明创造的灵魂所在，它的最终体现则是对产品或服务的层层思考。"IDEO 创新设计延续了乔布斯的理念。今天，IDEO 已经将创新设计方法拓展至各个商业领域，包括零售业、食品业、消费电子行业、医疗、高科技行业。IDEO 还在全球开办"IDEO 大学"（IDEOU）为学生们传授设计思维。IDEO 也为初创公司、商业组织、社会企业等机构等设计商业模式，并且在项目孵化过程中进行指导。美国奥巴马政府曾经派人专门赴 IDEO 学习并推广其创新思想，它不仅影响着美国的商界和政府机构，也将创新思维推向全球。

16.5　设计流程可视化

　　有形与无形、可见与不可见之间的矛盾一直是设计领域不可或缺的部分。设计师将头脑中的概念、创意和想法变成现实中的产品和服务模式，正是由"无形"变成"有形"的过程。同样，在设计服务体验时，设计师必须面对如何将隐蔽的服务过程可视化、透明化的问题。IDEO 服务设计团队负责人梅兰妮·贝尔·玛伊达（Melanie Bell Mayeda）指出："虽然服务设计有时会让人感觉不到，因为它是一种人际互动关系，但好的服务设计会对企业、组织、组织或品牌产生持久影响。"虽然顾客有时看不到后台的服务，但可以通过体验来感受到"无形"的劳动成果。例如，歌舞表演或宗教仪式就有着大量无形劳动的付出：编舞、排练、化妆、音乐以及后台服务——服装、舞台布景、灯光、道具……所有这一切都是为了一台完美的文艺晚会的劳动付出，而建筑物、教堂、剧场等环境也是服务不可或缺的一部分。因此，服务是经过编排的地点、事物、通信、脚本、相遇等的集合，具有无形资产的价值。同时，服务活动随时间而展开，并最终成为用户与顾客情感体验的一部分。体验经济时代一个重要现象就是各种传统服务，如餐饮、住宿与旅游的"迪士尼化"，也就是将员工的服务表演化，服务环境主题化，服务流程戏剧化和情境体验沉浸化（见图 16-14），服务设计正是其中最为关键的环节。服务设计本质上是一种道德行为，它是利用设计在人与物、人与环境、人与服务之间建立共鸣，使得人际互动成为最有价值的服务资源，而企业也从增值服务（情感的、艺术的和文化的）中得到了回报。

图 16-14　主题酒店内部风格以浪漫萌系和可爱风为特征

　　IDEO 公司特别重视服务原型的设计，因为这正是服务流程可视化的关键。但当涉及体验和人机交互时，很难弄清楚究竟如何去做。对服务进行原型设计可能看起来不如测试产品那么简单，但这是一种快速和有效的可视化方法来查看你的想法是否可行。IDEO 的服务设计团队在为一个购物中心的便利咖啡店设计服务项目中，就通过纸上原型的绘图与标注（见图 16-15）发现顾客的痛点：环境嘈杂吵闹怎么办？顾客需要边喝边逛商场如何解决？如何吸引新顾客？环境卫生如何解决？IDEO 团队将咖啡店顾客体验的全过程（服务前、服务过程中与服务后）都纳入服务设计流程中。IDEO 团队重新设计了触点，提供的设计方案包括增加线上线下互动，改善环境私密性，重新设计纸杯与纸袋，增加零食服务项目和增加会员服务等。新的体验和服务使得该咖啡店的营业额快速增长。IDEO 通过服务原型设计使得服务可视化，而最成功的原型则是基于真实的客户需求，并通过服务员工的整体付出才能得到满意的回报。

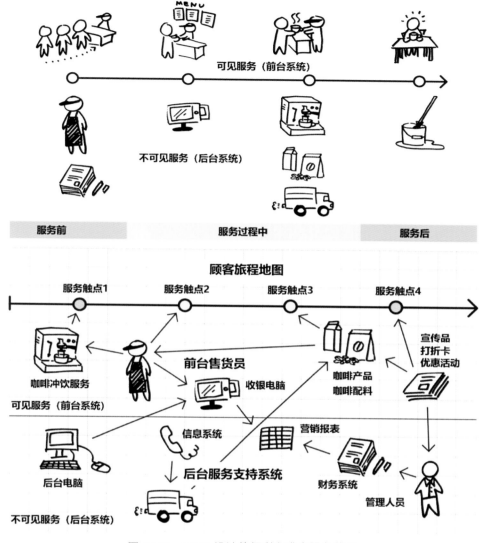

图 16-15　IDEO 设计的便利咖啡店服务蓝图

思考与实践16

一、思考题

1. 为什么说 IDEO 是交互与服务设计的"思想库"？

2. 创意思维的环境是什么？为什么要强调混合设计团队？

3. 为什么说"自信力"和"执行力"是成功的关键？你是否认同？

4. IDEO 设计创新力的成功经验有哪些？如何结合技术、商业与设计？

5. 创新设计的 3I 原则是什么？ IDEO 是如何实践的？

6. 为什么多学科背景的集体讨论非常重要？头脑风暴的原则是什么？

7. 为什么 IDEO 推崇快速迭代设计？

8. 服务流程如何能够可视化？服务设计原型的作用是什么？

9. IDEO 和苹果公司为什么都不看好传统的市场调查？

二、实践题

1. 福州旅游景点三坊七巷的一家著名的"肉燕馆"（馄饨馆），为了吸引游客，特请来一位传承人现场表演手工制作肉馅的技艺（见图 16-16）。请为该企业设计 iPad 自助点餐菜单，要求注重体现历史传承、故事、品牌、文化和服务特色。

图 16-16　福州旅游景点三坊七巷（民间传承人表演）

2. 纸上原型是 IDEO 产品设计的重要环节，对于数字产品设计非常有用。请尝试制作专门为医院病房患者和陪护家属用的"护理小秘书"——专用呼叫设备的纸模型，请考虑功能性、便捷性和易用性（如针对输液病人）。

第17课　服务设计师

17.1　设计师核心能力

在过去的 10 年中,随着全球数字经济的发展,服务设计在不同的部门和行业中迅速发展。大公司、政府、事业单位和学术界普遍对服务设计越来越有兴趣,特别是设计师和设计院校的师生都希望能够获得服务设计的相关技能并创新社会的服务模式。目前新兴科技处于一个加速的发展过程,不断渗透并影响着社会与商业环境的发展进程。人们的生活、学习和工作方式,甚至社交环境都发生了不同程度的改变。这为服务设计和用户体验打造了更新、更宽、更广的舞台。面对新技术的复杂性和社会环境的不确定性,设计师将如何迎接行业变化? 企业的新产品、新工具、新服务又将如何引领一个新生活形态的形成,开启新的商业模式转型之路? 这些问题成为未来设计师必须面对的挑战。

服务设计是一种跨学科的设计实践: 它面对复杂系统的处理,要求设计师具有跨界融合与实践创新能力,需要具备跨媒体和掌握多种交互方式的技能。服务设计师还需要掌握 "批判性思维" 并能够科学分析、发现问题和制定设计方案的能力。艺术、技术、经济学、管理学、社会学等知识在服务设计中必不可少。服务设计借鉴了许多其他领域的框架、方法和工具,如触点和服务场景的设计会涉及建筑学、室内设计、图形和产品设计的能力,而数字平台则需要交互设计、UX 设计、UI 设计以及计算机科学等专业知识 (见图 17-1)。服务设计在用户与市场研究中,借鉴了人类学传统的方法,也使用了源于管理学的系统思维和商业工具(如商业模式画布)。近年来,高校本科和研究生的服务设计课程在不断推陈出新。服务设计成为来自不同设计专业以及商业、管理、政策和其他专业的学生的核心能力或补充的知识技能。

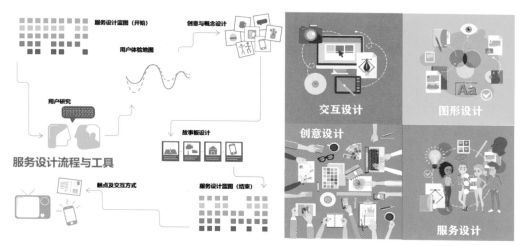

图 17-1　服务设计师需要具备综合创意设计能力

服务设计师构想新的体验原型时,可能会借鉴来自戏剧表演的方法 (参考 IDEO 设计工具箱）。当设计师考虑服务中的激励系统、奖励或惩罚机制时，心理学原则和行为理论就会派上用场。事实上，只要和人的因素有关，心理学家可以说是无处不在（见图 17-2）。以上列举的仅仅是服务设计知识库中的一部分。服务设计的原理或规则并非一成不变，往往需要根据实际对象、实际情境和实际问题做出必要的取舍。服务设计的学习途径多种多样，从网络视频、图书到课堂，学习者都可以获得相关的知识与方法。此外，服务设计团队往往会聚集来自不同专业领域的人员。通过思想的相互碰撞，设计师就可以迅速提高设计实践能力。

图 17-2　心理学渗透到社会服务的方方面面

17.2　观察、倾听与移情

欧特克高级 UX 设计师伊塔马·梅德罗斯（Itamar Medeiros）指出：我对一名优秀的交互设计师给出的定义是：这个人一定要努力使世界发生真正意义上的改观。他首先要做到的就是时刻保持学习的态度并持之以恒。我坚信对于一名优秀的设计师而言，必须要具备四项关键的技能和特征。①观察：如果不能学会观察，就不能学会任何东西，也就不会被激励着去改变世界。②聆听：如果不能学会聆听，将学不到任何东西，也无法从更深层次去理解别人所遇到的问题。③移情：如果不能学会换位思考与同理心，就无法体会到别人的困难与困惑，这样也很难站在用户的立场上看待设计与服务。④目的：即使学会了观察、聆听和移情，但是对设计目标毫无感觉，这样甚至更糟糕，因为你只为了自我实现而进行设计。

因此，能够了解研究对象，包括他们的文化、社会、经济、行为、需求以及价值观和愿望，是服务设计师的一项核心能力。优秀的设计师需要能够换位思考，从"他者"的角度看待世界，然而要做到这一点并非易事。服务设计师必须掌握与人沟通的方法与技巧来解决复杂问题。例如，借鉴人种学和民族志研究的方法（见图 17-3），设计师可以与被研究对象同吃同住，让自己沉浸在服务对象的情境与文化环境中。在这个过程中，通过聆听、交谈、记录以及推心置腹地与用户"交朋友"，设计师才能真正理解用户并发现他们的需求。设计师深入生活并与服务对象建立友谊，不仅对于发现问题和解决问题非常重要，而且也是让用户参与设计的途径。设计师必须从同理心的角度来完成这个过程。同理心是从他人的角度来理解和感悟他人的经历、情绪和状况的能力。它要求设计师避免让自己的个人假设和偏见影响判断。因此，设计师需要走出去并谦虚地与对方交谈，这对于培养同理心至关重要。

图 17-3　设计师需要借鉴人种学和民族志研究方法

需要指出的是：毛主席一生对调查研究极其重视，认为"调查研究极为重要"并留下了许多影响深远的著名论断，如"没有调查，就没有发言权""做领导工作的人要依靠自己亲身的调查研究去解决问题""调查就像'十月怀胎'，解决问题就像'一朝分娩'。调查就是解决问题"，等等。这些著名的论断不仅指出了调查研究的意义和重要性，对于设计师来说，这些语录也是需要参考并遵循的重要法则。设计师在研究他人的生活体验时，应考虑以下 4个基本的伦理原则。

（1）清晰告知访谈对象的谈话目的并获得参与者的许可，避免误导受访者。

（2）将研究对象（用户）视为设计项目的协作方而非盘查对象。

（3）保护他人的利益和隐私，确保访谈不会产生有害后果，并确保受访者的授权以及对个人信息（隐私）的保护。

（4）站在完全客观的立场，避免掺杂个人判断来影响受访者。

17.3　团队协作和交流

虽然创造力是服务设计过程的关键要素，但设计师不应该单打独斗。服务设计项目通常会涉及服务提供商、用户、投资者和其他利益相关者。因此，促进大家同舟共济、彼此合作、团结一致地完成设计目标是服务设计师的一项关键技能。随着参与式设计、UCD 设计以及头脑风暴会议、共创会议等设计形式的普及（见图 17-4），团队协作已经成为设计师的核心工作之一。这项工作的重要性在于：服务设计是团队协作项目，有协作就需要沟通，有分歧就需要有表达与说服。一个成功的设计师除了具备对自己专业的垂直能力以外，必须具备表达与说服能力以及组织能力。

图 17-4　团队协作与交流是设计师的基本能力

例如，在设计服务项目时，利益相关者和设计师在同一个房间内集体讨论，彼此各抒己见并将通过争辩、质疑与反思达成共识，并产生新的服务理念。与此同时，这些会议明确了目标和挑战，促进了相互理解并减少了后续实施过程的障碍。设计师让利益相关者参与设计和创造过程不仅可以增加各方对项目的信心，而且还可以增强团队的凝聚力，为长期合作打下基础。在项目会议中，设计师的角色不应该是法官或者裁判，而应该是协调员和各方利益的润滑剂。设计师应该努力避免影响参与者的决策，而是推动参与各方求同存异、彼此协商，形成一致的战斗力。在一个社区居家养老服务项目中，设计师深入走访了社区的老人护理机构，并对利益相关者进行了调研走访。设计师和志愿者通过深入社区，亲身体验，提出了以互联网 + 和大数据为基础，建立区域性的社区居家养老服务体系的设想（见图 17-5）。在日立解决方案（中国）有限公司的支持下，该方案通过智能技术，使社区养老服务规范化、制度化、系统化。通过社区居家养老服务系统，为不同的社区提供养老服务，提高居家老人的生活品质。

以下是设计师在组织共创会议时需要注意的事项。

（1）会议组织。清晰传达会议目标和议程，最好在会议开始之前，通过微信、QQ 等方式传达给参与者。

（2）激励机制。确保每个人的参与和贡献，通过演示、表演或者游戏来打破僵局，有效控制会议的时间与节奏。

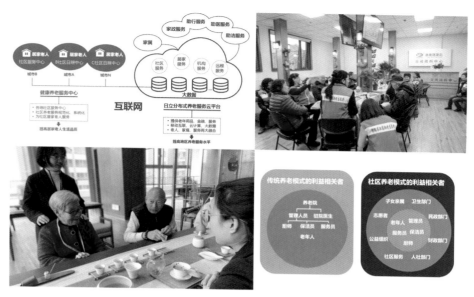

图 17-5　社区智能化居家养老服务体系

（3）聚焦主题。虽然会议开始可能是发散性和探索性的，但主持人必须能够引导参与者进行归纳和综合。

（4）材料准备。共创会议的目标在于创新服务体验，相关的表达材料如便利贴、卡片、乐高人物、实物道具、图片、黑板以及图表等对主题演示非常有帮助。

（5）促进交流。积极倾听、自由发言、主动提问以及归纳各方的观点。会议避免漫无边际的清谈，而是需要通过头脑风暴来产生碰撞的火花，由此激发创意的灵感。为了促进交流，会议可以通过提供茶点、酒水以及相关辅助材料，让参与者保持热情与激情（见图 17-6 ）。

图 17-6　共创会议的组织与讨论是创意源泉

17.4　概念设计与可视化

　　设计的本质是设想一个更美好的未来或是憧憬一些比现在更好的新事物。图像和故事是我们捕捉想象力并与他人分享的最佳工具。因此，故事和视觉叙事、概念设计与视觉化不仅是帮助我们创造和讨论未来愿景的重要工具，而且也是推进设计过程的基本手段。事实上，创作故事本身就是发明与创新想法的催化剂，如在影视与动画行业，导演们需要通过故事板向剧组成员或制作团队阐述创作意图与故事情节。故事板中的所有要素，如角色、环境、对白与道具等，都可以平滑无缝地移植到服务设计流程。事实上，用户旅程地图就是一个抽象的"故事线"，其中的人与产品、人与环境的交互代表了服务流程中的因果关系与故事。

　　服务具有无形性、不可分离性、交互性与易逝性的特征，服务也是随时间而展开的交互体验过程。因此，信息可视化和思维可视化是设计师向用户和利益相关者阐述或分享概念设计必不可少的工具，包括流程图、思维导图、时间轴线图（如用户旅程地图）、系统结构图（服务蓝图、概念设计图等）、地理信息图以及故事脚本图都是设计表达或信息传达的视觉要素（见图 17-7，上）。这些图表或故事不仅容易分享或传播，而且更容易引起用户的共鸣，在情感层面加深团队成员之间的联系。概念设计与可视化可以帮助他人"看到"设计目标并有助于形成一致的工作方案。可视化故事还帮助我们将研究阶段的成果充分展示，并通过分享让用户与利益相关者建立同理心。由于服务本身所具有的无形性特点，服务设计比任何其他形式的设计更依赖可视化工具或手段。服务基本上是随时间展开的交互和体验活动，因此，我们可以通过故事板来预测用户的行为与动机，并思考这种创新服务对用户的意义和价值。流程图与故事板的形式是表达服务模式的最佳工具。它不仅能够表达人们的感受、情感和动机，同时还可以清晰展示产品使用的情境和设计构想（见图 17-7，下）。在服务设计的前期、中期和交付设计原型之前，故事板可以帮助我们批判性地评估产品与服务的可用性。在服务设计过程中，可视化与原型设计是密不可分的相互迭代过程。无论是低保真（LFP）还是高保真（HFP）的形式，设计原型都是设计师与利益相关者的交流工具。设计原型不仅用于在真实环境中检验设计的可用性，而且可以提供进一步改进的设想。

　　服务设计的概念模型除了手绘故事板原型、数字交互原型以及物理实体模型外，还可以通过现场模拟体验的形式建立。服务体验受到服务环境及情境的影响，包括空间、家具、灯光、声音、气味和标牌等，均会对用户的感知与行为造成影响。服务原型体验实验室将视频、声音和灯光与物理和数字道具相结合，可以作为一种尽可能接近地模拟服务场景的方式，芬兰拉普兰大学的服务创新中心实验室（SINCO）就是这样一个技术辅助的服务体验原型的设计环境。

　　SINCO 的核心是将服务场景的不同元素与现场表演和讲故事相结合，来快速模拟真实环境的服务体验，从而为设计团队打开思路。实验室由一个中央服务台和互成夹角的两个屏幕组成，音响设备和投影仪可以模拟服务现场。现场的摄像机可以捕捉到舞台上的角色动作与交互场景。该开放实验室可供服务设计团队使用，设计师首先准备服务流程的故事板，包括角色扮演者、背景视频和现场道具在内的所有材料。随后团队成员根据各自分配的角色来表演服务场景。整个服务过程被录像机采集、编辑并用于后期分析。在该实验室的一个模拟火灾救援的服务设计案例中，我们可以了解该实验室对火灾救援服务流程的模拟与体验（见图 17-8）。相比其他概念模型来说，服务创新中心实验室为服务设计建立了一个最接近真实的体验环境，这也成为设计团队了解与评估服务产品可用性以及用户行为的重要工具。

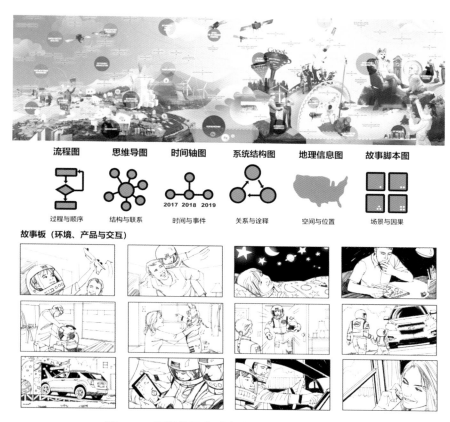

图 17-7 可视化图表形式（上）及故事板（下）

图 17-8 在服务设计实验室模拟火灾救援的流程

17.5　趋势洞察与设计

同济大学设计创意学院院长娄永琪教授指出：目前,全球的设计专业正在经历一个从"造物设计"到"思维设计"的转变。基于人的需求,通过创意、科技和商业的结合实现的"设计驱动的创新"正成为创造可持续、包容增长以及创意型社会的新引擎。在全世界范围,服务经济正在逐步取代制造业成为经济的主体,产品即服务已经成为全球企业家、政治家与经济学家的共识。如果说服务社会经济需求是设计学科和行业的使命之一,那么社会和经济发生了变化,设计的角色、价值、对象、方法也应该与时俱进。服务设计的应运而生正是设计趋势的体现。

对趋势的研究与洞察是设计师核心能力之一。有一位作家曾经说过,"时代中一颗灰尘落到每个人身上都是一座山。"中国古代哲人也反复告诫我们：审时度势、道法自然,顺应时代的脚步是成功的必要条件。媒介理论家米歇尔·麦克卢汉曾经说过：艺术家是社会的天线和雷达,他们对媒介（技术）的变化有着更敏锐的感知。因此,服务设计师更需要关注技术、洞察趋势,才能保持一颗童心,为社会创造更大的价值,同时也让自己在激烈的市场竞争中把握大局,立于不败之地。例如,新冠疫情加速了远程办公在全球的渗透率,大量人员居家办公并导致了远程、移动化办公规模迅速提升。在线设计、在线教育、网络视频与在线协作共创等新的设计与办公模式成为趋势（见图 17-9）。此外,千禧一代的成长环境伴随着智能设备和互联网,因此他们更容易接受分享、共创和环境友好型生活方式等理念。对用户习惯的把握,对国家发展战略和政策的关注,对技术发展趋势的洞察是设计师的必修功课。

图 17-9　在线平台工作和学习已经成为社会新趋势

5G 时代的到来加速了在线服务的趋势,而疫情的影响使得许多设计师开始适应灵活办公模式的便利,甚至不愿再回归工作室。很多企业开始适应远程办公的好处,甚至开始思考如何通过升级办公应用提升员工们的远程体验。青蛙设计副总监马里亚诺·库奇（Mariano Cucchi）指出："技术将会被融入设计中,从而让视频会议更人性、更轻松,并最终实现虚拟空间的共享。"在线设计不仅实现了线下的沟通与协作，而且推动了各种线上协作设计平台如 Figma 原型设计工具的火爆，各种设计资源社区和插件也为设计创造出了更多的可能性（见图 17-10）。然而，当家与公司间的界限不复存在时，我们不得不更加谨慎地审视我们在追求工作效率提升的过程中，可能对人们心理和社交方面造成的负面影响。虽然身临其境的远程技术能缓解不少员工的孤独感，但这也意味着他们必须在虚拟环境里工作更长的时间。技术环境的改变对设计师的要求也会越来越多。例如，在外的设计师使用手机、平板电脑进行交流、拍摄与分享，但渲染视频、编辑照片、3D 设计等工作仍需要笔记本和台式计算机，这就需要设计师熟悉线上 + 线下的多设备无缝流转的方法和工具。

图 17-10　在线 UI/UX 设计已经成为新的工作趋势

后疫情时代人们工作学习与生活方式的转变，将对未来的劳动力市场造成深远影响。如今，人才的流动性与市场对技术型人才的需求比以往任何时候都高。为了争夺人才，企业还需要配备更加先进的远程办公技术及相应工具，服务行业会涌现出大量结合线上与线下，虚拟与实体相结合的新型业态。在这个充满风险与机遇的时期，作为设计师无时无刻不被世界上的新事物刷新认知——互联网红利下降带来变化莫测的商业动向、日新月异的新技术、亚文化群体催生出多元复杂的圈层文化、脑洞口味越来越独特的年轻人，甚至眼下席卷全球的黑天鹅事件……任何一个新事物的悄悄冒头，都有可能影响设计师的命运。我们能做的是，在起初感受到微微震动时，便沿着震感逐步寻找源头并思考未来的发展走向，赶在变化降临前先拥抱变化。随着 5G 智能时代到来，过去机械的单向交互方式逐渐被打破，机器渐渐演化成了会主动"观察"真实场景并能"感受"用户情感，预判用户意图并自动完成任务的贴心助手。机器如何为人们提供更智能便捷的服务，未来还有非常大的想象空间。

2020 年的 UI 设计趋势，一方面是对往年风格的衍变和细化，另一方面，在扁平克制的界面风格盛行后，设计师们向往更自由、更突破的视觉表达（见图 17-11）。《Behance 2021 设计趋势报告》和《腾讯 ISUX2021 设计趋势报告》显示：UI 设计在扁平化设计流行之后，界面对物体的拟真风格再次回归成为新拟态主义，但图标更为立体丰富，色彩更为鲜艳夺目，动画与交互更为流畅，而苹果 iOS 14 推出的小组件管理也影响了界面设计。用户对视觉体验的追求和产品的快速迭代对 UX 设计师的审美能力、潮流风格的判断能力以及对新一代设计工具的把握都提出了更高的要求。

图 17-11　设计师需要把握流行趋势以及新的设计工具

　　除了技术层面外，这个时代另一个显著趋势就是世界各国普遍开始了对生态、环境保护以及可持续发展理念的重视。设计中的道德因素将成为企业或机构必须思考的问题。当前世界各国都不再把 GDP 视为衡量成功的唯一标准，取而代之的是，他们将优先考虑其他衡量社会繁荣的指标，如公共卫生和环境、幸福指数、可持续发展、低碳绿色经济等。服务设计以及基于分享与节制消费的观念更加深入人心。承担社会责任也意味着企业要摒弃只关心商品盈亏的观念，转而将商品的生命周期纳入到企业所需要承担的社会责任之中。体验经济时代，设计的内容会更加具体，如包容性设计、医疗保健设计、紧急护理设计、老年人护理设计、公共部门设计、教育服务设计、娱乐或酒店客户服务设计等。在技术、商业和社会研究等领域的交叉点上，服务设计会进一步推动艺术与技术的融合，成为设计学科的前沿。

思考与实践17

一、思考题

1. 什么是服务设计师的核心能力？需要掌握哪些学科的知识？

2. 为什么说观察、倾听与移情是服务设计师重要的能力之一？

3. 设计师在研究他人的生活体验时，需要注意哪些伦理原则？

4. 2020 年的 UI 设计流行趋势是什么？会用到哪些设计工具？

5. 设计师在组织共创会议时需要注意哪些事项？

6. 后疫情时代，人们的工作与学习方式发生了哪些变化？

7. 为什么说趋势洞察与设计是设计师的核心能力之一？

8. 服务设计流程的可视化图表形式有哪些？各自特点是什么？

9. 服务设计的概念模型除了手绘原型外，还有哪几种展示形式？

二、实践题

1. 儿童医院的急诊室往往是各种医患矛盾爆发的场所（见图 17-12）。请对当地儿童医院进行调研，探索基于智能化的新型医疗服务设计（如手机挂号、在线咨询、电子病历、快速化验、心理辅导、逐级诊疗和绿色通道等）。

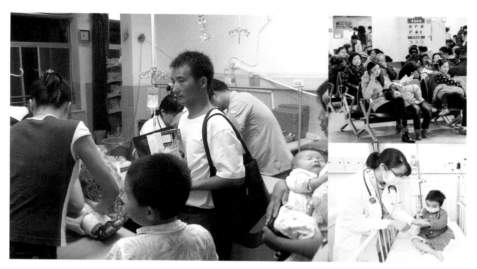

图 17-12　儿童医院的急诊室往往是各种医患矛盾爆发的场所

2. 趋势研究是企业创新与发展的主要工作内容。请以近五年可穿戴设备与技术的发展为研究对象，调研其发展趋势和可能对今后人们生活、学习和工作的影响。小组可以完成一份技术发展的趋势研究报告以及对创新服务设计的思考。

第18课　服务创新设计

18.1　服务创新实践

　　服务设计作为一种新的设计形态，正在借助智能硬件＋设计思维来创新性地解决生活及社会问题，改变生活方式甚至推动社会革新。"共享"创新模式的兴起，开始了人们解决社会和服务问题的新思路。传统意识中，类似环境保护问题、城市公共服务问题、医疗以及教育等问题的解决，往往都会指向政府出台新政策或者施行新措施。但"数字社区"和物联网的兴起，使得设计师可以通过组织社会资源，通过社会创新实践来帮助人们解决面临的问题。例如，共享单车的出现就大大改变了我们的出行方式，从解决"最后一千米"的洞察出发，运用互联网＋和共享经济的创新模式，共享单车成为一种新型的交通工具租赁方式。它的出现不仅解决了人们短程出行选择代步工具的困扰，在大城市中也缓解了公共交通的负担，提高了人们的出行效率。另外，共享单车作为一种低碳健康的出行工具，也被越来越多的人所接受和提倡，开始成为一种新的城市生活方式。

　　2018 年 1 月，美国最大的在线零售企业亚马逊无人商店 Amazon Go 正式在美国西雅图开张。这个事件标志着未来人们生活与购物方式的根本变革。排队进店，拿了就走（Just Walk Out Technology）。即拿即走，顾名思义，就是拿了商品就能离开（见图 18-1）。流程是这样的：首先需要下载一个 Amazon Go 的 App 并登录自己的账号；进入 Amazon Go 前，用户需要调出 App 中代表 ID 的二维码，扫码进入。进入商店之后用户就不需要再用到手机了；扫码通过时，亚马逊进口处的摄像头会捕捉用户的人脸，并且和用户的账号进行确认绑定；这样一来，哪个人买的什么东西，后台就能直接将购物信息和所对应的账户同步；进入商店后，用户可以随意挑选货架上的商品，拿了就可以直接走。出口处的摄像头会再次识别并确认用户的人脸，并对购物篮中的商品结账。只有当顾客离开 Amazon Go 之后，账户里的交易才会完成。

图 18-1　亚马逊无人商店的口号是"拿了就走！"

　　Amazon Go 并不是真正的无人商店，因为它还是需要工作人员准备食物、补充商品。同时，店里还有很多穿着橙色衣服的亚马逊工作人员。Amazon Go 的店内顾客人数控制在 40~50 人，一旦人数超过了限制，亚马逊的工作人员就会开始限流。亚马逊开的这家高科技商店有着重要的实验意义：面向未来的新零售产业。现在，不仅是亚马逊，几乎全世界的电商都意识到：线上消费必须要和线下零售相结合。线上红利基本上都瓜分殆尽了，电商们要寻求进一步的突破必须要从线下零售切入。线上线下结合最重要的就是用户体验，Amazon Go 体现的就是极致的服务设计和用户体验，直接将"排队"和"付账"这两个最影响用户体验的环节连根拔掉，这种创新本身也继承了 Amazon 的线上消费功能：一键购买和两日送货。用户逛店时，还可以通过手机扫描到商品的打折优惠信息，给顾客以充分的实惠（见图 18-2）。

图 18-2　除了顾客自取商品外，手机还可以扫描商品的打折优惠信息

　　2017 年 4 月，致力于在澳大利亚抢救剩食的组织 OzHarvest 开了澳大利亚首家剩食超市（见图 18-3）。这家超市以"拿你所需，给你所有"为口号，供应剩食和其他食品给大众，特别是有需要的弱势群体。超市中的食品没有任何标价，你可以自由拿取货架上的食品，按自己的能力付费。这些食物都是搜集于一般超市或商家中过了最佳食用期，却仍能食用的食物，同时顾客也能捐出过剩但仍能食用的食品给予需要的人。剩食超市的出现解决了"过度消费"

所导致的食物浪费，当一部分人在扔掉剩食的同时却有另一部分人还需要食物救济，剩食超市则成为一个食物分享的平台。因此，公益组织、服务设计和社会创新相结合，正在成为分享时代新的潮流。

图 18-3　位于澳大利亚墨尔本的剩食超市 OzHarvest 店

当今人类所面临的日益严重的环境问题也引起了公益组织和设计师的关注。根据环保公益组织"塑料海洋"（The Plastic Ocean）的数据，每年有八百万吨垃圾被倒入大海，在太平洋北部正漂浮着一片面积接近法国的垃圾岛。环保主义者们为了唤醒人们对环境保护的意识，2017 年 9 月，海洋基金会和英国网络媒体 LadBible 向联合国提出申请，希望国际社会正式将垃圾岛国认证为全球第 196 个国家，因为在联合国现有的纲领下，只有这样才能强制要求世界上其他国家参与垃圾清理。活动的参与者伦敦的设计师马里奥·科克斯特拉

（Mario Kerkstra）为垃圾岛国特意制作了国旗（海洋中漂浮的一个塑料瓶）和一本精美的护照。他还与设计师托尼·威尔逊（Tony Wilson）一起设计了"垃圾岛国"的纸币和邮票（见图 18-4）。所有这些设计的图案全部采用浮动塑料与被塑料缠绕的鱼类、鸟类动物图案为主题。另外，目前已经有超过 10 万人连署，希望成为垃圾岛国（Trash Isle）的公民，人称"垃圾岛人"（Trash Islanders）。海洋基金会通过利用现有的法规条款，名正言顺地举办"成立国家"的环保活动以吸引更多人的关注和参与，这种方式为环保主题的公益活动打开了新思路。

图 18-4　塑料垃圾岛国的护照、邮票、垃圾岛国国旗和钱币

18.2　社会创新设计

埃佐·曼奇尼（Ezio Manizni）是社会与创新和可持续设计联盟的主席，也是米兰理工大学的教授。曼奇尼教授一直致力于倡导和引领可持续发展的设计，被业界誉为国际最权威的学者和思想家之一。曼奇尼教授在其编著的《设计，在人人设计的时代：社会创新设计导论》（2016）中提出："为了梳理社会创新设计是什么？它能做些什么？我将提出一个简单却也相当有内涵的定义：社会创新设计是专业设计为了激活、维持和引导社会朝着可持续发展方向迈进所能实施的一切活动。"曼奇尼教授指出：过去十年中，随着互联网、手机及社交媒体的普及与社会创新浪潮逐渐交汇融合，催生了新一代服务模式。这些服务不仅能够为当下社

会面临难题提供崭新的解决方案，还挑战着我们对幸福的理解，以及如何看待公民与国家间的关系。

例如，当代社会人口的老龄化已经成为欧洲、日本和中国所面临的重要问题。在传统社会中，无论是家庭或者是国家养老，共同之处是都需要有更多的年轻人在工作，创造价值，来负责这些老年人的养老费用。但在一个"倒金字塔型"的社会，由于老人们的数量大大超过年轻人的人口，因此这个问题变得难以解决，这就需要我们创新服务模式，利用设计思维来解决这个矛盾。荷兰的一家养老院就通过当地大学生和老人们的"互助模式"来解决这个棘手的问题（见图18-5）。这种"青银共居"的"跨代屋"实现了双赢：一方面能让独居老人能够获得陪伴，另一方面也能缓和青年人的住房问题，同时此举还能促进不同世代之间的连接与交流。

图 18-5　养老院推出的大学生和老人的"互助养老"模式

近几年来，荷兰的房价不停地上涨，租金越来越贵，年轻人只能望洋兴叹。如今荷兰每个大学生平均每月要承担的租金超过 3000 元人民币。结合这种情况，这家养老院决定把院里多余的房间，免费租给当地大学生，而他们每个月至少要花 30 个小时陪伴这里的老人们。在这段时间里，学生们可以带老人们出去散步、教他们用计算机、学手机、让他们用罐装颜料在纸板上喷涂、认识什么是涂鸦艺术……同样，为了提供跨代交流互动的契机，"跨代屋"的空间布局也进行了调整。原来的养老院被改造成为更适合互动的场所：一楼是咖啡厅、餐厅与购物市场，二至五楼是公寓，六楼提供给年轻人办公，七楼则是体育健身和休闲社交厅（见图18-6）。跨世代文化住所里的老年人多拥有特殊技艺或专业技能，例如退休教授、织布高手、会计师等；青年人多以艺术家、设计师、广告宣传、自由工作者等职业为主。通过跨时代的交流，让老年人以人生智慧协助青年人解决缴税、创业问题并引介人脉，同时也让老年人找回他们的社会价值。"跨代屋"为老年人、青年人和年轻家庭提供住宿服务，该建筑的住宿空间分为七个住宿照护区。不同的照护区有专业负责人，为入住后的居民分配护理责任区域，与老年人建立照护关系。对于一同居住的老年人，青年人需要提供涉及清洁、购物、做饭、日常护理、陪伴等各个方面的劳动来换取价格较低廉的公寓。此外，社区还会联合幼儿园、志愿者等举办活动，扩大代际陪伴服务的人群范围。

图 18-6 "跨代屋"的空间促进了隔代交流的机会

　　"跨代屋"是一种由多个利益方参与并共同形成的服务设计模式，从人员上可以划分为老年人的养老护理服务团队、青年人的房屋租赁服务团队和第三方物业管理服务团队（见图 18-7）。"青银共居"模式通过专业的医疗保健提供者、日常护理照料者、医师团队为保障，为老年人提供养老护理服务；此外，该模式通过青年人的介入提供简单、日常的照护服务，例如清洁、购物、做饭、陪伴等来解决年轻人的住房负担。在服务场所，"青银共居"通过空间功能的区域划分平衡了老年人与青年人对空间的需要，例如，针对行动不便的老年人配有无障碍浴室；针对青年人既配有安静的办公环境，又有与老年人互动的公共社交区域。在服务设施上，"青银共居"既配备用于辅助养老护理服务使用的血压计、血糖仪、轮椅等，也配有供老年人与青年人共同使用的娱乐健身设备，如跑步机、个人平板电脑、机器人和游戏机等。在服务信息上，"青银共居"模式促进了老年人与青年人的面对面交流，在这里老年人可以为青年人分享个人的生活经验、工作经验、情感经验等，而青年人可以作为老年人的"眼睛"，为其讲解住宅外的所见所闻，促进老年人与社会的连接。最终，"青银共居"实现了"生活在一起，其实就是最好的学习"的服务体验，"友善不分龄，一起生活一起玩"的服务品质，"让青年人走近老年人，让老年人走回社会"的服务价值。

　　荷兰"跨代屋"的商业模式（见图 18-8）展示了该项目的价值主张：为需要养老院护理服务的老年人提供温暖、舒适的生活环境，使得每位老年人的个人习惯都可以获得尊重，个性能得以保持，老年生活应该充满欢笑，年轻人也可以得到长辈的关爱和指引。"跨代屋"还通过整合专业的医疗保健护理团队为老年人提供基础养老服务；另一方面则通过学生住户计划为大学生提供住宿福利，即通过定时的"陪伴"服务来换取免费入住"跨代屋"。但这种社会创新需要克服代际沟通的障碍以及社会的偏见，更深入的调研、同理心与服务设计无疑是最重要的。

图 18-7 "青银共居"养老模式（上）与隔代交流（下）

重要伙伴 谁可以帮助我 ·医疗保健组织机构 ·养老护理服务 ·志愿者协会 ·社区服务人员 ·超市	关键业务 我要做什么 ·居家养老护理服务 ·学生住户计划 核心资源 我拥有什么 ·专业医疗保健护理团队 ·针对学生住宿福利 ·网络管理及服务管理	价值主张 我怎样服务他人 ·为入住的长者提供温暖、舒适的生活环境；每位长者的个人习惯都可以获得尊重，个性能得以保持；老年生活应该充满欢笑和活力；年轻人可以同时得到长辈的关爱与指引	客户关系 怎样和对方打交道 大学生每月需要奉献30小时当长者的友善邻居，即可免费入住"跨代屋" 传媒渠道 如何宣传自己 ·跨代屋官网及APP；·地方媒体及广告宣传	客户细分 我能帮助哪些用户 长者（主要为身心功能衰弱或失能的长者） 大学生（具有良好沟通能力的大学生）
成本结构 我要付出什么	养老院护工人员、清洁人员、设施维护人员的劳动支出成本；药物、器材的采购成本；相关活动的举办、组织、宣传成本		收入来源 收入的渠道和来源是什么	·老人入住的养老金收入·来自社会福利机构的捐赠收入·预付长期入住的押金

图 18-8 荷兰"跨代屋"的商业模式画布

随着互联网与智能手机的普及，"智慧养老"也为独居老人创建了居家养老的条件。加拿大温哥华的一个社会创新机构 tyze 借助网络将独居老人、邻居、志愿者、社会公益组织、社区医院、保健专家连接在一起，通过互助与分享的方式，解决独居老人生活及护理的种种问题（见图 18-9）。他们把松散的社交网络转换成整合的资源，使得老人周边的亲友、邻居、社工等能够在需要时提供陪伴、护理和救助的服务。虽然该模式目前还面临技术、资金和隐私等问题的困扰，但作为社会创新的养老模式，无疑会给未来的老龄社会提供借鉴。"智慧居家养老"与"跨代屋"的集中养老模式并不矛盾，例如，一些意大利的空巢老人愿意将多余的房间免费租给当地的大学生，同时也希望得到陪伴与关爱，这也是一种"青银共居"的养老模式。

图 18-9　通过社交网络来解决"社区养老"的方案

18.3　自助校餐设计

2017 年，一部名为《日本的学校午餐》的 8 分钟视频火爆了全球视频网络。超过 1400 万人次观看，近 6 万人点赞和超过 1 万条评论使得这部短视频火爆了网络。拍摄该视频的是一个住在纽约的日本环境学家件兼纪录片导演，当她去当地孩子的学校参观时，有感于小学午餐的大量浪费和环境的狼藉，决定拍一部日本小学的 45 分钟的午餐过程展示给美国同行看，而该视频成为呈现学生自我管理的经典范例（见图 18-10）。在日本，午餐时间同样也是学习。导演跟着一位名为 Yui 的五年级女生来到日本琦玉的一所整洁的小学，记录了整个就餐过程。学校里没有涂鸦或糖果包装纸，也没有自动贩卖机。对于 300 名左右 6~12 岁的小学生而言，这似乎是一段嘈杂但看上去颇为快乐的星期三午餐时间。一小群穿着白色衣服的学生负责从厨房领取并端送食物，其余同学则有秩序地排成一列，将盛食物的托盘拿回拼在一起的教室桌子上。

虽然学校提供营养午餐，但是学生依然会戴着一个"便当袋"，里面有餐垫、环保筷、杯子，还有一整套卫生用品如牙刷、牙杯、手帕等。学生们开始了上午的课程，学校的中心厨房便开始了一天的工作。学校一共 682 个学生，加上老师和教职人员，5 个厨师要在 3 小时内做出 720 份食物，保持新鲜的同时，也要顾好分量，每天也是不小的挑战。学校午餐基本是日本大众口味：米饭、多种汤、肉或鱼，每顿午餐至少 5 种时令蔬菜，每餐都有鲜牛奶。学校还有自己的小农场（见图 18-11，上），这些土豆居然是六年级学生亲手种出来的。这是日本政府一直以来鼓励的做法，学生亲自下田耕种，才能直接体会到食物的可贵。此外，当地出产的食材不仅新鲜，减少了运输成本，而且保护了环境，也能让学生体会到家乡味道，增加爱乡情感。

图 18-10 《日本的学校午餐》画面截图，示意吃饭过程

今天的主食是浇汁炸鱼和土豆泥。下课铃响起后，不同于中国孩子冲出教室飞奔食堂，他们会摊开午餐盒里的餐垫和餐具，直接把教室当作食堂。而今天的午餐值日生就要开始给大家服务了，全班所有的餐食都由他们拿回来。但在取午餐之前，他们也需要系上白围裙，戴好口罩、餐帽，再把多余的头发塞进帽子里。队长还会询问："有没有腹泻、咳嗽或流鼻涕？还有没有认真洗手？"确认无误之后，还要用消毒水洗手，才能跟着跟着班主任去取餐（见图 18-11，下）。

根据日本政府详细的指导手册，一份学校午餐应提供每日所需卡路里的 33%，推荐每日摄入钙量的 50% 以及推荐每日蛋白质、维生素和矿物质摄入量的 40%。该手册甚至还设定每顿午餐的含盐量要少于 3g 或半茶匙，这也是日本全世界最低肥胖率的原因之一。立法规定，600 人以上的学校，必须配备专业的营养师，约有 1.2 万名营养师是全职的。但最有意义的数字是，全国每份午餐用料的平均成本仅为 260 日元，几乎所有的家长都支付这笔费用。日本政府和地方当局分担照明、取暖、设备和劳务成本。日本对学校的卫生标准也要求非常严格，厨房干净明亮只是最基本的，食物要排除过敏源，每天的午餐都要留样保存，然后统一抽查。

图 18-11　农场让学生通过务农理解食源（上）和值日生的卫生检查（下）

当饭菜送到了教室后，值日生便开始了分配牛奶、面包、盛饭、盛汤等服务（见图 18-12），其他学生只要坐等开饭就好了。但是在开饭之前，还要等老师讲解食物来源。"今年 6 年级同学为我们种了土豆，来年 3 月轮到我们，7 月就能吃到我们种的土豆了。"孩子们听了一阵欢呼。在大家对值日生的感激声中，班主任正式宣布：开饭啦！教师和孩子们一起用餐，同时也帮助小学生学习正确使用筷子等礼仪。

图 18-12　值日生有送餐、分配牛奶、面包、盛饭等服务工作

　　学生们吃完饭第一件事便是拆牛奶盒！拆开并摊平。值日生收集大家拆开的牛奶盒，清洗干净之后还要晒干，第二天再送去学校的回收站（见图 18-13）。第二件事便是刷牙。值日的孩子会把大家吃完后的餐具整理好，再运回厨房。其他同学也不会闲着，他们很自然地走到各自的岗位上开始打扫卫生（见图 18-14）。他们十分卖力，彼此间的配合也早有默契。值日生还要把用过的围裙帽子带回家洗干净，方便第二天值日的同学。这一切都在 45min 之内完成，学生们不仅吃到了美味的午餐，还参与了整个过程，在劳动与合作中培养起了责任感，孩子们也都乐在其中。

图 18-13　值日生需要收集大家拆开的牛奶盒，洗好晒干回收

　　第二次世界大战后，日本曾化为一片废墟，但一直坚持为孩子提供放心的午餐。不论家庭富贵贫贱，孩子们都吃着同样的事物。日本人平均身高在战后增加了近 10cm，达到 170.7cm，排名全球第 29，高于中国（169.7cm，列 32）；现在，日本肥胖率有 4% 左右，全球最低，日本人的寿命连续 20 年世界第一。《日本的学校午餐》让全球网友瞩目，特别是从服务设计与管理上看，或许能对我国的教育引发些不同角度的思考：是什么让大家如此青睐日本学校午餐？我们又能从中得到哪些启示呢？

图 18-14　午饭后学生们需要自己打扫教室和办公室卫生

18.4　生活体验设计

　　在一个生活压力催着我们步履匆匆的时代，"慢"的生活理念已经在分庭抗礼了。1986 年，罗马西班牙广场纪念牌旁，麦当劳在意大利开设的第一家分店里，一群孩子兴奋地大嚼着汉堡。而店外一群手捧着意大利通心粉的游行示威者，给这个画面添了一层别样的纪念意义。游行的领头者是意大利品酒家、美食家卡尔洛·佩特里尼（Carlo Petrini，见图 18-15），他惊恐于工业化可能带来的食物与口味的标准化，集合起当时的反速食力量，发起了保护传统美食的"慢食运动"（Slow Food Movement）。1989 年，15 个国家的代表在巴黎共同发表了"慢食运动宣言"，迅速得到全球的响应，随后成立了国际慢食协会（Slow Food）。该协会以一只蜗牛为标志，象征着人类的饮食应像蜗牛一样优哉游哉。该协会总部在意大利，在德国、瑞士、美国、法国、日本及英国等一百多个国家都设有分支机构，目前拥有会员 10 万多名，遍布全球 5 大洲五十多个国家。经过三十多年的发展，目前国际慢食协会已经成为世界上最有影响力的非政府食品组织之一。该协会在意大利乃至世界范围内都极力推广其"优质、清洁、公平"（Good，Clean，Fair）的食品哲学。其清晰的理念及其稳健的行动不仅影响着普通人的餐桌，也影响了政府在农业及食品工业方面的各种决策。

图 18-15　国际慢食协会主席、慢食运动发起人卡尔洛·佩特里尼

　　"慢食"就其字面来看似乎是指慢慢食用的意思。"想长寿吗？慢点儿吃"是许多国家健康及饮食专家长期以来所倡导的。科学研究表明，细嚼慢咽后，食物对胃的刺激明显减少了。此外，因仔细咀嚼分泌的大量唾液里，还含有 15 种能有效降解食物中致癌物质的酶。每次进餐时间在 45min 以上是维持健康的基础。尽管细嚼慢咽有积极的健康意义，但从卡尔洛·佩特里尼的行动中可以看出，这里的"慢食"并非慢吃的意思，而是针对"快餐"而建立的一种文化创新。它反对快餐，鼓励人们放慢生活节奏，回归传统餐桌，享受美食的乐趣（见图 18-16）。"慢食"并不只是"反快餐"，它更在意的是在大量生产模式下全球口味的一致化，传统食材及菜肴的消失，以及快餐式的生活价值观。慢食运动提倡认认真真、全心全意、花时间去体验和享受一顿美食，学习并支持这顿美食背后的努力及传统。慢食文化以"6M"为其内涵：MEAL（美味的佳肴）、MENU（精致的菜单）、MUSIC（醉人的音乐）、MANNER（周到的礼仪）、MOOD（高雅的氛围）和 MEETING（愉悦的交流）。

　　位于地中海的意大利拥有绝佳的自然条件和悠久的文明历史，其传统食品，如意大利面和匹萨至今仍是欧洲人餐桌的基本配置。在慢食协会看来，小规模的食品生产不仅可以在最

图 18-16　慢食运动反对快餐文化，鼓励回归传统餐桌

短距离之内满足人们的日常需要，节约食品交易成品，更可以完好地保存当地的文化基因。慢食运动提倡"每个人都有权利享用优质、干净、公平的食物"。优质是指兼具滋味与知识的食物。不经过任何改造的天然风味就能带给个人感官满足，并和环境、个人记忆、历史文化有所连接。干净食物则以对土地影响最低的方式生产，尊重原有的生态系及生物多样性，尽可能安全不危害健康。公平食物则强调，生产者有权得到合理的利润，消费者也能以适当的价格购买，两者都不被剥削。生产者及当地的传统风土人情，都必须被尊重。从服务设计角度上看，慢食运动的意义在于对当代生活方式的反思。古人云"民以食为天"，吃当地，食当季，不仅是绿色生活方式，也是一种理想和选择（见图 18-17）。对于设计师来说，把美食、体验与传统文化紧密结合，同时也与都市人的生活节奏相一致，这无疑是个长期而艰巨的任务。

图 18-17 "吃当地，食当季"是绿色生活方式和对大自然的尊重

18.5 校园体验设计

长久以来，中国的学校多采用的是批量化设计，20 世纪 80 年代的学校和现在的学校设计可能并无太大的差别。一个典型的校园也基本都是以一条轴线来创造大致对称的结构，教学空间往往是一个校区的中心，并由此划分出不同等级的空间，而建筑和教室也多是传统的"方盒子"式设计，因为这种兵营式或行列式的布局往往被认为更便于管理。这种单一化和模式化的校园设计往往受制于我们传统的科目教学体系和课堂管理规范，缺乏灵活性和针对

性的校园设计往往也限制了老师的教学方式和学生的学习兴趣。但值得思考的是，如果学校的教育理念发生变化了呢？

随着信息化、服务全球化和创新型教育理念的发展，2016 年芬兰推行了新的"主题场景教学"改革，将小学和中学阶段的科目式教育和实际场景主题教学相结合。因此芬兰开始改建全国的中小学校园，以适应新的开放式教学理念，改变传统的教室分隔和整齐排列的桌椅，重新设计成灵活的、随意的开放式教学空间（见图 18-18）。科学合理的教室设计能够为学生提供更多的个性化支持，并便于他们开展有效的合作学习。这个完成后的改建计划与 2015 年芬兰发布的全新课程规划相互呼应，其国内全部的新旧学校都会被逐渐设计成开放式的模式，他们的目的是在创造灵活、轻松的教育环境同时，能够创造有序、温馨的学习氛围。

图 18-18　芬兰中小学教室采用了开放式的空间设计

新教室的色彩设计和空间布置具备学习代入性，教室的设计特别注重对材料、色彩、装饰的精心选择和使用，教室内部多以暖色调为主，让人走入其中就能有一种放松的感觉。芬兰小学教室的墙壁上还会有很多非语言性的图像标志，这些标志往往和某些学科相关，以此营造出沉浸式的学习氛围（见图 18-19）。早在 2004 年，芬兰的小学课程大纲就用视觉艺术课代替了美术课，课堂内容不仅包括绘画、美术作品鉴赏，而且还有摄影、图片处理等形式，并鼓励学生用计算机和 iPad 等电子设备创作作品。鼓励学生作品的多元化和个性化，能够在自由的氛围中展开无限遐想。

芬兰的教育者认为，学校和教室并不单纯是学习知识和养成能力的场所，还是学生身心健康成长和成人成才的地方。因此，芬兰中小学教室的很多细节都注重对人的关怀，他们的教室都有很好的通风系统和温度调控系统，四季恒温恒湿，即使在北欧严寒的冬季，走入芬兰中小学教室也能够立即感受到温暖。教室地面设计铺有柔软的材料，孩子们可以脱掉厚衣服和鞋子，只穿单衣和袜子进入教室开展学习活动（见图 18-20，上）。学者们认为简单宽松的穿着有助于孩子身体得到舒展，这符合孩子们身心健康成长需要，而且这种舒适感也更容

图 18-19　芬兰的一所小学的开放性教室（充满想象力的空间设计）

易让孩子们集中注意力学习。

　　在芬兰的中小学教室里，电子白板、投影仪、多媒体视听设备、移动电子设备这些教学辅助设施设备一应俱全。图书馆更是针对儿童的特点进行了高低不同的自由布局式的设计（见图 18-20，中）。新学校的建设放弃了原本的课桌椅形式，而改用了大量沙发椅、沙发、摇椅、软垫等，设置了可以移动的隔墙和可以相互拼接的桌子，便于学生进行小组活动（见图 18-20，下）。这样一个空间既可以变成开放性的讨论区，也可以变成私密的谈话区域、阅读空间。参与改造的建筑师认为，一个开放性的学校不一定是一座宽阔的大厅。他们希望可以通过拉长行走线，将嘈杂的区域安置在较远的走廊一头。而教室空间内设置有移动隔板，它们随时可以根据不同的活动需要被分隔或打开，成为多功能的教学活动场所。

　　这种设计是为了促进教室和学生的学习自主性，教师们完全可以根据每个月或每周的教学计划来改变教室的结构和每个空间的功能，而对于学生来说，学校的布局很有可能每周都在发生变化。另外，芬兰的学校更加支持学生在教室以外学习，就是让非正式学习空间与正式学习空间混合使用，试图让学习环境支持并鼓励学生以开放和非传统的方式获取技能（见图 18-21，上）。此外，学校的颜色也是根据空间的功能设计的。对于诸如楼梯和其他流通空间等活动的空间采用了更加明快靓丽的色彩（见图 18-21，下）。目前芬兰也是世界上第一个全国性实施"场景教学"的国家。新课程大纲规定每所学校每一学年至少要进行一次跨学科学习，包括主题活动、综合学习和实践项目等。学生需要综合不同学科的知识，在实践中运用知识、分析问题、解决问题，发展学生的技能。这意味着芬兰在从"单一的学科授课制"向"跨学科学习模块"转化。因此,芬兰的校园设计可以代表未来校园的模式：学习的代入性、人性化关怀、信息技术的应用、整体校园空间设计的灵活开放，以及通过环境颜色设计分隔空间，这些经验可以成为我们重新思考校园设计的一个方法和思路。

图 18-20　小学健身游乐场、图书室和学生临时教室

图 18-21　芬兰中小学的开放式教室（左）和楼梯色彩设计（右）

思考与实践18

一、思考题

1. 从无人超市到互助养老，在社会服务领域有哪些创新实践？

2. 如何定义社会创新设计？如何从衣食住行乐来思考服务的创新？

3. 什么是可持续生活方式？与服务设计思维有何联系？

4. 以荷兰"跨代屋"为例，探索青银共居的服务模式的优缺点。

5. 基于大数据的智能社区如何改善居民的服务体验？

6. 自助型校餐对于提升学生的劳动意识有何帮助？存在哪些问题？

7. 简述芬兰的教育理念和校园模式，并分析其特点和优缺点。

8. 快餐与慢生活是一对矛盾，如何提升快餐的服务质量与满意度？

9. 如何从技术创新角度思考社会服务创新？举例说明。

二、实践题

1. 宠物作为人们生活的重要伴侣，其健康问题也受到了人们的关注（见图 18-22）。某宠物医院需要一款可以帮助主人实时监控宠物活动和健康状况的可穿戴设备。请调研其市场需求并设计该产品，其主要功能包括：①健康监测；② GPS 防走失预警；③动物脑波分析（动物心理与情绪）；④动物叫声的语义识别。

图 18-22　宠物健康问题受到了人们的关注

2. 有形可触媒体的核心是把现实世界本身作为界面，而把计算和将数码比特隐藏起来。请寻找并观察一棵大树的树洞，在里面设计一个可以播放音乐歌曲的交互装置，如果将手伸到树洞中就可以切换不同的歌曲，请附加原型图。

第19课　技术创新体验

19.1　虚拟现实体验

　　世上唯一不变的东西就是变化。2020 年新冠病毒的大流行，让人们走出舒适圈并尝试新的生存方式。新冠疫情带来的一大机遇就是远程和虚拟体验服务的快速增长，VR 就是其中最有前景的技术之一。我们在隔离状态甚至独自一人时，都期盼能够通过 VR 获得仿真的交流环境。亲子互动、家庭温暖、朋友关爱对于病人、医护人员和隔离的儿童来说更是必不可少的亲情体验。当我们戴上眼镜或头盔，就可以和远方的亲人拥抱或者交谈，这将成为未来最吸引人的技术服务之一。

　　虚拟现实（Virtual Reality，VR）技术涉及计算机图形学、人机交互技术、传感技术、人工智能等领域的技术所生成的集视、听、触觉为一体的交互式虚拟环境。用户借助数据头盔显示器、数据手套、数据衣等其他数据设备与计算机进行交互，得到与真实世界极其相似的体验（见图 19-1）。根据《中国虚拟现实应用状况白皮书 2018》发布的中国 VR 产业地图 2018，我国涉及重点企业数量达 500 家，2019 年第一季度我国 VR 头盔显示设备出货量接近 27.5 万台，同比增长 17.6 %。另据 2019 年《虚拟现实产业发展白皮书》披露，中国虚拟现实市场规模到 2023 年将超过千亿元。虚拟现实产业与 5G、人工智能、大数据、云计算等前沿技术不断融合创新发展，进一步促进了虚拟现实的应用落地，催生了 5G+VR/AR、人工智能 +VR/AR、Cloud +VR/AR 等新业态和服务。VR/AR 混合现实技术将自然语言识别、机器视觉等人工智能技术融入行业解决方案，从而为教育、医疗、设计、装配、零售等行业带来更深入的人性化体验。

图 19-1　VR 的核心就是打造集视、听、触觉为一体的交互式虚拟环境

　　在过去的三十多年中，人们对于 VR 的探索经历了从科幻小说、军事工程、电影、3D

立体视觉到沉浸体验的多个阶段，由此不断深化了对这种媒介的认识。早期的虚拟现实还是文学中的模糊幻想。1932 年，英国著名作家阿道司·赫胥黎（Aldous Huxley）在《美丽新世界》中，以 26 世纪为背景描写了未来社会人们的生活场景。书中提到"头戴式设备可以为观众提供图像、气味、声音等一系列的感官体验，以便让观众能够更好地沉浸在电影的世界中"可以说是对虚拟现实最准确的描述。1981 年，美国数学家和科幻小说家弗诺·文奇（Vernor Steffen Vinge）在其小说《真名实姓》中首次具体设想了 VR 所创造的感官体验，包括虚拟的视觉、味觉、气味、声音和触感等；他还描述了人类思维进入计算机网络，在数据流中任意穿行的自由境界。1984 年，著名科幻小说家威廉·吉布森（William Gibson）在《神经漫游者》里，将未来世界描绘成一个高度技术化的世界，裸露的天空是一块巨大的电视屏幕，各种全息广告被投射其上，仿真之物随处可见。世界真假难辨，虚幻与真实的界限已经模糊，而人们可以直接将大脑"接入"虚拟世界。1992 年，美国科幻小说家尼尔·斯蒂芬森（Neal Stephenson）出版了第一本以网络人格和虚拟现实为特色的塞伯朋克小说《雪崩》。2002 年，导演斯皮尔伯格的《少数派报告》描绘了 2050 年的 VR。由汤姆·克鲁斯所扮演的未来警官通过手势和虚拟 3D 投影与远程的妻子进行跨时空交流。从沃卓斯基兄弟的《黑客帝国》（1999年）到斯皮尔伯格的《头号玩家》（2018 年），电影中的各种 VR 场景展示了一个个全新的科幻世界。异常震撼的超人表现和逼真的异域风情也带给人们最深刻的情感体验……

虽然早在 1989 年，美国 VPL 公司创始人杰伦·拉尼尔（Jaron Lanier）就提出了虚拟现实的概念并通过一个头戴式设备打开了通向虚拟世界的大门。但当时这个头盔显示器要 100 万美元，这个价格根本没有办法创造消费市场。三十多年以后，随着智能手机的出现，特别是 5G 高速网络（预计可以达到 1Gb/s 的实际带宽）推动了 VR 技术的提升以及成本的下降，这对高清 VR 视频的传输是极大的利好。传统 VR 头盔让人晕眩，最主要的原因在于计算与传输能力的瓶颈。得益于专业 AI 芯片和 AI 空间定位算法加上 5G 带来的延时下降，晕眩问题的解决指日可待。随着 VR 清晰度的提升以及体验感的增强，将会引起 VR 视频行业的质变。届时，可能各种 VR 直播会兴起，人们不再满足于观看各种平面内容，而是沉浸于全景视频的体验中。

2020 年，基于 VR 的游戏《半衰期：爱莉克斯》（Half-Life: Alyx）成为 VR 体验走向真实化的里程碑（见图 19-2）。当有怪物向你扑来，你会像现实生活中一样，很自然地举起椅子把怪物隔开。指虎型手柄控制器的设计提供了可识别单个手指动作的功能，现实里手怎么动，游戏里的"手"就怎么动。这些技术为 VR 用户走向自然体验和自然交互开启了大门。我们 VR 游戏或社交中分享的是真实的体验。通过虚拟现实技术，我们可以体验跨越时空、俯视大海、穿越星际太空的感觉。虽然摘下设备之后，我们可能不记得看到了什么，但是那种经验却是难以忘怀的，这就是虚拟现实的力量。虚拟现实技术通过虚拟世界的社区构建产生了现场的幻觉。我们在虚拟世界中与他人分享经验。虽然这些人是"替身"，但是我们却能真切地感受到他们的存在。

随着 VR 技术的发展，未来人们的工作、学习与生活将会逐渐远程化，在线工作、在线教育与在线社交会成为常态。后疫情时代许多大型企业包括微软、宝洁、亚马逊、谷歌等都开始支持员工的远程办公，而其中 57% 的员工表示他们希望在疫情结束后全职在家工作。36% 的员工表示他们更喜欢在家和办公室的混合工作状态，甚至许多大公司也在考虑关闭昂贵的办公室。距离的消失将意味着人类社会运转方式的一次变革。从交通业、地产到旅游业，

图 19-2　超真实 VR 游戏《半衰期：爱莉克斯》

都会产生各种各样新的挑战。同时，新的体验需求会推动科技与艺术更高层次的融合，成为体验设计发展新的机遇。

19.2　增强与混合现实

　　当前，中国虚拟现实产业发展重点已由单一技术突破转向了多技术融合。多项政策支持鼓励虚拟现实赋能各产业和重点场景，实现创新发展，包括 VR、增强与混合现实（MR/AR）、拓展现实（XR）以及裸眼 3D 技术等都是其中的重点。2020 年 1 月工信部发布的《关于运用新一代信息技术支撑服务疫情防控和复工复产工作》的通知将深化增强现实 / 虚拟现实等新技术应用作为推动制造业与信息产业合作的重要手段。2020 年 11 月，文化和旅游部等发布的《关于深化"互联网＋旅游"推动旅游业高质量发展的意见》指出，坚持技术赋能，推动虚拟现实、增强现实等信息技术革命成果广泛应用，深入推进旅游领域数字化、网络化、智能化转型升级。虚拟现实市场将保持较高速增长态势。赛迪顾问数据显示，2020 年中国虚拟现实市场规模为 413.5 亿元，同比增长 46.2%。技术驱动硬件升级、虚拟现实在教育等行业应用范围拓展、一体机等虚拟现实设备性能不断优化等因素将大大提升用户体验，吸引更多用户进入虚拟现实市场，进一步加快整个市场发展。

　　2021 年 3 月，微软发布了重金打造的混合现实协作平台"微软网格"（Microsoft Mesh，见图 19-3）。这一技术可以说是将科幻大片带进了现实，也从根本上打破了远程办公的一些局限，不禁让人惊叹，人类对未来的想象似乎再一次被颠覆。该平台将为开发人员提供一整套由人工智能驱动的工具，用于创造虚拟形象、会议管理、空间渲染、远程用户同步以及在混合现实中构建协作解决方案的 3D 虚拟传送技术。借助微软的智能眼镜 HoloLens 以及"微软网格"服务平台，客户能够在虚拟现实中举行会议和工作聚会并可以通过"全息"场景进行交流。

图 19-3　微软近期发布的混合现实协作平台"微软网格"

　　从用户体验上看，VR（虚拟现实）是利用计算设备模拟产生一个三维的虚拟世界，提供用户关于视觉、听觉等感官的模拟，有十足的"沉浸感"与"临场感"，但看到的一切都是计算机生成的虚拟影像。AR（增强现实）指的是现实本来就存在，只是被虚拟信息增强了的影像或界面。MR（混合现实）则是虚拟现实技术的进一步发展，将真实世界和虚拟世界混合在一起产生新的可视化环境，环境中同时包含实时的物理实体与虚拟信息。MR 技术最重要的过人之处就在于能够使人们在相距很远的情况下进行实时交流，极具操作性。如在5G 网络的加持下，相隔两地的医生能同步进行手术和指导，这在医学领域极富意义。这也是"微软网格"想要带给人们的崭新未来。在微软发布会上，智能眼镜 HoloLens 负责人艾利克斯·基普曼（Alex Kipman）作为全息化身的形式出现，模拟其身体的光线能够随着真实肉身的运动而实时变化。与此同时，著名导演詹姆斯·卡梅隆和 Niantic 首席执行官兼创始人约翰·汉克（John Hanke）也同时以全息远程的方式与吉普曼一起参加了大会。作为增强现实手机游戏《精灵宝可梦 GO》的游戏制作人，汉克还在大会上为来宾演示了如何利用"微软网格"来实现与玩家共享游戏体验的场景（见图 19-4，左）。

　　增强现实是一项基于将虚拟对象和信息放入用户真实环境中，提供或附加针对性信息的技术，用户借助智能眼镜还能看到增强现实层中的文本和图像。谷歌是第一家推出增强现实智能眼镜的大型技术公司。2013 年，谷歌以 1500 美元售价推出了命名为"探险者"的智能眼镜——谷歌眼镜（Google Glass）。该眼镜具有和智能手机一样的功能，可以通过声音控制拍照、视频通话和辨明方向以及上网冲浪、处理文字信息和电子邮件等。该眼镜主要结构包括：在眼镜前方悬置的一台摄像头和一个位于镜框右侧的宽条状的计算机处理器装置，配备的摄像头像素为 500 万，可拍摄 720px 的视频和摄影。由于市场定位不准、售价太高和涉及侵犯隐私等问题，2015 年，谷歌公司停止了这个项目。随后谷歌公司汲取教训，重新研究了智能眼镜的市场定位，重点是需要解放双手的业务场景，如医疗行业与制造业。

　　2017 年，谷歌发布了新一代智能眼镜即"谷歌眼镜企业版"（Glass Enterprise & Streye）。该产品主要面对医疗高科技企业用户（见图 19-5）。在配置上，除了摄像头像素依旧是 500 万，

图 19-4 "微软网格"共享《精灵宝可梦 GO》（左）

支持 720px 的摄影摄像外，Wi-Fi 上它支持 5G Wi-Fi 与蓝牙连接，拥有 2GB 的内存与 32GB 的硬盘容量。在传感器上依旧丰富，气压计、磁力感应、眨眼感应和重力感应包括 GPS 都一应俱全。电池容量 780mA，足够支撑一整天的工作时间。在工厂里，谷歌眼镜可以协助工程师观察机械结构并协助工程师维修或操作复杂机器。在医疗领域，谷歌公司与远程医疗服务公司与 Augmedix 合作来推广新版谷歌眼镜。该眼镜用户主要是门诊医师。他们可以佩戴眼镜和病人进行交谈，无须现场记笔记或者写病历，而眼镜摄像机会将医生与患者的语言与互动影像传给公司的"智能病历助手"，该程序借助语音识别与图像识别，会自动生成患者的病历并返回给医师参考，由此减少了医生在繁忙工作上花费的时间，受到了医生们的好评。

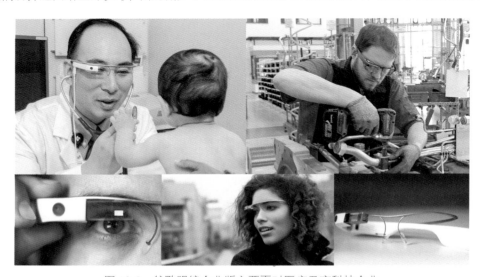

图 19-5 谷歌眼镜企业版主要面对医疗及高科技企业

增强与混合现实（MR/AR）被认为是替代智能手机的下一代媒体。脸书（Facebook）首席执行官马克·扎克伯格对此充满期待。他曾经指出："虽然我希望手机在 21 世纪 20 年代的大部分时间仍然是我们的主要设备，但我们将获得前所未有的增强现实眼镜，它将重新定义我们与技术的关系。"扎克伯格还预测，增强现实将带来巨大的社会变革。"想象一下，如果你可以生活在自己选择的任何地方，并可以随时随地进行各项工作。"扎克伯格还以"元宇宙"的概念，重新定位了公司未来的发展方向，力图打造一个"虚拟社交"的生态。目前该领域已经成为全球高科技争夺的焦点，包括字节跳动、腾讯、微软等都在跃跃欲试。但正如凯文·凯利所指出的：未来 25 年的科技趋势可能难以预测，不过有一件事是确定的，那就是最伟大的产品今天还没有被发明出来。

19.3　XR与裸眼3D趋势

2021 年 2 月 11 日除夕夜，一年一度的春节联欢晚会如期而至。中央电视台通过首次直播的 8K 超高清影像带给全球观众一场"视听盛宴"（见图 19-6）。除夕之夜，中国香港歌手刘德华通过"云录制"的方式，空降联欢晚会舞台。一袭红衣，劲歌热舞，一曲红火热闹的《牛起来》，洋溢着浓浓的年味儿。2021 年春晚在舞台效果上充分运用了 AI+VR+ 裸眼 3D 技术等，其中扩展现实（XR）技术成为体验设计师关注的焦点。这届春节联欢晚会的突出特色就是技术创新，展示了"5G＋8K＋AI+ 裸眼 3D"快速发展的最新成果，是"艺术与科技融合，时尚与创新齐飞"的经典数字娱乐体验的范例。例如，武术节目《天地英雄》将虚拟山水自

图 19-6　央视春晚的 8K 超高清影像

321

然融入武术场景，AR 技术营造出清奇意境。时装走秀表演节目《山水霓裳》借助 MILO 技术、镜面虚拟技术使得歌手李宇春能够迅速变身模特，数字舞台效果更是美轮美奂……在全息投影技术的支持下，18 个不同造型的模特完美诠释了"中国风"；AI 与 VR 裸眼 3D 演播室技术的结合，使得传统舞台空间突破物理形态，虚拟与现实的边界被重构成为本届春晚最大的亮点。

　　扩展现实（Extensible Reality，XR）技术是指通过计算机技术和可穿戴设备等产生的一个真实与虚拟组合的、可人机交互的环境，是虚拟现实、增强现实和混合现实技术以及其他沉浸式技术的融合（见图 19-7）。作为一种综合性的高新技术群，扩展现实技术离不开多种技术的支撑，包括输入技术、处理技术、输出技术和智能传感技术等。输入技术即对运动、环境做出感应和交互触发的技术；处理技术即输入信息识别、数字内容生成、虚实融合处理等技术，使真实和虚拟空间无缝融合；输出技术即依靠视觉、听觉、触觉、味觉及嗅觉五感反馈的技术，为用户提供情境化的真实感官体验；智能传感技术即依靠人工智能、物联网和高速传输网络等，保证数据从云端到边缘、再到设备端的传输稳定性。目前，扩展现实技术的应用不仅常见于文艺演出、影视制作、艺术展览、赛事直播等消费娱乐领域，还逐渐向医疗、教育、工业等垂直领域渗透。可以预见，扩展现实技术在各领域的应用将大有可为，将催生出全新的生产生活方式。或许你会在虚拟教室上一堂真人互动课程，做一场模拟实验；或许会进入虚拟世界，随手随心勾勒就能进行直观的设计。XR 将现实与虚拟无缝对接，在虚拟与现实间自如切换，产生了全新的体验感受。

图 19-7　AI+VR+ 裸眼 3D 等扩展现实（XR）技术

2021 年春晚采用的 AI +XR+ 裸眼 3D 技术，配合全景自由视角拍摄、交互式摄影控制、特种拍摄和实时虚拟渲染制作，为电视机或手机观众带来了丰富的体验（见图 19-8）。AI + VR 裸眼 3D 拍摄技术通过三面 LED 显示屏来构建可视的虚拟三维空间。摄像头跟踪系统提供演员的空间位置数据，并且通过 VR 渲染引擎将虚拟场景的动态实时呈现在 LED 屏幕上。通过这套系统，导演可以让现场表演者通过沉浸交互方式与周围的虚拟元素进行对位互动，从而突破了传统虚拟现实技术的局限性，并在虚拟空间与现实世界之间实现了无缝连接。这种方式不仅打破了传统的舞台空间呈现方式，而且画面新颖并充满科技感。本次晚会由 100 台 4K 摄像机进行现场 360° 沉浸式拍摄，可自由旋转三维视角，实现了流畅和连续的视频画面体验效果。

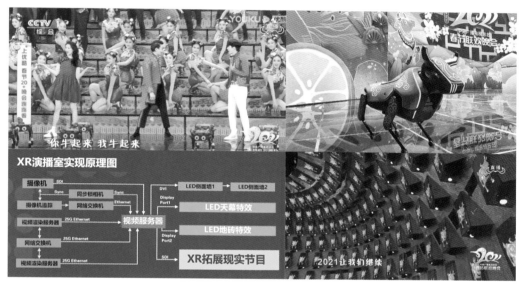

图 19-8　中央电视台的 XR 演播室技术（左下）

为了给观众带来震撼的视听感受，9 台 8K 摄像机为中央电视台超高清电视频道输送了 8K 画质的电视信号。这是世界上第一个 8K 超高清电视频道上的 8K 直播，利用智能切换和智能跟踪技术实现了多视图同步显示。除夕夜，北京、上海、深圳、成都、海口等十个城市通过 8K 公共巨型屏幕或 8K 电视同步播放了晚会实况，让观众体验到了丰富多彩的视听效果。这些公共场所包括北京国家大剧院、上海国际媒体港、深圳福田银河广场、成都春熙路购物街等。

为了增强全景虚拟现实视频的沉浸式视听体验，春晚舞台观众席后方和上方用了 154 块屏幕构成了超高清大屏幕，与采用 61.4m×12.4m 的 8K 超高清巨型舞台主屏，以及地屏、装饰水屏一同构成了一个穹顶演播空间，拓展了舞台视觉空间。工作室还部署了 6 套超高清虚拟现实摄像机，配备专业的三维声音捕获技术设备，并使用 5G 技术将高质量的虚拟现实内容与现场表演融为一体。"VR 视频 + 3D 声音"实现了 3D 图像和 3D 音频的无缝集成。声场随虚拟现实视频的视角而变化，从而为电视观众提供最佳的身临其境的感受。牛年春晚代表了一场高科技的视听盛宴，为今后 XR 视频产业的发展树立了新的标杆。与此同时，这种"5G +XR+ AI"的综合景观设计也为舞台设计师与新媒体设计师提出了更高的要求。

19.4　数字沉浸与幻境

2020 年，日本著名新媒体艺术创作团体 teamLab 在东京一家数字博物馆内展出了名为《四季花海：生命的循环》的大型交互体验装置秀（见图 19-9）。这个作品的核心就是一面巨大的 LED 屏幕，上面循环播放的是由菊花、海棠花、月季花、葵花组成的"花海"。所有的花卉按照一年四季的顺序依次盛开和凋谢。巨大的花卉随风摇动，观众则像小人国的孩子置身其中，体验着目不暇接的美景和心灵的震撼……除了花卉的绽放、盛开与漫天花瓣随风飘落的胜景外，观众还可以向这些花卉挥手致意，而它们也仿佛有知觉一样，会通过低头、聚拢、摇动等方式来回应观众……该作品并非单纯模仿自然，而是用超大屏幕营造了令人震撼的沉浸体验感和互动感。这个场景更像是"天上人间"的幻境，将观众带入一个超现实的世界……

图 19-9　《四季花海：生命的循环》大型交互体验装置

在接受《艺术新闻中文版》的一次采访中，teamLab 艺术总监猪子寿之以交互装置作品为例，阐述了他对"数字沉浸与幻境体验"美学的理解："科技拓宽了艺术的表现形式。其中一种方式是把艺术扩展为无尽的体验，就像我们的作品《永恒怒放的生命》中那不断变化的图像。另一种方式是改变艺术作品与观赏者间的关系。另外，科技能够让我们在作画时使用海量的信息。倘若没有技术的协助，没有人能在有生之年处理完如此巨大的信息量。我们在东京晴空塔里展出的《东京晴空塔壁画》就是个很好的例子。"《东京晴空塔壁画》（见图 19-10）是一个巨幅的东京景观鸟瞰图。这个高 3m 长 40m 的作品由 13 块 LED 屏幕无缝拼接而成。画作类似动态的《清明上河图》，将东京江户时代的历史与未来相互穿插，丰富细致地表现了东京鸟瞰的宏大景观。而细节之处的车水马龙、市井百姓、妖魔鬼怪则以二维动画表现，成为可游可赏，可近观和远眺的大型互动作品。该作品借鉴了 2.5D 游戏的 45°平铺视角，用海量的手绘与 GC 结合，呈现了一幅现实与虚构、历史和未来相混合的"东京浮世绘"，也诠释了猪子寿之的"海量数据美学"所具有的当代性与体验性。

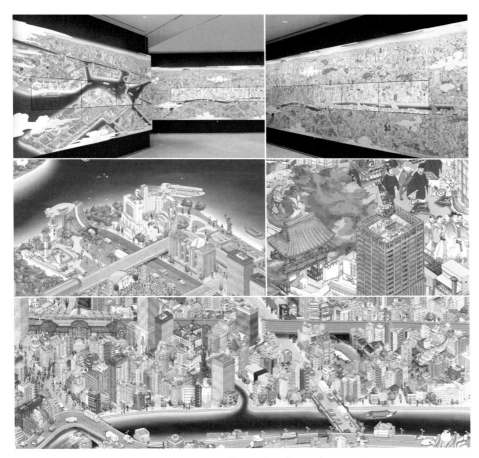

图 19-10　动态装置《东京晴空塔壁画》（2012）

　　2018 年 9 月，由清华大学美术学院设计团队打造的"重返·海晏堂"主题展览也是数字沉浸体验装置的佳作（见图 19-11）。为了让这座百年前毁于战火的"万园之园"重现辉煌，该团队结合了近二十年的复原研究成果，通过 CG 重现了海晏堂的历史原貌。观众置身于360°环形空间内，巨大的环幕与地面屏幕无缝连接。该作品通过联动影像、雷达动作捕捉、沉浸式数字音效等手段，打破时间与空间的局限，展现圆明园海晏堂从遗址废墟重现盛景的全过程。在将近七分钟的沉浸体验秀中，观众可以用自己的脚步"揭露"出封存在地下的海晏堂遗址，亲身参与圆明园的探索发现。"重返·海晏堂"通过震撼人心的场景开启观众的穿越之旅，带领观众见证圆明园的数字重生。和 VR、AR/MR 以及 XR 一样，数字沉浸体验拓展了用户的视角，调动了全身的感官，为观众打造了一场有温度、可感知、可分享的心灵之旅。

图 19-11　清华美院团队打造的"重返·海晏堂"虚拟体验馆

19.5　智慧车联网

车联网（Internet of Vehicles）是指按照一定的通信协议和数据交互标准，在"人—车—路—云"之间进行信息交换的网络系统（见图 19-12）。车联网通过汽车智能网络和各种传感技术，感知车辆状态信息并借助无线通信网络与大数据分析技术实现交通的智能化管理。整体而言，车联网产业是汽车、电子、信息通信、道路交通运输等行业深度融合的新型产业形态。从狭义上说，车联网是指通过搭载先进传感器、控制器、执行器等装置，运用信息通信、互联网、大数据、云计算、人工智能等新技术，使得汽车具备部分或完全自动驾驶功能，如备受喜爱的特斯拉新能源汽车等，由单纯交通运输工具逐步向智能移动空间的新一代汽车转变。智能汽车通常也被称为自动驾驶或无人驾驶汽车等。从用户体验角度来看，车联网实现了人们"第二空间"汽车的智能化，同时也是万物智联中的一部分。汽车不再是冰冷的机器，而是有感情、温度的智能硬件。车联网在推动汽车产品升级的同时，赋予了汽车感知和智慧，让汽车从交通工具向智能终端进化，具有了交互和服务的能力。

图 19-12   车联网即 "人 - 车 - 路 - 云" 之间的信息交换系统

今天，很多汽车已经装载了数字化的仪表控制系统，当汽车成为物联网中的联网设备，我们将适应这一场景：早晨被闹钟吵醒后，日历提示我上午开会的时间和地点。洗漱完毕，吃完早餐，无人车会根据我的作息习惯和当日行程安排适时到楼下接我，目的地已经在行车导航里，待确认后就直接赶赴会议室。你也可以通过触屏界面控制车里的空调和娱乐系统，通过屏幕获知路况信息。汽车将和冰箱、洗衣机等智能家电一样，成为满足我们生活需求的其中一个工具。"20 年内，买无人驾驶汽车会和过去买马那么平常。"这是特斯拉 CEO 埃隆·马斯克在 2016 年的一个预言。今天这个预言会提前实现。随着自动驾驶技术的突破，在人工智能和汽车行业的飞速发展下，人们逐渐相信 "会自己开的车" 正在从科幻电影走向现实，万物互联、万物智能的新时代已经到来。无论是谷歌的 Waymo、通用的 Cruise、百度的阿波罗，还是新无人驾驶初创公司 Roadstar.ai、景驰、小马智行、驭势科技、智行者……梦想将变为现实。2015 年，阿里巴巴和上汽集团共同投资创建了智联网汽车平台 "斑马网络"，开创了互联网汽车的先河。2018 年，腾讯集团发布了智慧出行战略并整合车联网、地图、位置服务、汽车云、自动驾驶、乘车码等业务，结合网络安全、AI、内容服务、微信等协同服务，为汽车行业提供完整的一体化的数字化解决方案。

随着智能科技的发展，今天无人驾驶技术已经接近成熟：特斯拉汽车通过 8 个摄像头提供了 360° 视角以及 250m 距离的可视范围；增强雷达可以在不良天气条件下，提供更为清晰准确的探测数据，激光雷达能够更准确测量障碍物距离并增强了汽车的感知能力。随着车载芯片计算和处理能力的加强，计算机将能通过图像识别和其他传感器的结合，更准确地判断实际路况，随时处理各种极端情况，判断各种可能的事故，由此不断提升汽车的安全性能。2019 年 4 月，特斯拉正式对外发布全自动驾驶（Full Self Driving，FSD）芯片，众多车手和用户亲身体验了无人驾驶的乐趣（见图 19-13）。随着 5G 时代云计算和深度学习技术的拓展，相信无人驾驶汽车和智慧出行将会指日可待，智能科技与大数据不仅会使驾乘人员更安全、更自由，而且也通过更舒适的空间设计和智能娱乐设计，带给司乘人员更丰富、更流畅的用户体验。未来的智慧出行还将成为推动城市绿色环保与共享经济发展的重要力量。

图 19-13　特斯拉的全自动驾驶技术（2019）

技术创新体验。从某种意义上看，人类正在进入"超用户体验"时代，虚拟与现实不再拥有清晰的边界，随着 3R 技术（AR/MR/VR）、深度学习与情感计算等技术的发展，建筑、空间与环境的"媒体化"和"智能化"日益加深，不仅现实世界正在逐渐"迪士尼化"，而且借助 VR 技术与脑波芯片，虚拟世界也越来越"真实化"，这一切使得我们对数字时代的用户体验设计有了更深刻的认识。人工智能不仅为用户带来多重体验，而且还会颠覆人类以往的工作、学习和生活方式。生活方式的改变源自于新技术、新文化和新的服务方式。技术日新月异，创新意识不够的设计师不可能变得强大，所以未来的交互设计师、服务设计师更需要掌握科技发展的趋势，将产品或服务设计得更加自然、更接近于人的本能。从长远来看，人工智能时代的设计师是综合了人类 5 感的多模态设计师，是为所有感官而设计的设计师。

思考与实践19

一、思考题

1. 举例说明智能时代服务设计的发展趋势。

2. 举例说明万物智慧互联在农业、制造业及娱乐产业的应用。

3. 体验 VR 的游戏《半衰期：爱莉克斯》并说明 VR 技术的最新进展。

4. 混合现实技术未来的发展前景是什么？如何实现虚拟社交？

5. 牛年春晚应用了哪些炫酷的视听技术？什么是 XR 和裸眼 3D 技术？

6. 举例说明什么是"数字沉浸与幻境体验"，如何营造。

7. 虚拟现实沉浸技术在复原古代文化遗产中的作用是什么？

8. 比较特斯拉的自动驾驶，调研国内车企在该领域的现状与发展趋势。

9. 从智能化与人车互动的角度，思考如何设计下一代汽车的仪表板。

二、实践题

1. 美国波士顿儿童医院是全球顶尖儿童医院之一，其特点是根据儿童心理学与病患儿童认知特点来重新改造医疗检测科室、儿童病房与儿童活动区域（见图 19-14）。请调研本地儿童医院并从服务设计角度提出适合儿童的环境设施改造的建议。

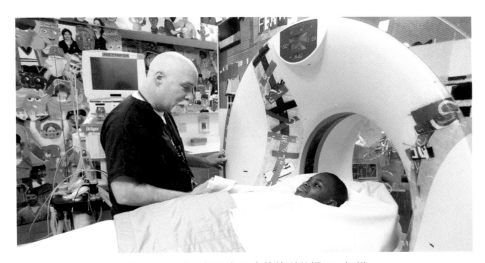

图 19-14　波士顿儿童医院的核磁共振 CT 扫描

2. 虚拟现实沉浸技术对于红色历史文化再现与仿真有着重要意义。请利用 VR 装置来表现当年中国工农红军"爬雪山、过草地"的长征景象，可以根据 VR 的特点加入情节与环境声效，目标、任务与关卡也可以融入情境设计中。

第20课　服务设计与未来

20.1　技术与未来设计

　　媒介大师、加拿大媒介学者米歇尔·麦克卢汉（Marshall McLuhan，1911—1980）曾经说过，预测未来要用"后视镜"的方式，才能理解当下发生的一切对未来的意义。那就让我们憧憬一下未来吧：再过 30 年，也就是 2048 年的一天。清晨，随着一缕阳光透过窗帘，家庭机器人开始发出悦耳的声音（见图 20-1）。这个机器乖巧伶俐，服务周到。它除了能够照料大家的起居生活以外，还可以给全家人讲有趣动听的故事。革命性的人工智能机器人（Siri Advanced）已经成为众人瞩目的焦点，借助云计算网络已经达到了很高智能，可以帮助人们出行、购物、看病和娱乐，大家如痴如醉，满大街都是挂着耳机和领着"苹果小秘"一起出行的人。其他的专业服务机器人如针对医疗、游乐、教育、健身等也如雨后春笋，成为生活中的一景……

图 20-1　未来家庭的机器人（上）和智能家居（下）

当大家洗漱完毕的时候，"机器保姆"已经把早餐端上了餐桌。别看这包子大的食品，它却是厨房 3D "打印"的食品，含有各种维生素、蛋白质、膳食纤维和多种可选择的形状，其颜色、香味和口感也是多种多样（见图 20-2，上）。智能手环帮助打开车库门，挥手之间，爱车已经自动驶出车库（见图 20-2，下）。如今，自动汽车驾驶网络已经遍布全球。该网络是如此可靠，所以人为失误成为交通事故的唯一因素。因此，世界各地政府要求所有的汽车必须接入交通网络。手动汽车已经成为奢侈品……

图 20-2   未来厨房的"3D 打印食物"（上）和智能化出行方式（下）

当你走进一家咖啡厅，挑了一张靠窗的桌子坐下，机器人服务员端来你刚刚在路上预订的饮品。透过袅袅升腾的热气，你望向窗外。街道上车水马龙，但并无一处堵塞或事故。你不禁回想，自从自动驾驶和智慧城市大脑这类技术大范围应用后，已经有多少年没有见过堵车了？现在的城市环境也比前些年好了太多，新能源汽车的普及功不可没。路边行人如织，来往穿梭在一家家鳞次栉比的店铺里。于是你也在想着，等下要不要去那些漂亮的自助小店逛逛，选几件贴心的商品，稍后再让快递机器人或者快递无人机帮你运送回家……

    21 世纪中期的校园，智能建筑、智能教室和交互式液晶黑板已不是新鲜事（见图 20-3）。最前卫的是：iCyborg 植入式智能芯片已经成为事实上的人机互动媒介。无论是坐自动汽车、购物、健康诊断，甚至是获取开一个冰箱门的授权，都需要通过 iCyborg。医院提供为新生儿直接植入 iCyborg 的服务。从出生起就植入芯片的一代称为 C 世代，虽然他们的外表和普通人无异，但借助"芯片脑"的协助，在艺术、文学、数学和工程等方面的学习和创意能力要显著高于其他非植入的同学。科学家发现，从幼年起就植入 iCyborg 的一代，有着更强的智商和情商，对智能芯片技术友好的 C 世代已经开始准备管理 22 世纪的人类社会。

图 20-3　未来校园的智能建筑、智能教室和交互黑板

    智能手环开始闪烁，提示你身体发生了一些状况。医生拿出的"扫描听诊器"可以让身体内部完全透明，智能医疗诊断系统随后就给出了病况和处方（见图 20-4，上）。医生们在液晶显示屏前面一起会诊，决定应该采取哪些治疗方案。智能系统调取了个人的数字病历，这里存储有出生后的全部病历文字和影像资料，智能化的可视图表还清晰地展示了各项生理指标，如血压、脉搏、血糖和血氧浓度等。诊断的结果是轻度脑血栓，随后通过植入脑部的"药物泵"进行治疗。这个颅内纳米泵会根据智能芯片的指令，定时定量输入药物。同样，输液后的各项指标也会实时动态地传到智能手机和医生办公室的计算机，智能医疗辅助系统已成

为所有医院和家庭诊所必备的设备。回到温馨的家，女儿给你讲述了她们一天的趣事，特别是还展示了通过虚拟现实返回古代和恐龙互动的经历（见图 20-4，下）。家庭机器人展示了现场的照片和记录的欢声笑语。她们今天的家庭作业就是：如何通过转基因技术和逆向生物工程重建一只带翅膀的飞龙！

图 20-4　智能医疗诊断系统（上）与智能家庭娱乐（下，示意交互式机器人）

　　1984 年，著名科幻小说家威廉·吉布森（William Gibson）在《神经漫游者》里，将未来世界描绘成一个高度技术化的世界，裸露的天空是一块巨大的电视屏幕，各种全息广告被投射其上，仿真之物随处可见。世界真假难辨，虚幻与真实的界限已经模糊，而人们可以直接将大脑"接入"到虚拟世界。2002 年上映的《少数派报告》（*The Minority Report*）利用电影特效最直观地呈现了 VR 的幻景。该片讲述了一个在 2046 年美国华盛顿发生的故事。那时，人类已经发明了能探测脑电波的机器人，警察可以用来探测犯罪企图，并提前逮捕这些"心理罪犯"。著名演员汤姆·克鲁斯（Tom Cruise）就在其中扮演了一名受到诬陷的警官。该片呈现了如 3D VR 般的"全息影像"的投影（见图 20-5），还有如 VR 眼镜、手势操控、透明玻璃屏幕操控等一系列科幻场景，这些镜头成为表现和诠释未来科技的经典画面⋯⋯

图 20-5　包豪斯教师罗皮乌斯、阿尔伯斯、康定斯基和莫霍利·纳吉等人

20.2　艺术、技术与工程

　　1920 年，德国包豪斯（Bauhaus）学院提出了"艺术与技术结合，手工与艺术并重，创造与制造同盟。"的先锋思想，开创了将"艺术、技术与工程"相结合的一个新思想的源头（见图 20-5）。100 年以后，我们沿着包豪斯当年开花散叶、枝繁叶茂的历史足迹（见图 20-6），将遥远的故事与今天的现实紧密联系起来。通过该图表上一串串群星闪耀的名字，我们可以追寻包豪斯大师沃尔特·格罗皮乌斯、约瑟夫·阿尔伯斯等人对后世的巨大影响。无论是北卡的黑山学院，还是 MIT 的媒体实验室，包豪斯的火种无处不在。不仅如此，我们还能在沿途看到波普艺术、激浪派、反主流文化、互联网、交互设计、参数化设计、响应设计、生成设计和人工智能⋯⋯

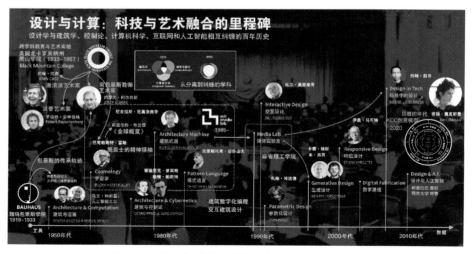

图 20-6　设计与计算：科技与艺术融合的里程碑

历史从未走远，包豪斯就在身边。虽然一个世纪过去了，但包豪斯学院独特的跨界教育理念和先锋探索精神，对今天处于全球政治和经济动荡环境下的设计教育来说仍具有重要意义。正如 MIT 媒体实验室教授、设计师和艺术家奈丽·奥克斯曼博士（Neri Oxman）所指出的：当代是量子纠缠的时代。知识不再被归于或产生于学科边界内，而是完全纠缠在一起。传统分类法已经失效，学科的高墙开始倒塌。在这个科技高速发展的时代，如何才能培养出面向未来的创意人才？奥克斯曼博士以包豪斯 1920 年的教学体系轮盘图（见图 20-7，左）为参照，构建了一个创造力产生的克氏（KCC）循环图模型（见图 20-7，右）。代表人类创造力的四种模式——科学、工程、设计和艺术构成了一个转动的车轮并带动数字化（比特）、生物学（基因）、物理学（原子）和形而上学（感知）一起转动（融合），并在这些学科交叉的地带产生创意和智慧。其中，人类的意识和潜意识是这个圆盘的核心，也是创造力的核心。

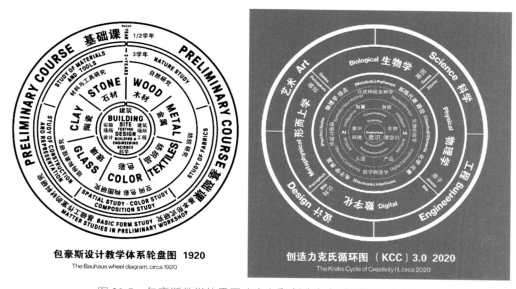

图 20-7　包豪斯教学体系图（左）和创造力克氏循环图（右）

随着大数据与人工智能时代的到来，"数字体验"或者"场域审美"正在成为当代艺术领域的时尚先锋。互动性、沉浸式与多模态场景带给观众耳目一新的跨感官体验。新一代艺术家和程序员们渴望通过艺术与科学的结合，通过大数据与人工智能来创造一种新的视觉语言。

2020 年 12 月，来自洛杉矶的新媒体艺术家雷菲克·安纳多尔（Refik Anadol）和他团队的《量子记忆》在墨尔本维多利亚国家美术馆展出（见图 20-8）。安纳多尔利用人工智能、机器学习和大数据视觉计算，将网络公共数据库中的大约两亿幅图像变成了一幅幅动态立体雕塑作品。安纳多尔将照片海量数据通过谷歌人工智能算法转换成机器生成的"风景"，也就是由各种绚丽多彩的粒子构成的图案。这些滚动的冰川、海洋与岩浆呈现了自然与数字景观的震撼。同时在作品播放过程中，计算机还会自动追踪观者的位置和动作，触发不同的风格和音乐！量子算法的独特之处在于它给每一次的图片处理都加入了随机元素，所以我们看到的数字雕塑中每一帧的动态都是独特的，数字大自然也会随着时间、空间和观者而变化，形成独一无二的瞬间。安纳多尔用大数据与智能计算，打开了通向未来的景观。

图 20-8　动态数据装置作品《量子记忆》（2020）

　　为了解释他作品中的创意，安纳多尔提出了"数据的诗学"概念来形容大数据时代的"场域审美"，即由于海量数据与动态变形所引起观众的奇观感与未知体验感。例如，在其动态雕塑作品《深圳的风》（见图 20-9，上）中，安纳多尔利用从深圳机场收集的一年气候数据，利用可视化数据的方式，将深圳全年的风速、风向、阵风模式和温度等数据，转换为由抽象数字积木构成的数据海洋，让观众用视觉感受"深圳的风"。同样，安纳多尔的另一个数据雕塑作品《博斯普鲁斯海峡》，其灵感来自土耳其国家气象局采集的海洋表面变化数据并将其转化为诗意的海浪体验（见图 20-9，右下）。

图 20-9　动态数据雕塑作品《深圳的风》（上）和《博斯普鲁斯海峡》（右下）

　　安纳多尔认为：人类与机器可能并不会是一味正向的、相互促进的关系，而是会充满着未知和挑战，这就为艺术表现打开了新的大门。在大数据时代，计算与技术代表一种智慧和手段，是基于知识、素养、悟性以及能力的体现。而人类心灵与感悟，以及对未来的憧憬则是人文精神和艺术情怀的体现，同时也是新思想的孵化器。面向新时代，继承包豪斯先贤们的理想，将艺术、技术与工程相融合是未来世界发展的共同目标，因为文化多元化才能使我们的生活无限丰富，艺术与设计正是以科学精神和人文情怀来驱动创新。

20.3　创新体验与交互

传统博物馆的用户体验差是一个众所周知的事实。早在 1916 年，美国波士顿博物馆研究员本杰明·吉尔曼（Benjamin Gilman）就提出了"博物馆疲劳症"（Museum Fatigue）的概念来说明游客在博物馆常常会感受到的头晕眼花、身心疲惫的现象。许多研究报告指出：博物馆疲劳症的发生与多种因素有关，如信息过载、类似的艺术品太多使得游客注意力下降；空间展位不合理使得游客疲于奔命等。还有的原因就是展品与观众缺乏互动，游客对展品相关的背景知识储备不足或不熟悉等。总之，博物馆疲劳症是由于博物馆或美术馆的展品无法满足观赏体验而造成的游客身体或精神疲劳的现象（见图 20-10）。

图 20-10　在传统博物馆中游客疲劳症随处可见

为了解决这个问题，各大博物馆一直在努力，其主要思路就是两个：一是从类型陈列转向叙事型陈列。从 20 世纪 70 年代以来，博物馆开始逐渐强调如何与观众沟通，展陈的叙事性、趣味性、交互性也就变得重要起来。许多新概念与新方法如语音助手等被引入到博物馆中。六十多年前，阿姆斯特丹的 Stedelijk 博物馆推出了第一个博物馆音频指南。从那时起，这种能够为观众讲故事、提供更多信息的硬件逐渐成为博物馆体验中不可或缺的一部分。体验式博物馆已经成为当下博物馆改造的热点。美国康纳派瑞历史博物馆（Conner Prairie）通过以观众体验为核心，将历史情境再现，将表演、叙事与文化体验相融合，成为"迪士尼"式主题文化体验博物馆的典范之一。

二是在传统博物馆的基础上不断扩展表现形式与互动形式。能够打破时空界限的 XR 技术就自然成为博物馆青睐的对象。观众不仅可以通过 VR 头盔漫游紫禁城（见图 20-11），还可以通过手机 App 进行 3D 场景深度解读，再进一步结合实景导航，游客就可以自助式完成故宫的旅游。VR/AR 技术成为博物馆吸引观众，创新观展体验并减少博物馆疲劳症的利器之一。

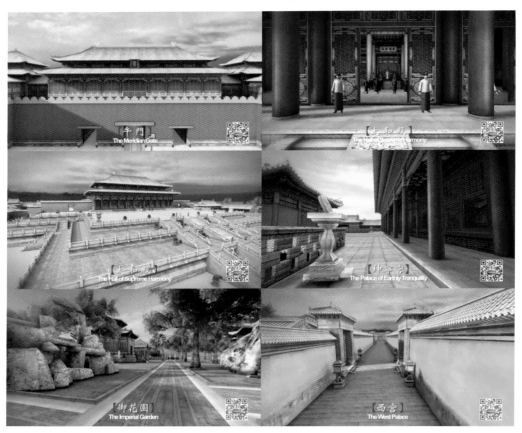

图 20-11　手机中的数字虚拟故宫 VR 体验馆

近年来，包括美国奥克兰博物馆、大都会博物馆、自然历史博物馆和法国卢浮宫等许多博物馆都利用 XR 的项目来丰富观众的体验。2015 年，大英博物馆首次采用了 VR 技术来增强访客的体验，他们使用了三星 Gear VR 耳机、Galaxy 平板电脑和沉浸式球形摄像机，让游客身临其境体验了青铜时代的苏塞克斯环和古代村落建筑景观。同样，加拿大战争博物馆的 VR 体验项目让观众穿越时空，进入古罗马角斗场，近距离欣赏角斗士的风采！利用手机 AR 技术来丰富观众对藏品信息的解读是常用的方法。例如，底特律艺术学院的一次艺术巡回展的体验项目，就允许观众用手机对一具古代木乃伊进行 "X 光扫描"，从而能够看到木乃伊的内部骨骼等被隐藏起来的信息。我国四川三星堆博物馆也采用了类似的增强现实的方式（见图 20-12）。比 AR 更进一步的，可以利用 VR+AR 设备建构出一个虚拟空间，让观众身临其境跨越时空，触摸历史，"实地" 感受展览所传达的文化风貌。这项体验可以通过 XR 设备和内容开发，与博物馆原本的藏品相结合。例如，观众们既可在故宫博物院中穿越江西景德镇，感受 1.4 万平方英尺的瓷器考古现场；还可以跟随考古工作者的脚步，从博物馆直通妇好墓开掘现场，了解文物掀开历史尘烟的过程；或是直接进入一幅画作之中，以全新的方式感受画家笔下的风光，并能够与画中人物面对面……

图 20-12　许多博物馆利用 XR 和 AR 项目来丰富观众的体验

　　除了实体博物馆改造外，虚拟博物馆也成为当代典型的流行时尚与科技体验的创新。其中有代表性的如谷歌名为 "艺术和文化"（Arts & Culture）App，搭配了谷歌头戴式 VR 显示设备（Google Cardboard），能瞬间将用户送到 70 个国家的上千座博物馆和美术馆中。用户只要拥有智能手机和特定类型的 VR 头盔就可以浏览 3D 数字仿真品，获得与线下无二的观展体验（见图 20-13）。此外，谷歌的 "文化学院"（Cultural Institute）项目还与伦敦自然历史博物馆合作，将其收集的 30 万件标本全部 "复活"，其中就包括第一具被发现的霸王龙化石，已经灭绝的猛犸象，还有独角鲸的头骨等，观众可以不受玻璃挡板的限制 360° 地尽情欣赏它。

　　为了医治博物馆疲劳症的顽疾，提升观众的体验，可以预见的是，XR 将以燎原之势席卷整个博物馆界，数字技术与创新体验会成为未来博物馆生存与发展的关键。但想要依靠新技术讲好文化故事并不是一件容易的事。必须承认的是，对于观众来说，展览本身的叙事性、观赏性和愉悦性比单纯 "炫技" 更为重要。因此，如何将技术、艺术与历史文化融会贯通，是策展人与 XR 设计师必须思考的内容。

图 20-13　谷歌虚拟博物馆项目结合 VR 头盔实现观众虚拟体验

20.4　疫情与服务设计

　　当前，我们正处在一个聚变科技时代。世界新一轮科技革命与产业革命，特别是这一次的新冠疫情将重塑我们的生活方式，颠覆现有很多产业形态、分工和组织形式，改变人与人、人与世界的关系。这些黑天鹅事件以持久的方式重塑了社会，从买房、安全和社交，到衣食住行各方面（见图 20-14）。钟南山院士认为，新冠病毒是全人类的敌人，假如新冠还在个别国家蔓延，那么新冠肺炎就不可能在全世界得到控制。这就意味着我们还要共同面对新冠病毒。所以未来我们的服务业将受到极大的制约。从 2020—2022 年的病毒全球肆虐（包括新冠病毒及其德尔塔变异病毒）及其带来的经济形势和服务业变化中，我们可以观察到以下几点。

　　首先，疫情使得人类对传染病和公共卫生有了全新的认识，这是最重要的变化。根据WTO 的数据，新冠病毒已经导致超过 500 万人死亡，超过 2.5 亿人感染，成为全世界数一数二的传染病，严重性不言而喻。从公共卫生历史研究的角度看，20 世纪 70 年代的主流观点认为，随着人类健康医疗的进步，传染病会逐渐减少并淡出历史舞台，此后，人类生命威胁主要来自"三高"、非传染性和退行性的疾病。但是这次疫情颠覆了传染病将趋于消亡的观点，彻底打破了传染病防控重要性渐微趋式的想法。对服务设计来说，医疗保健、公共卫生服务、家庭护理和体育健身将成为热点领域。

图 20-14　新冠疫情已经改变了人们的生产生活方式

其次，数字化变革受疫情影响得以加速推进。一是 5G 等基础设施建设仍在不断推进；二是平台经济与分享经济支撑系统仍然在深入发展；三是从宏观经济研究的角度来看，数字化在加速改造传统行业。例如，传统汽车制造企业，从客户信息收集、车型设计到生产、销售以及售后服务，整个流程的改造都通过云计算系统、内部数字化平台整合而成。居家隔离与疫情防控也进一步加大人们宅居工作的倾向，并使与"独处"相关的商品和服务需求增长。2020 年，计算机、家具、桌椅的贸易数据大幅度飙升。对于服务设计来说，家庭数字娱乐、在线办公与设计、在线教育以及远程问诊等服务都会有大量的商机出现（见图 20-15）。此外，小区里跑步的人数也比过去增加，这会给可穿戴设备（智能手环等）带来新需求。即便疫情结束以后，这些方面的改变都会导致结构性的变化。

图 20-15　疫情使得居家办公与减少聚集成为新常态

新冠疫情也加速了数字技术更新换代的速度。Zoom 的出现推动了在线视频会议的普及，腾讯课堂改变了亿万中小学师生的学习方式；Adobe 公司通过旗下 PS、AI、PR、Acrobat 等一系列应用软件和各种云服务，成功转型为 "SaaS"（软件即服务）企业，并为创意设计师和营销人员提供全新的解决方案。无论你是想做视频编辑、数字艺术、营销设计、文档制作还是电子签名，Adobe 都有业内领先的 SaaS 产品。此外，Adobe Sensei 是一个 AI 机器学习系统，它可以帮助创作者在多个应用中简化设计流程。分析师的共识是，当人们被困在室内时会更加依赖软件服务。Adobe 公司通过软件月付或者年付的 "订阅服务"，增加了用户的黏性并推动了业绩的增长。

20.5 未来一切皆服务

纵观历史，就业市场可分为三个主要部门：农业、工业和服务业。在公元 1800 年前，绝大多数人属于农业部门，只有少数人在工业和服务业部门。到了工业革命时期，发达国家的人民就离开了田野和牧群。大多数人进入工业部门，但也有越来越多的人走向服务部门。到了最近几十年，发达国家又经历了另一场革命：工业部门的职位逐渐消失，服务业大幅扩张。2010 年，美国的农业人口只剩 2%，工业人口有 20%，超过 78% 的是律师、医生、会计、工程师、园林维护等服务业岗位（见图 20-16）。但等到人工智能在教书、诊断病情和设计方面比人类更在行的时候，我们又能做什么？这个问题以前就出现过。自工业革命爆发以来，人类就担心机械化可能导致大规模失业。然而这种情况在过去并未发生，因为随着旧职业被淘汰，会有新职业出现，人类总有些事情做得比机器更好。只不过，这一点并非定律，也没人敢保证未来一定会继续如此。人类有两种基本能力：身体能力和认知能力。在机器与人类的竞争仅限于身体能力时，人类还有数不尽的认知任务可以做得更好。所以，随着机器取代纯体力工作，人类便转向专注于需要至少一些认知技能的工作。然而，一旦等到算法在记忆、分析和辨识各种模式的能力上超过人类，会发生什么事？

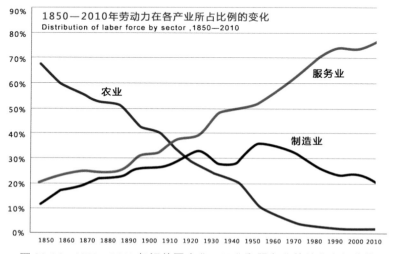

图 20-16   1850—2010 年间美国农业、工业和服务业的就业市场曲线

人工智能时代完全可能演变成一种前所未有的 "技术性失业"。2012 年，两位国际著名

经济学家杰弗里·萨克斯和劳伦斯·克特里考夫发表的题为《智能机器与长期痛苦》一文中写道:"如果机器日益智能,能取代一般性工作,那会发生什么情况?我们每天都在目睹相关的证据。今天,我们看到了智能机器在收过路费,为顾客结账,给我们量血压、按摩、指路、接电话、打印资料、发信息、给婴儿摇摇篮,为我们读书、关灯、擦鞋,看护我们的房屋,教孩子知识,击毙我们的敌人……这一清单还可以无限延长。毫无疑问,技术从来是一种变化因素。但今天,这种变化是取代而非补充一般性工作。昨天,出租车取代了出租马车,但无论是机械出租车还是出租马车,都需要人来掌控。明天的汽车将自动驾驶,使司机成为一种消失的职业。"火车司机、银行和保险公司行政人员、电子设备或汽车装配线上的工人、服务员、调酒师、会计师和审计师、出租车司机、几乎所有流水线上的操作人员等都面临被淘汰的风险(见图 20-17)。

图 20-17　公司在线客服、营销员在人工智能时代面临被淘汰的风险

而最不可能被机器取代的职业包括心理分析师、营养师、设计师、艺术家、社会工作者、考古学家、教师、医生、微生物专家、工程师、材料专家、作家、数学家、金融专家、园艺工人、水管工、儿童和老人护理人员、复杂软件开发人员、管理人员和演员等,在这份清单背后,是一个新的工作世界,它分为三大块:一块是让全球经济机器"运转"的高端专业人才(如信息技术人员、数学家、工程师、科学家、分析师、系统设计员、金融专家、管理人员);一块是深度用户体验的职业,需要耐心、细致、情感交流和语言技巧等,如护士、医师助手、药剂师、理疗师、健身教练、保育员以及保健技师等;最后一块是所有其他可能被机器、自动设备和机器人替代的职业。未来 10~20 年,智能化的"新型服务业"将成为就业市场的新宠。

以日本为例,这个狭长的岛国是世界上自动化最快的国家,也是服务机器人应用最广泛的国家。从家庭、托儿所、养老院到医院,机器人无处不在,正在成为服务业中的新军,其原因在于日本是全球老龄化最快的国家。从现在到 2050 年,日本人口将从 1.2 亿下降到 9500 万,其中 40％将超过 60 岁。2050—2100 年间,日本人口将减少一半,即不足 5000 万。求助于机器人和自动化显然是应对人口下降的办法之一。2013 年,安倍政府曾从政府预算中划拨 23.9 亿日元,用于研发为老年人提供服务的机器人。到 2050 年,"机器人伴侣"将会照顾日本 900 万以上 80 岁老人。例如，2017 年，在东京 SHINTOMI 敬老院，由日本软银集团和法国 Aldebaran Robotics 研发的人形机器人 Pepper 正在带领老人们唱歌（见图 20-18，上）。同样，中国杭州市社会福利中心从杭州一家科技公司引进了老年人专用服务机器人"阿铁"（见图 20-18，下），它们的服务功能包括监护重病患者，与老人聊天并提醒他们按时吃药。它们还可以让老人通过屏幕和家属视频聊天，甚至为老人们点歌。每台机器人的身高不到 3 英尺（1 英尺 =0.3048 米），在充满电的情况下，能够工作 72h。它们的头上有一对蓝色的天线，肚皮上有一个触屏，非常容易使用。事实证明，这些新的机器人"保姆"深受老年人的欢迎。

图 20-18　机器人带领老人们唱歌（上）和老年服务机器人"阿铁"（下）

　　机器人"保姆"不仅可以用于养老院，也可以用在幼儿园和托儿所，代替忙碌的年轻父母陪伴孩子。特别是对有自闭症的孩子来说，机器人完全可以在家中与他进行个性化交流，引导他融入社会。机器人会对孩子建议一系列练习,甚至能成为他的"朋友"（见图 20-19，上），促使他与其他孩子互动，同时收集有关孩子行为的大量信息，进行分析后传送给医生。软银董事长孙正义说："我们推介的 Pepper 是一款带情感的机器人，这在机器人发展史上还是头一回。"儿童机器人除了"陪伴"外，还可以帮助管理。2017 年，日本千叶县的一家托儿所和东京的一家初创公司合作，利用带传感器服务机器人来管理幼童（见图 20-19，下）。这个名为 Vevo 的熊形机器人可以识别儿童、记录体温、监测心率等，警报系统会通知教师是否发现任何异常。

图 20-19　机器伴侣帮助自闭症的孩子（上）和帮助管理托儿所幼童（下）

　　随着人工智能时代的到来，我们隐约看到，人类的休闲时间将超过以往任何时候。这可能会催生一种新的经济和社会领域，惠普公司副总裁兼 CTO 斯恩·罗宾森（Shane Robison）曾说过"未来一切皆服务"。人们称之为"第四产业"的"新型服务业"可能会包括个人服务、公共服务、分享经济和随互联网诞生的新型合作服务业；也包括电子游戏设计者、远程职业玩家、数字娱乐商、数字媒体从业者、为老人和病人提供服务者、电商业主、生态农民、编辑机器人稿件的报业人员、设计师、艺术家、喜剧演员、心理治疗师以及我们今天仍无概念但未来将会层出不穷的职业。从长远的观点上看，智能时代解决就业困境的唯一出路就是新型服务业，也就是被许多经济学家称为"第四产业"的发展。

　　"服务"与"民主"是这个时代的主题。由于网络的不断进步，让我们能够更加平等地站在一起。搜索引擎让我们用最快的速度找到需要的信息，博客与微信让每个人都有机会畅所欲言，淘宝让每个人都可以是老板，P2P 让人人都能分享好的资源。共享、共创、共赢的理想从更深层次上表达了服务的本质。十多年前，苹果计算机设计先驱杰夫·拉斯基（Jef Raskin）出版了著名的《人本界面：交互式系统设计》一书，提出了人本界面的设计思想。而伴随近年来着"以用户为中心"设计理念的流行，交互式沟通和参与式设计再一次成为人们对于产品与服务的追求。越来越多的设计师不再沉迷于某一个设计风格，或者自诩某一个设计流派，而将设计的原始权利交给最终设计产品或服务的使用者，这种开放原则正在成为最前卫的设计哲学（见图 20-20）。科幻小说家威廉·吉布森（William Gibson）曾经说过："未来已来临，只是尚未广为人知而已。"我们展望未来，但未来始于现在。人类永不满足的好奇心、对未知世界探索的勇气、对丰富内心体验的渴望都会成为设计师们的奋斗目标。

图 20-20　服务设计：一种跨越技术、美学与商业的新哲学

思考与实践20

一、思考题

1. 什么是智能化的社会服务？如何保证公正、公平和效率？

2. 尤瓦尔·赫拉利认为未来社会将由算法决定一切，你是如何思考的？

3. 为什么说科学、工程、设计和艺术是创造力的核心？

4. 如何通过改变技术、服务与管理来解决"博物馆疲劳症"？

5. 什么是大数据时代的"场域审美"？其表现形式有哪些？

6. 简述新冠疫情对人们生产与生活方式的影响，以及其中的机遇与挑战。

7. 举例说明智能机器人在养老院中的作用。如何提升护理质量？

8. 试分析人工智能时代，哪种类型的工作会被机器人代替。

9. 如何理解"未来一切皆服务"？什么是新型服务业？

二、实践题

1. 苹果公司的可穿戴产品 Apple Watch 提供了从基础的计步、社交、健身到高级的血氧检测一系列服务（见图 20-21）。请从医疗保健、社交与数字娱乐角度分析苹果手表的未来趋势（如血糖检测、语音服务、续航能力、数字娱乐等）。

图 20-21　苹果公司的可穿戴产品 Apple Watch

2. 据报道，广东清远税务局组织了"纳税服务体验师"招募活动，邀请纳税服务体验师分别讲述自身的办税缴费感受，进一步搭建纳税人与税务部门的沟通平台。请组成体验小组分别扮演"银行服务体验师""交通服务体验师"来测试公共服务、政府服务的感受，并向有关单位反馈改进建议或方案。

参 考 文 献

[1]　李世国，顾振宇．交互设计 [M]．2 版．北京：中国水利水电出版社，2016．

[2]　胡飞．服务设计（范式与实践）[M]．南京：东南大学出版社，2019．

[3]　刘津，李月．破茧成蝶：交互设计师的成长之路 [M]．北京：人民邮电出版社，2014．

[4]　王国胜．服务设计与创新 [M]．北京：中国建筑工业出版社，2015．

[5]　向怡宁．就这么简单——Web 开发中的可用性和用户体验 [M]．北京：清华大学出版社，2008．

[6]　由芳，王建民，蔡泽佳．交互设计：设计思维与实践 2.0[M]．北京：电子工业出版社，2020．

[7]　腾讯用体验部．在你身边，为你设计：腾讯的用户体验设计之道 [M]．北京：电子工业出版社，
　　2013．

[8]　胡晓．重新定义用户体验：文化·服务·价值 [M]．北京：清华大学出版社，2018．

[9]　蔡赟，康佳美，王子娟．用户体验设计指南 [M]．北京：电子工业出版社，2019．

[10]　库珂．交互设计沉思录 [M]．方舟，译．北京：机械工业出版社，2012．

[11]　贝尼昂（David B）．用户体验设计：HCI, UX 和交互设计指南 [M]．李轩涯，卢苗苗，计湘婷，
　　译．4 版．北京：机械工业出版社，2020．

[12]　加瑞特．用户体验要素：以用户为中心的产品设计 [M]．范晓燕，译．北京：机械工业出版社，
　　2011．

[13]　Terry W. 软件设计的艺术 [M]．韩柯，译．北京：电子工业出版社，2005．

[14]　Alan C.About Face 3.0 交互设计精髓 [M]．刘松涛，等译．北京：电子工业出版社，2008．

[15]　施耐德．服务设计思维 [M]．郑军荣，译．南昌：江西美术出版社，2015．

[16]　科尔伯恩．简约至上：交互式设计四策略 [M]．李松峰，秦绪文，译．北京：人民邮电出版社，
　　2011．

[17]　Branko L.Nonobject 设计 [M]．蒋晓，等译．北京：清华大学出版社，2014．

[18]　布朗 .IDEO，设计改变一切 [M]．侯婷，译．北京：万卷出版公司，2011．

[19]　宝莱恩．服务设计与创新实践 [M]．北京：清华大学出版社，2015．

[20]　拉斯基．人本界面：交互式系统设计 [M]．史元春，译．北京：机械工业出版社，2004．

[21]　Steven H. 和谐界面——交互设计基础 [M]．李学庆，译．北京：电子工业出版社，2008．

[22]　诺曼．设计心理学 [M]．梅琼，译．北京：中信出版社，2003．

[23]　诺曼．情感化设计 [M]．付秋芳，等译．北京：电子工业出版社，2004．

[24]　Lara P. An Introduction to Service Design：Designing the Invisible[M]. Bloomsbury Visual Arts，
　　2018．